新时期小城镇规划建设管理指南丛书

小城镇街道与广场设计指南

孙敬宇　主编

图书在版编目(CIP)数据

小城镇街道与广场设计指南/孙敬宇主编．—天津：天津大学出版社，2014.10

(新时期小城镇规划建设管理指南丛书)

ISBN 978-7-5618-5218-7

Ⅰ.①小…　Ⅱ.①孙…　Ⅲ.①小城镇—城市道路—城市规划—建筑设计—中国—指南 ②小城镇—广场—城市规划—建筑设计—中国—指南　Ⅳ.①TU984.1-62

中国版本图书馆 CIP 数据核字(2014)第 242202 号

出版发行　天津大学出版社
出 版 人　杨欢
地　　址　天津市卫津路 92 号天津大学内(邮编：300072)
电　　话　发行部：022-27403647
网　　址　publish.tju.edu.cn
印　　刷　北京紫瑞利印刷有限公司
经　　销　全国各地新华书店
开　　本　140mm×203mm
印　　张　10.5
字　　数　263 千
版　　次　2015 年 1 月第 1 版
印　　次　2015 年 1 月第 1 次
定　　价　28.00 元

小城镇街道与广场设计指南

编委会

主　编：孙敬宇

副主编：梁金钊

编　委：张　娜　孟秋菊　刘伟娜　李彩艳

张微笑　张蓬蓬　吴　薇　相夏楠

桓发义　李　丹　胡爱玲

内容提要

本书根据《国家新型城镇化规划（2014—2020年）》及中央城镇化工作会议精神，在剖析当代小城镇街道和广场的发展现状和主要问题的基础上，对小城镇的街道和广场设计进行了系统阐述。全书主要内容包括绪论、小城镇街道规划设计、小城镇街道的园林景观设计、小城镇广场规划设计、小城镇广场的园林景观设计、历史文化街区的保护与发展、小城镇街道和广场设计实例等。

本书内容丰富、涉及面广，而且集系统性、先进性、实用性于一体，既可供从事小城镇规划、建设、管理的相关技术人员以及建制镇与乡镇领导干部学习工作时参考使用，也可作为高等院校相关专业师生的学习参考资料。

前言

城镇是国民经济的主要载体，城镇化道路是决定我国经济社会能否健康、持续、稳定发展的一项重要内容。发展小城镇是推进我国城镇化建设的重要途径，是带动农村经济和社会发展的一大战略，对于从根本上解决我国长期存在的一些深层次矛盾和问题，促进经济社会全面发展，将产生长远而又深刻的积极影响。

我国现在已进入全面建成小康社会的决定性阶段，正处于经济转型升级、加快推进社会主义现代化的重要时期，也处于城镇化深入发展的关键时期，必须深刻认识城镇化对经济社会发展的重大意义，牢牢把握城镇化蕴含的巨大机遇，准确研判城镇化发展的新趋势新特点，妥善应对城镇化面临的风险挑战。

改革开放以来，伴随着工业化进程加速，我国城镇化经历了一个起点低、速度快的发展过程。1978—2013 年，城镇常住人口从 1.7 亿人增加到 7.3 亿人，城镇化率从 17.9%提升到 53.7%，年均提高 1.02 个百分点；城市数量从 193 个增加到 658 个，建制镇数量从 2 173 个增加到 20 113 个。京津冀、长江三角洲、珠江三角洲三大城市群，以 2.8%的国土面积集聚了 18%的人口，创造了 36%的国内生产总值，成为带动我国经济快速增长和参与国际经济合作与竞争的主要平台。城市水、电、路、气、信息网络等基础设施显著改善，教育、医疗、文化体育、社会保障等公共服务水平明显提高，人均住宅、公园绿地面积大幅增加。城镇化的快速推进，吸纳了大量农村劳动力转移就业，提高了城乡生产要素配置效率，推动了国民经济持续快速发展，带来了社会结构深刻变革，促进了城乡居民生活水平全面提升，取得的成就举世瞩目。

根据世界城镇化发展普遍规律，我国仍处于城镇化率30%～70%的快速发展区间，但延续过去传统粗放的城镇化模式，会带来产业升级缓慢、资源环境恶化、社会矛盾增多等诸多风险，可能落入“中等收入陷阱”，进而影响现代化进程。随着内外部环境和条件的深刻变化，城镇化必须进入以提升质量为主的转型发展新阶段。另外，由于我国城镇化是在人口多、资源相对短缺、生态环境比较脆弱、城乡区域发展不平衡的背景下推进的，这决定了我国必须从社会主义初级阶段这个最大实际出发，遵循城镇化发展规律，走中国特色新型城镇化道路。

面对小城镇规划建设工作所面临的新形势，如何使城镇化水平和质量稳步提升、城镇化格局更加优化、城市发展模式更加科学合理、城镇化体制机制更加完善，已成为当前小城镇建设过程中所面临的重要课题。为此，我们特组织相关专家学者以《国家新型城镇化规划（2014—2020年）》、《中共中央关于全面深化改革若干重大问题的决定》、中央城镇化工作会议精神、《中华人民共和国国民经济和社会发展第十二个五年规划纲要》和《全国主体功能区规划》为主要依据，编写了“新时期小城镇规划建设管理指南丛书”。

本套丛书的编写紧紧围绕全面提高城镇化质量，加快转变城镇化发展方式，以人的城镇化为核心，有序推进农业转移人口市民化，努力体现小城镇建设“以人为本，公平共享”“四化同步，统筹城乡”“优化布局，集约高效”“生态文明，绿色低碳”“文化传承，彰显特色”“市场主导，政府引导”“统筹规划，分类指导”等原则，促进经济转型升级和社会和谐进步。本套丛书从小城镇建设政策法规、发展与规划、基础设施规划、住区规划与住宅设计、街道与广场设计、水资源利用与保护、园林景观设计、实用施工技术、生态建设与环境保护设计、建筑节能设计、给水厂设计与运行管理、污水处理厂设计与运行管理等方面对小城镇规划建设管理进行了全面系统的论述，内容丰富，资料翔实，集理论与实践于一体，具有很强的实用价值。

本套丛书涉及专业面较广，限于编者学识，书中难免存在纰漏及不当之处，敬请相关专家及广大读者指正，以便修订时完善。

目 录

第一章 绪论 …………………………………………………………… (1)

第一节 概述……………………………………………………………… (1)

一、小城镇的概念及特点 ……………………………………………… (1)

二、小城镇街道与广场的概念及特点 ………………………………… (2)

三、我国小城镇街道和广场建设存在的问题………………………… (2)

第二节 传统聚落街道和广场的形成与发展 ………………………… (3)

一、传统聚落的发展历程 ……………………………………………… (3)

二、传统聚落街道和广场的形成与布局 ……………………………… (10)

第二章 小城镇街道规划设计………………………………………… (14)

第一节 小城镇街道功能与类型 ……………………………………… (14)

一、小城镇街道功能特征 ……………………………………………… (14)

二、小城镇街道分类 …………………………………………………… (15)

第二节 小城镇街道交通规划设计 …………………………………… (20)

一、小城镇街道的模式 ………………………………………………… (20)

二、小城镇街道交通组织 ……………………………………………… (22)

第三节 小城镇街道的空间尺度设计 ………………………………… (24)

一、小城镇街道的空间构成 …………………………………………… (24)

二、比例尺度 …………………………………………………………… (26)

三、空间序列 …………………………………………………………… (29)

四、小城镇街道空间的景观与特色 …………………………………… (30)

第三章　小城镇街道的园林景观设计 …………………………… (35)
第一节　小城镇街道景观的构成与设计要点 ………………… (35)
一、小城镇街道景观的构成要素 ……………………………… (35)
二、小城镇街道的园林景观设计要点 ………………………… (38)
第二节　小城镇街道绿地规划设计 …………………………… (39)
一、小城镇街道绿地组成 ……………………………………… (39)
二、小城镇街道绿地断面布置形式 …………………………… (40)
三、绿化树种的合理选用 ……………………………………… (42)
四、街道绿地规划设计原则 …………………………………… (43)
第三节　街道绿带设计 ………………………………………… (43)
一、分车绿带设计 ……………………………………………… (43)
二、行道绿带设计 ……………………………………………… (45)
三、路侧绿带设计 ……………………………………………… (49)
第四节　交通岛绿地设计 ……………………………………… (50)
一、中心岛绿地设计 …………………………………………… (50)
二、导向岛绿地设计 …………………………………………… (52)
三、交叉路口环岛绿地设计 …………………………………… (52)
四、立交桥头绿地设计 ………………………………………… (53)
第五节　街头小游园规划设计 ………………………………… (58)
一、街头小游园的主要内容与作用 …………………………… (58)
二、街道小游园的布局形式 …………………………………… (59)
三、街道小游园植物配置与选择 ……………………………… (62)
四、街道小游园设施 …………………………………………… (63)
五、街头小游园规划设计要点 ………………………………… (71)
第六节　林荫道绿地设计 ……………………………………… (73)
一、林荫道的设施和功能 ……………………………………… (73)
二、林荫道的设置形式 ………………………………………… (75)

三、林荫道设计要点 …………………………………………………… (76)
第七节 步行街绿地设计 ……………………………………………… (77)
一、步行街的设计原则 ………………………………………………… (77)
二、步行街的设计要点 ………………………………………………… (77)
三、步行街的植物配置 ………………………………………………… (78)
第八节 滨河路绿地设计 ……………………………………………… (78)
一、滨河路设计要点 …………………………………………………… (79)
二、绿地设计要点 ……………………………………………………… (80)
第九节 停车场绿地设计 ……………………………………………… (81)
一、公共停车场类型 …………………………………………………… (81)
二、机动车停车场设置原则 …………………………………………… (82)
三、停车场设计要点 …………………………………………………… (82)
四、停车场绿化设计 …………………………………………………… (85)
第十节 小城镇街道景观水景设计 …………………………………… (88)
一、小城镇园林水景设计要素…………………………………………… (88)
二、水景设计常用的方法及效果………………………………………… (88)
三、小城镇水景类型的选择 …………………………………………… (93)
四、水景设计的形式…………………………………………………… (108)
五、小城镇街道园林景观设计各构成要素之间的组合 ……………… (111)

第四章 小城镇广场规划设计 ……………………………………… (113)

第一节 小城镇广场概述 …………………………………………… (113)
一、广场的起源与发展………………………………………………… (113)
二、小城镇广场的功能与特征 ………………………………………… (113)
第二节 小城镇广场分类与设计原则 ……………………………… (114)
一、小城镇广场分类…………………………………………………… (114)
二、小城镇广场设计原则……………………………………………… (126)
第三节 小城镇广场设计的空间构成 ……………………………… (129)

一、空间构成与形态要素 …………………………………… (129)
二、空间构成的形态结构 …………………………………… (137)
三、小城镇广场构成 ………………………………………… (138)
四、小城镇广场的空间围合 ………………………………… (139)
五、小城镇广场的尺度与界面高度 ………………………… (141)
六、广场的几何形态与开口 ………………………………… (142)
七、广场的序列空间 ………………………………………… (144)
第四节　小城镇广场设计空间组织与文化 ……………… (144)
一、小城镇广场空间组织 …………………………………… (144)
二、小城镇广场文化 ………………………………………… (145)

第五章　小城镇广场的园林景观设计 …………………… (148)

第一节　小城镇广场绿地规划设计 ……………………… (148)
一、小城镇广场景观设施的构成 …………………………… (148)
二、广场绿地规划设计原则 ………………………………… (149)
三、城市广场绿地规划设计的程序 ………………………… (149)
四、小城镇广场种植设计 …………………………………… (151)
第二节　小城镇广场色彩景观设计 ……………………… (155)
一、小城镇广场色彩景观设计原则 ………………………… (155)
二、小城镇广场色彩设计要点 ……………………………… (156)
第三节　小城镇广场水景设计 …………………………… (157)
一、小城镇广场水景设计原则 ……………………………… (158)
二、广场水体类型与形式 …………………………………… (162)
三、水体在广场空间的设计形式 …………………………… (165)
第四节　广场地面铺装景观设计 ………………………… (166)
一、地面铺装的方式 ………………………………………… (166)
二、地面铺装的图案处理 …………………………………… (169)
第五节　环境雕塑设计 …………………………………… (170)

一、雕塑的分类 ………………………………………………… (170)
二、雕塑在广场中的作用 ……………………………………… (175)
三、广场雕塑本体规律 ………………………………………… (182)
四、广场雕塑的设计要点及发展趋势 ………………………… (185)
第六节 建筑小品设施设计 ………………………………… (187)
一、建筑小品设施设计原则 …………………………………… (187)
二、建筑小品设施设计内容与方法 …………………………… (188)

第六章 历史文化街区的保护与发展 ……………………… (194)

第一节 概述 ………………………………………………… (194)
一、历史文化街区的意义 ……………………………………… (194)
二、历史文化街区具备条件 …………………………………… (195)
三、历史文化街区的设立 ……………………………………… (196)
四、历史文化街区的现状问题 ………………………………… (196)
第二节 历史文化街区保护 ………………………………… (197)
一、历史文化街区保护原则 …………………………………… (197)
二、历史文化街区保护方式 …………………………………… (198)
三、历史文化街区保护规划 …………………………………… (199)
四、历史文化街区的保护内容与方法 ………………………… (200)
第三节 历史文化街区的建筑风貌保护 …………………… (203)
一、优秀历史建筑 ……………………………………………… (203)
二、一般历史建筑 ……………………………………………… (203)
三、一般建筑 …………………………………………………… (204)
四、新建建筑 …………………………………………………… (204)

第七章 小城镇街道和广场设计实例 ……………………… (206)

第一节 历史文化街区规划设计实例 ……………………… (206)
一、荆州市三义街历史文化街区保护规划设计 ……………… (206)

二、烟台近代滨海历史街区保护与改造实例 ……………………………… (236)
三、陕西省西安市东关南街整治改造规划设计实例 …………………… (244)
第二节　小城镇街道与广场规划设计实例 ………………………………… (254)
一、宁波市镇海区骆驼街道南二路街景规划设计 ……………………… (254)
二、宁波市鄞州区中河街道规划 ………………………………………… (264)
三、四川安县滨河绿带设计实例 ………………………………………… (273)
四、长春市西解放立交桥街头小游园设计实例 ………………………… (282)
五、庆春广场景观环境设计 ……………………………………………… (286)
六、宜昌武宁文化广场规划设计 ………………………………………… (292)
附录 …………………………………………………………………………… (299)
附录一　中华人民共和国城乡规划法 …………………………………… (299)
附录二　历史文化名城保护规划规范(GB 50357—2005) …… (313)
参考文献 …………………………………………………………………… (324)

第一章　绪　论

第一节　概　述

一、小城镇的概念及特点

1. 小城镇的概念

小城镇是介于城市与乡村之间的一种状态，是城市的缓冲带。关于小城镇的定义，历来没有统一的标准，归纳起来小城镇概念主要有狭义和广义两种。

我国狭义上的小城镇是指除市以外的建制镇，包括县城。建制镇是农村一定区域内政治、经济、文化和生活服务的中心。我国广义上的小城镇，除了包含狭义理解中的县城关镇和建制镇外，还包括以乡政府驻地为主体的集镇。集镇是指乡、民族乡人民政府所在地和经县级人民政府确认的集市。

2. 小城镇特点

小城镇是中国特色城镇体系中的重要环节。近年来，随着城乡经济社会发展和城镇化战略实施，我国小城镇得到了较快发展，积聚人口规模不断增加，有效促进了当地居民生产生活条件的改善，推动了区域协调发展。

(1)规模虽小，功能交叉、互补。小城镇虽然在规模上小于其他大规模的城市，但各项功能还是基本具备，虽不能像大中城市一样功能强大、独立性强，但具有功能交叉、互补的特点。

(2)特色鲜明、环境优美。小城镇是城乡的过渡，其介于城市和乡村之间，特色鲜明的乡土文化、民情风俗以及优美的自然环境是它的重要特点。

(3)实现城镇化与工业化协调发展。发展小城镇，可以吸纳众多的农村人口，降低农村人口盲目涌入大中城市的风险和成本，缓解现有大中城市的就业压力，走出一条适合我国国情的大中小城市和小城镇协调发展的城镇化道路。

二、小城镇街道与广场的概念及特点

1. 小城镇街道

街道是指城市、乡村中的道路，根据道路等级不同分为干路和支路。一般主干路称为"路"或"街"，分支的小路称为"巷""胡同"等。街道的一侧或两侧有房屋、广场、绿化、小品等设施。

街道在城市中绝不仅仅是连接两地的通道，在很大程度上还是人们公共生活的舞台，观光游客沿着街道观察了城市、认识了城市，当地的居民习惯性地在街道上活动并感受着街道及其周围环境，商业设施也大都布置于街道两侧。

2. 小城镇广场

从广义上说，城市广场就是由建筑物、道路或绿化地带围绕而成的开敞空间。广场是城市公众社会生活的中心，是城市空间体系构成的需要，而且历来是城市进行社交往来、休闲娱乐和信息交流等活动的重要场所，是人们接触自然、陶冶情趣的城市空间环境，不仅如此，广场还是集中反映城市历史文化和艺术面貌的建筑空间。

三、我国小城镇街道和广场建设存在的问题

街道和广场是构成小城镇空间的首要环境要素，也是小城镇城市设计的重要组成部分，是最能体现小城镇活力的窗口。由于各方面因素的制约，我国小城镇街道和广场建设存在以下几个问题。

(1)小城镇街道和广场设计缺乏个性。一段时间内，小城镇的建设采用工业化的生产方式，造成了许多小城镇景观雷同，千篇一律的现象普遍存在，使得小城镇建筑设计风格失去了传统的特征，缺乏个性。

(2)空间尺度设计不合理。空间尺度设计得不合理造成了小城镇人们缺乏交往场所、步行空间、街头广场，使得人们不仅找不到安全停留的场所，更谈不上举办丰富多彩的活动了。

(3)仅考虑道路路面的要求,忽视了街道的其他设施要求。目前许多小城镇的道路交通设计时往往只顾及到了路面的要求,却忽视了街道的各种设施的建设以及其他供行人使用的多种设施,从而不能满足人们的使用要求。

第二节 传统聚落街道和广场的形成与发展

一、传统聚落的发展历程

城市、集镇、小城镇和乡村都是不同形式的聚落。

1. 聚落的概念

(1)聚落的概念。"聚落"是由居住的自然环境、建筑实体和具有特定社会文化习俗的人所构成的有机整合体。聚落是人类聚居在时间和空间上聚集与扩展的结果。

(2)传统聚落的概念。传统聚落是指一种小农经济体制下的基层社会网络在一定的空间地域上的投射,表现为特定范围内的人、自然环境与传统建筑环境在时间和空间上的集聚与整合。它包括村、镇、寨等,位于这些集落里的一些带有公共、文化、宗教性质的建筑物,如祠堂、鼓楼、家庙及桥、亭、牌坊、路廊等,都包含在"聚落"范围内。

2. 聚落的形成与类型

传统聚落的生成过程,就是聚落的秩序化、区域化、符号化的过程。聚落按照地理生态类型划分为平原型、山地型、河岸型及其他类型。

(1)平原型村落。平原型村落具有以下特点:

1)水土资源丰富;

2)交通便利;

3)具有发展农业的天然优越性;

4)容易形成较大的村落;

5)人口比较稠密;

6)村落比较密集。

(2)山地型村落。山地型村落主要有以下类型。

1)浅山区(山地与平原之间的过渡地带)村落,自古历来就是村落建设的密集区域(图 1-1)。

图 1-1　北京某镇聚落内景

2)深山区村落(图 1-2)。

图 1-2　深山区村落

3)坡地型村落(图 1-3)。

图 1-3 坡地型村落

4)岩地型村落(图 1-4)。

图 1-4 岩地型村落

5)丘陵型村落(图 1-5)。

图 1-5　丘陵型村落

6)土质型村落(图 1-6)。

图 1-6　土质型村落

7)石质型村落(图 1-7)。

图 1-7　石质型古村落

(3)河岸型村落。河岸型村落一般指两类地区:大河的主流、支流汇合处形成的冲积扇地带、陆路横越河流的地方(图 1-8)。河岸型村落具有以下特点。

图 1-8　某镇河岸型村落

1)土地肥美,水源充足;

2)历来是人类优选的生产、栖息的好地方;

3)容易形成较大的村落;

4)村落分布一般是条带状的。

3. 传统聚落与环境的关系

(1)“同质与同构”。“同质与同构”是指对象之间具有共同的性质或共同的构成方式,就传统聚落而言,是指聚落与基地环境之间性质与构成的一致性,这包括聚落各组成部分自身的一致性以及聚落整体与环境的一致性。

(2)“顺应与原创”。“顺应与原创”主要包括了聚落与基地环境整合结果的创造性程度和处理方式的适宜性程度,也体现了聚落自成一体的协同机制,引导了聚落的有机生长。

4. 传统聚落空间结构体系

在聚落环境中,空间结构体系是人生活与活动体系的总和。传统聚落空间结构体系由自然生态空间,人工物质空间和精神、文化空间三部分构成。

(1)以自然生态为载体的绿色空间结构。

1)择适宜居地,营建聚落;

2)顺应自然,因地制宜;

3)以自然山水美构建聚落景观。

(2)以人为主体的物质空间结构。

1)建立多种功能有机组合的空间体系;

2)营建特色各异的空间结构形态。

5. 传统聚落的形态

(1)组团型。组团型主要由多个宅区组团随地形变化或道路、水系相联系的群体组合的空间形态。例如,韩城安堡村分为几个组团型相连而成整体,如图 1-9 所示。

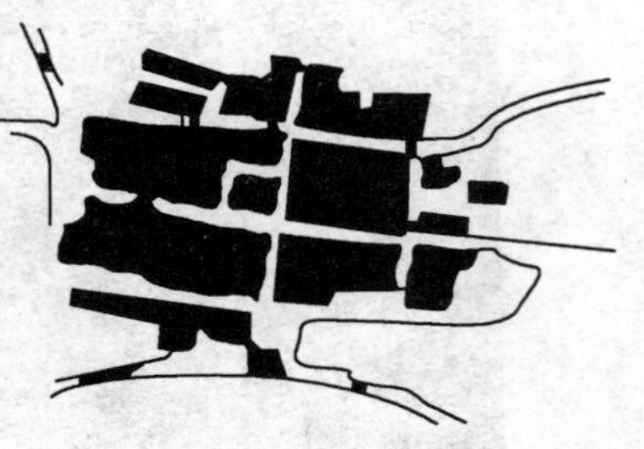

图 1-9　韩城安堡村

(2)带型。带型多随地势或流水方向顺势延伸或环绕成线型布局的带型空间。例如,湘西拔茅村沿流水方向布局,如图1-10所示。

(3)放射型。以一点为中心,沿地形变化呈放射状外向延伸布局,形成视野开阔的空间形态。例如,北京爨底下古山村沿山势呈放射状布局,如图1-11所示。

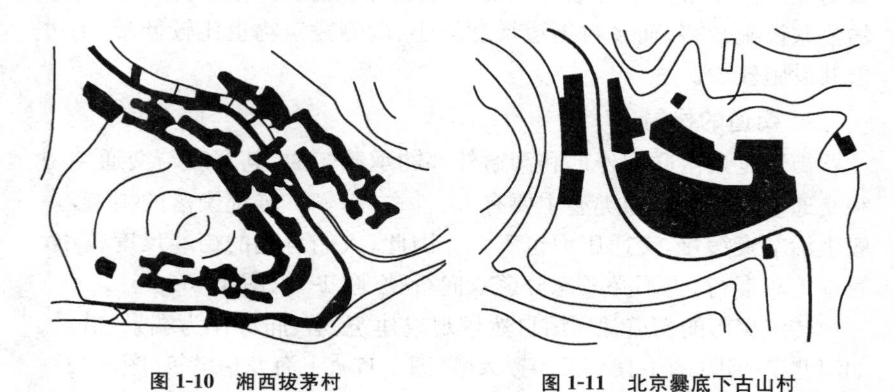

图1-10 湘西拔茅村　　图1-11 北京爨底下古山村

(4)象征型。模拟自然物或其他物形布局形成具有隐喻意义的空间形态。例如,四川罗城以船形布局象征一帆风顺,如图1-12所示。

(5)灵活型。随地形变化自由布局的灵活空间。例如,桂北金竹苗寨顺应山势自由布局,创造出山、田、宅相交融的环境特色,如图1-13所示。

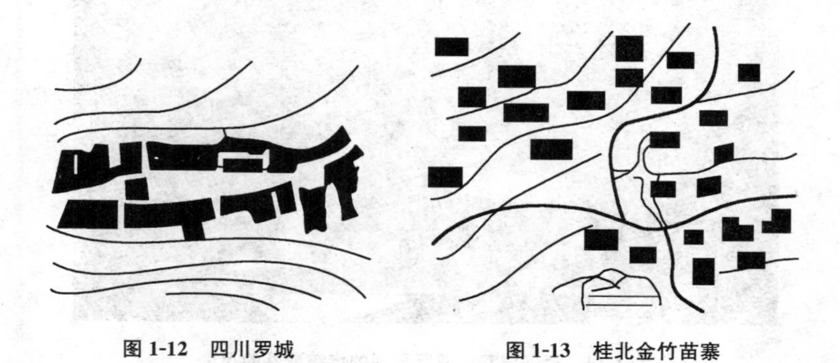

图1-12 四川罗城　　图1-13 桂北金竹苗寨

二、传统聚落街道和广场的形成与布局

1. 街道的形成

街道产生于聚落的交通需求。城市街道与乡村街道的景象有很大的差别。城市街道一般比较宽阔笔直，两侧建筑物比较高耸，街边的公共设施较多；而乡村街道尺度较小，两侧建筑物也比较低矮，街边公共设施较少。

2. 街道的格局

街道是聚落联系外部和沟通外部的承载交通，其宽度与交通类型和交通量有关。交通类型主要有人、牲畜、车辆。传统聚落的街道，一般生活节奏缓慢，交通压力也不大。因此，人们看到的街巷尺度较小，属于人车混行，也不必考虑分道双向行驶（图 1-14、图 1-15）。

传统聚落的街道常利用自然景观或建筑、塔、庙等作为端景、借景。如河北定州塔（图 1-16）、天津致远塔（图 1-17）、上海龙华塔等（图 1-18）；而西安钟楼街道对景（图 1-19）、榆林县万佛楼街道对景（图 1-20）都是很好的街道对景，这类建筑的主要特点是造型优美、选址在高处，能增强街道的公共性和易识别性，突出城镇的立体轮廓和地方特色。

图 1-14　肇兴桐寨街道所呈现的传统聚落的尺度

图 1-15 珠山镇街道所呈现的传统聚落的尺度

图 1-16 河北定州塔

图 1-17　天津致远塔

图 1-18　上海龙华塔

图 1-19　西安钟楼街道对景

图 1-20 榆林县万佛楼街道对景

3. 广场的形成

广场的形式灵活自由，边界也模糊不清，基本功能是交通和交往，然后发展出休憩、家务、商业、旅游、聚会等功能。广场按性质可分为入口广场、庙会集市、街巷节点广场三种。在传统聚落中作为公共活动场所的广场多是自发形成的。

4. 广场的布置

广场的布置是聚落当中都有供人们聚集的场地，起源于生产、商业、宗教和军事的需要，如寺院、教堂、祖庙、集市、驿站等场所形成满足聚落社会活动的广场。这些广场既承担聚落日常的生产和生活需要，又满足阶段性的集体活动需要，如集市、集会、仪式、民俗等。

第二章 小城镇街道规划设计

第一节 小城镇街道功能与类型

一、小城镇街道功能特征

街道是在城市范围内，全路或大部分地段两侧建有各式建筑物，设有人行道和各种市政公用设施的道路。小城镇街道具有交通与生活双重的功能，它绝不仅仅是连通两地的通道，在很大程度上还是人们公共生活的舞台。街道功能如图 2-1 所示。

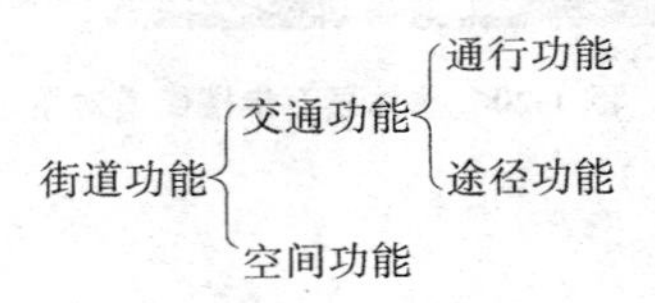

图 2-1 街道功能示意图

在古代，街道既是交通运输的动脉，同时也是组织市井生活的空间场所。

没有汽车的年代，街道和道路是属于行人的空间。如苏州古街道，人们可以在这里游玩、购物、闲聊交往、欢娱寻乐，完成“逛街”所需要的全部活动。

发展到马车时代，人行与车行的冲突已开始暴露出来，但矛盾并不突出。图 2-2 为新疆古街道。

而到了汽车时代，街道的性质有了质的变化。由于人车混行，人们不得不借助于交通安全、专用人行道和交通标识及管理系统等在街道上行走，但交通混乱，有安全隐患。图 2-3 为现代街道鸟瞰图。

图 2-2　新疆古街道

图 2-3　现代街道鸟瞰图

二、小城镇街道分类

一般情况下，小城镇街道主要有交通性街道、商业街、步行街和林荫道四种。

1. 交通性街道

交通性街道在小城镇中主要职能是承担交通运输，这些街道主要连接城镇不同的功能区或是不同的城镇，满足城镇内部不同功能区之间或城镇间的日常人流和货流空间转移的要求。它们通常与城镇的重要出入口相连，或是连接城镇内部的一些重要设施、功能分区，如城镇主要商业中心、广场之间等。这些街道通常交通量大、速度快，一般不适宜在街道两侧设置大型商场、文化、娱乐场所，以避免人流对车行道造成干扰，保证交通顺畅。图 2-4 为常州交通性街道。

图 2-4　常州交通性街道

2. 商业街

商业街是小城镇中的重要生活性道路。商业街的主要特点是因商业店铺的集中而形成了室外购物、休闲、餐饮等功能空间，基于商业街的店铺特色，决定了其设计的核心就是让空间有用而舒适。根据调查，一般商业街的尺度，都控制在 8～12 m，而这又是针对两侧都是店铺的商业街，在商业建筑前约 19 m 宽的范围内，要满足停车、行车，还有步行的功能，所以商业街前面的步行街尺度定为 5 m 宽，又考虑到车行对人流的影响，利用竖向高差的变化将其划分成两个不同的空间。

商业街可以是一条街，也可以是一条主街，多条副街；商业街的长度不能太长，超过 600 m，消费者就可能产生疲劳、厌倦的感觉。在商业街的中心可以布置广场以为购物者提供休息的空间，并应设置花坛、座椅等满足购物者的需求。图 2-5 为上海罗店镇商业街。

图 2-5　上海罗店镇商业街

3. 步行街

步行街是指在交通集中的城镇中心区域设置的行人专用道，在这里原则上排除汽车交通，外围设停车场，是行人优先活动区。徒步街与徒步购物街的意义相同，可通称为步行街。

根据步行街的功能侧重，亦可将步行街分为以下几类。

(1)以商业为主要目的的商业步行街。这一类步行街以谋求中心区的商业利润作为根本目标，同时注重市中心环境的质量，在步行街上往往有比较亲切宜人的氛围，设立了绿地、彩色的路面、街头雕塑、座椅等，使人们在购物之余，仍愿意留在步行街中活动。图 2-6 为青岛台东商业步行街。

(2)以休闲、娱乐为主要目的的旅游休闲步行街。这一类步行街往往兼多种功能于一身，而为步行者提供一个宜人的休闲、娱乐环境，是这一类步行街的主旨。在这样的步行街中，人们往往可以充分感受

图 2-6　青岛台东商业步行街

到交往、娱乐的乐趣，购物不再是主题。这类步行街具有先天和独特的旅游、观光、休闲的功能，旅游观光休闲步行街应结合当地的历史资源打造。图 2-7 为苏州石路步行街。

(3)居民小区中所形成的社区、生活步行街。这一类的步行街往往并不是如同休闲步行街和商业步行街一样位于城镇中心。它处于一个居民小区内，或者位于几个居民小区的结合部，可能是具有商业功能，也可能是纯粹为居民休闲、娱乐而设计的步行街。因此，生活性步行街可以看作商业步行街与休闲步行街的结合，是二者在人们日常生活中的浓缩，也是几种类型步行街中，与人们生活联系最紧密的一种类型。图 2-8 为安徽当涂县博望镇步行街。

社区步行街的客户群是固定的，其规模要与社区人口数字相匹配。以个性特色商铺为主，为小区内居民创造悠闲雅致的消费环境，并设有休闲娱乐场所和设施，购物休闲娱乐一体化，使步行街成为整个小区的风景线。

图 2-7　苏州石路步行街

图 2-8　安徽当涂县博望镇步行街

4. 林荫道

林荫道是指在街道上供居民步行通过、散步和短暂休息之用的带状绿化地段。林荫道内，除了栽植遮阴的高大乔木和设步行道外，一般还布置有开花灌木、植篱、花坛、座椅等，有的还有喷泉、花架、亭、廊等设施。我国规定，林荫道的最小宽度为 8 m。林荫道还具有防尘、降低噪声、游憩和美化环境的功能。在城市绿地系统中，林荫道可把块状绿地、点状绿地联系起来。

林荫道的布置应妥善处理步行道与绿带的划分、分段和出入口的安排、游憩场所的内容和设置、植物的选用和配置等问题。

第二节　小城镇街道交通规划设计

一、小城镇街道的模式

结合我国小城镇街道体系形成、发展过程的探讨，可将城镇街道空间格局分为格网式、放射加环形、自由式、鱼刺式四种类型。

1. 格网式

格网式属于理性规划型，具有层级清晰的格网秩序，是一种常用的系统。方格网道路又分中心的格网序列、开放的格网式两种形式。

(1)中心的格网序列。其代表中央集权和中心控制的理想，中国传统都城建设基本采用这种路网。例如，隋(大兴)、唐长安城采用中轴对称格局，方格网道路等级主次分明。元大都、明清北京城更加全面地体现了《周礼·考工记》的绝对对称的方格网道路，紫禁城严格中轴对称、皇城居中、等级分明的道路网，以四合院为单位合理组织居住街坊。

(2)开放的格网式。反映出“机会均等、平等竞争”的思想。如费城，就属于这一类型。方格网把城市划分为完全同一的区域，可朝任何方向发展。

2. 放射加环形

放射道路网的空间扩张，首先是在第 1 道环内沿放射路向外发展,逐渐将放射路之间的土地填满,到一定规模又有第 2 道、第 3 道环形道路。这种道路易形成明显的城市中心,有一定的内聚力,容易形成丰富的城市空间,同时能够保证城市各分区与中心区的联系。图 2-9 为放射加环形道路网。

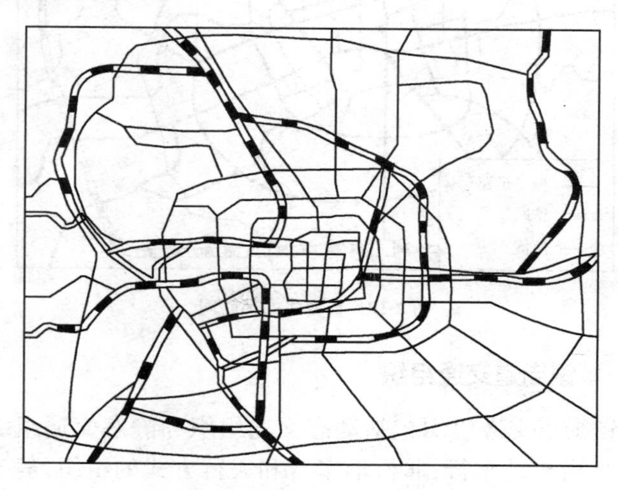

图 2-9 放射加环形道路网

3. 自由式

这种形态的道路网在自然生长形成的城市中居多,人为的统一规划思想对这种道路网的用地影响很少,这就形成了城市形态的有机性。自由式道路网形态多结合自然地形,形成弯曲或曲折不定的几何图形。图 2-10 为自由式的道路网。

4. 鱼刺式

鱼刺式沿着主要道路的走向发展,串联起若干主要的节点场所。这类城市往往是沿主要交通干线或者河流、山谷发展形成的。鱼刺式街道模式是功能合理、适应地域条件和经济条件的若干个体逐年叠加的结果。通过组合和变形,这种城市骨架还能发展出指状和环状等形式路网。

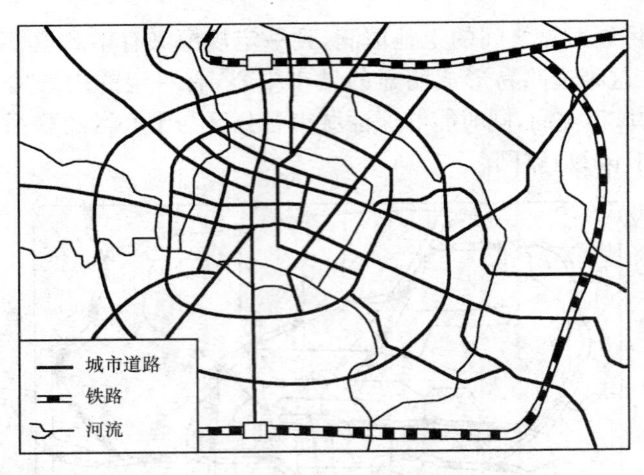

图 2-10　自由式的道路网

二、小城镇街道交通组织

小城镇街道交通组织包括动态交通组织和静态交通组织。动态交通组织是指机动车行、非机动车行和人行方式的组织；静态交通组织则是指各种车辆存放的安排及停车管理。

1. 动态交通组织方式

(1)无机动车交通。这种交通组织方式采取街道周边停车、主要出入口停车及完全地下停车灯方式，将机动车辆完全隔离在生活区域以外(或地下)。对于规模较小的小城镇，这是一种较为理想的交通组织方式。这种交通组织方式有利于减少汽车对转弯半径、道路线型、宽幅、断面等技术因素对设计的影响，减少道路占地面积，利于组织以步行为主的人性化空间。

(2)人车分流。人车分流是在道路上将人流与车流完全分隔开，互不干扰地各行其道。包括人行天桥、人行过街地道，以及步行街、步行区等措施。小城镇人车分流的主要方式有时间分流和人车局部分流两种。

1)时间分流。时间分流强调在不同时段将人行与车行相分离。与空间上的分流组织方式相比，采取时间分流可对住宅小区道路资源进行有效与综合利用,如在周末或节假日,可对住宅小区的开放空间如中心绿地、商业服务设施等地区周边设为纯步行空间,禁止机动车穿行,而在平时允许机动车通行。

2)人车局部分流。人车局部分流是一种很常见的交通组织方式,采用这种人车适当分离的方法在小城镇既能达到经济方便的特点,又能保持环境安静。

(3)人车混行。人车混行的交通组织方式是指非机动车、机动车和行人在同一道路断面中通行。

2. 静态交通组织方式

静态交通组织停车方式主要有露天停车、底层停车、地下停车库等几种。

(1)露天停车。

1)安全问题。即汽车的防盗和防破坏问题。

2)防冻、防晒问题。车辆直接暴露在室外,车辆易破损。尤其是中高档轿车不适宜此种停车方式。对于我国北方地区冬季也不适用这种方式(北方地区由于气温较低,要停在室外,必须采取防冻措施)。对于夏季炎热的我国南方地区则要处理好防暴晒的问题。可采取种植高大乔木与地面停车场结合方式,既有利于居住区的生态环境,又能有效地解决防晒问题。

(2)底层车库停车。这种停车的一般形式是在住宅底层布置车库,二层以上为住宅。由于可以采暖(暖库存车)而被我国北方居住区大量采用,相对于我国南方经济水平较高地区,底层多为商铺,且冬季无须防寒问题,因而较少采用。底层车库停车使用方便、安全经济,在我国居住区当中非常普遍。

(3)地下停车。近年来,伴随着我国城市化水平的提高,城市土地资源日趋匮乏。人们在进行城市建设时,尽可能地考虑有效地利用地下空间。设施的地下化不仅可以合理地使用土地资源,提高开发效益,同时也有利于防灾工程的建设。因而,我国现今居住区在规划设计时更多地采用地下停车库的设计。

第三节　小城镇街道的空间尺度设计

一、小城镇街道的空间构成

街道空间的构成界面包括侧界面、底界面和顶界面。

1. 侧界面

侧界面也可称为垂直界面，街道的垂直界面是城镇空间构成的一项基本的环境模式。传统聚落的侧界面多用石、砖，有时外加抹灰。街道侧界面的界定作用所带来的空间特性是连续性和街道的开合处理。这种连续性可以通过多种手法来实现。比如持续的界面、统一的材质、相同的纹理走向、重复性的构图等。图 2-11 为某镇街道侧界面。

图 2-11　某镇街道侧界面

为了使连续的街道获得活力，需要适当对街道空间进行有规律的开合处理，即打破街道连续性。图 2-12 为于家村官坊街的平面图。从图中可以看出，街道中共有 4 处"开口"用以打破街道的连续性，南界面也有 4 处"开口"。这些"开口"交错设置，划分了街道段落，很有节奏地给街道增加了活力，使长长的线性空间不再均质和单调。

图 2-12 于家村官坊街平面图

2. 底界面

底界面通常就是路面，起路线引导作用，强调空间的线性特征。底界面功能的实现主要依靠地面铺装，如朱家峪铺地，通过铺装的造型、垂直方向的高差完成引导和标志作用。路面铺砌还有界定领域和过渡的功能，街道的路面可以是土路、卵石路、地砖路、石板路、水泥路、沥青路等多种不同材料。如千山红镇街道路面(图 2-13)。

图 2-13 千山红镇街道路面

3. 顶界面

传统聚落的街道不可避免地具有较大的高程变化，尤其是与等高线相互垂直的街道。沿街两侧的建筑必然也呈起伏跌落的形式并与地面呼应，因此，顶界面外轮廓线自然也呈台阶式的变化而具有鲜明的节奏韵律感。由于高程变化较大，当人们从高处走向低处时，感受到层层跌落的屋顶；由低处走向高处时，感受的是错落叠置的檐下空间，虽然繁杂却被堆积在阴影中。顶界面在沿街两侧建筑的夹合下，呈现出或宽或窄的纯净天空。

二、比例尺度

街道空间是由底界面（地面充当）、侧界面（由建筑立面充当）和顶界面（天空充当）构成的，并决定了街道空间的比例和形状，是街道空间的基本界面。两侧的建筑物限定了街巷空间的大小和比例，形成了天空的轮廓线；建筑物与地面的交接确定了地面的平面形状和大小。

街道的尺度要素包括街道的长度、街道的宽度、街道的高宽比、沿街建筑的尺度协调等。

1. 街道长度

在室外自然环境中，步行距离以400～500 m较合适，在遮蔽风雪的环境中，有魅力的步行距离约为750 m，步行时间为10 min；在室内全天候空调的步行街中较有魅力的长度可达1 500 m，步行时间为20 min。据统计资料显示，日本的步行街道均长为540 m，美国为670 m，欧洲为820 m。如果长度过长，则人群往往会集结于某一区域内。一般来说，街道的连续不间断长度的上限大概就是1 500 m，超出这个范围人们就会失去尺度感。

2. 街道宽度

街道的宽度直接影响街道空间尺度。街道宽度的设定依据两方面因素：一是街道的功能尺度要求；二是街道的精神尺度要求。

古代街道更多是考虑精神层面的功能，如唐长安城南北中轴线宽度达到150 m，东西主干道的宽度为120 m。到了近代，街道开始由开始宽松的满足使用功能到满足基本交通功能，再到满足人的行为心理需求等阶段。

在决定街道宽度的诸多因素中，交通方式的变化是影响最大和最直接的。从人行交通到车行交通的变化直接导致了街道宽度的不断加宽，街道空间尺度越来越大，由近人的尺度发展为“超人”的尺度。

当必须建造巨型尺度街道的时候，把街道空间化整为零，分化成小尺度空间是控制街道空间尺度的关键。可以运用绿化、小品、街灯等手法分化街道的功能，弱化超大的空间尺度。

3. 街道高宽比例

在小城镇的空间中，空间界面对于空间的形态、氛围以及宜人尺度的营造等各方面都有着很大的影响，当人行走在街道上，会由于两侧建筑物高度与街道宽度之间关系的不同而产生不同的空间感觉。

据学者研究，从人眼的视觉特性看，45°是人们观赏单体建筑的极限角度。

用 H 表示建筑高度，用 D 表示建筑街道的宽度，以 $D/H=1$ 为界线，在 $D/H<1$ 空间和 $D/H>1$ 的空间中，它是空间质的转折点。图 2-14 为街道建筑高度与街道宽度比值和视觉分析示意图。

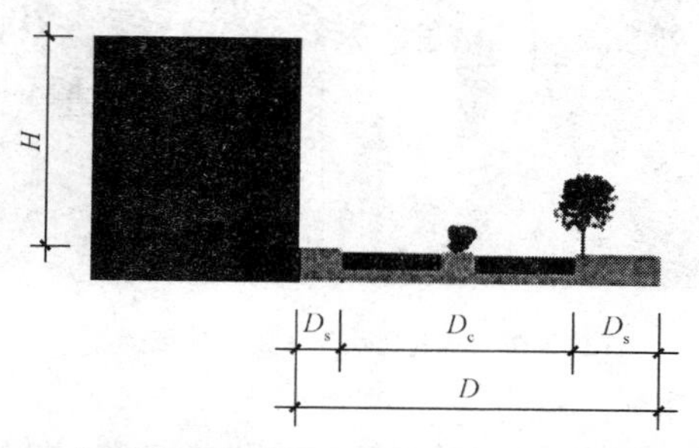

图 2-14　街道建筑高度与街道宽度比值和视觉分析示意图

(1)如果 D/H 之比为 1∶1，那么人能够看清楚整个立面，建筑物高度和道路空间具有平衡的比例。

(2)当 $D/H=1:2$，即仰角为 270°时，能观赏到建筑的完整立面。图 2-15 为宽高比在 1～2 之间的闽中古城街道。

图 2-15　宽高比在 1～2 的阆中古城街道示意图

(3)当 $D/H<1$ 时,人们所见的沿街建筑是局部的,这时会产生极强的"被包围感",有一种"受保护"或"受压迫"的气氛。图 2-16 为宽高比小于 1 的古城街道。

图 2-16　宽高比小于 1 的古城街道

(4)当 $D/H>1$ 时,人们对封闭的感觉会下降,渐渐为开敞的感觉所取代,随着比值的增大,这种开阔感会更明显。

(5)当 D/H 大于 3 时,空间的封闭感消失,建筑立面仅作为构成空间的边界。

4. 沿街建筑的尺度协调

沿街建筑尺度的相符协调对街道空间尺度感有很大的影响。根据格式塔心理学，人的知觉具有整体性，即当人观察一个由若干元素组成的环境时，看到的只是这些元素组合形成的整体，而不是人为抽象出来的感觉元素的叠加。因此，沿街建筑作为街道空间的组成元素，最先给人留下的是其整体印象。沿街建筑的设计，应该更多地强调与整条街道的协调，而不应该仅仅作为单体建筑来考虑。街道空间尺度的确定，应该从整体效果上去组织和控制沿街建筑的位置、体量、高度、立面等，这样可以有效地保证街道空间在尺度上的连贯与和谐。

三、空间序列

日本芦原义信在《街道的美学》中写道："街道，按意大利人的构想必须排满建筑形成封闭空间。就像一口牙齿一样由于连续性和韵律感而形成美丽的街道。"这就是所谓的街道空间的连续性。人们习惯于把街道与乐章联系起来，把它想象成有"序曲—发展—高潮—结束"这样有明确章节的序列空间。人们对街道的印象不是一次形成的，而是多次观察实践的积累，人们在逐步观察中，会把某个范围划在某一"段"中，这种连续的"段"将街道空间连为一体，构成连续的线性整体，"段"与"段"之间通过空间上有明显变化的节点连接起来，节点一般是道路交叉口、路边广场、绿地或建筑退红线后形成的开敞空间，通过这些节点的分割和联系，使各段之间既有联系又有区别。街道空间的这一规律决定了街道设计的多样性变化，为空间韵律与节奏的创造提供了基础。图 2-17 为小城镇街道设计中节点与段的划分示意图。

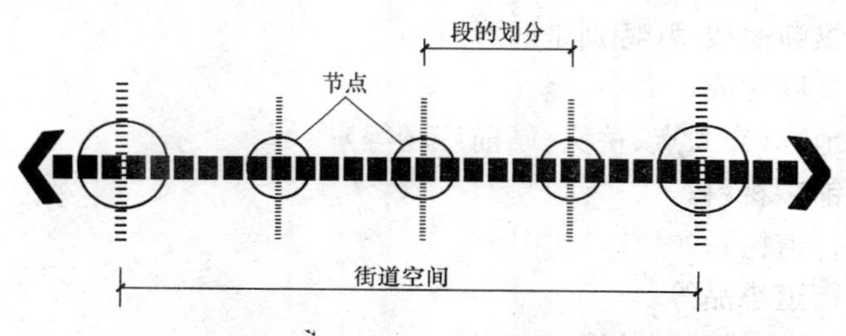

图 2-17　小城镇的街道设计中节点与段的划分示意图

四、小城镇街道空间的景观与特色

街道作为小城镇空间的骨架，是小城镇空间的重要组成部分。不论哪种形式的城市，其街道景观格局都是反映历史的发展过程，生活在其中的人们在这些特殊的地点就会产生相应的联想，想的就是这个小镇曾经发生的一切，可以说小城镇街道承载着城市的记忆，蕴含着城市的文化，在此基础上形成的街道景观空间布局反映的便是小城镇的特色。

1. 小城镇街道景观的构成要素

(1)景观角度。景观角度包括自然景观、人工景观与人三个方面。

1)自然景观。街道两侧的山体、水体、岩石树木、花卉、草地等。

2)人工景观。建筑物、建筑构筑物、小品设施、指示牌、广告牌、路灯、文化橱窗、报栏、垃圾箱车体及广告等。

3)人。人群活动。

(2)形态角度。街道景观随着道路的走向呈“点、线、面”的形态分布。

1)点：如一块绿地、一座花坛等，在形状、体量、质感、色彩上都要与整个环境成对比统一。

2)线：具有一定的方向性，在空间中起到延伸和导向的作用。线可以分为几何线、曲线、自然线。

3)面：“点”和“线”的结合体。

(3)道路本体的构成要素。

1)平面线型；

2)纵断面线型(特别是凹形)；

3)宽度构成；

4)地标(交叉点、桥头、站前广场等)；

5)铺装材料；

6)行道树；

7)街道小品等。

(4)作为道路网的形式要素。

1)放射状、放射环状、网格状等；

2)尽端回车道、交叉点、丁字路口等特殊形状。

2. 小城镇街道空间景观设计的原则

(1)现代小城镇街道空间的景观应该是既协调自然风景、人文环境和民俗风情,又结合地形,节约用地,顺应气候条件,节约能源,注重环境生态及景观塑造,浸透着融合地理环境与天人合一的设计理念。图 2-18 为具有浓郁地方特色的街道景观。

(a)

(b)

图 2-18　具有浓郁地方特色的街道景观(一)

(a)钟楼上的西安街景;(b)七宝古镇小桥流水人家的街景

(c)

(d)

图 2-18　具有浓郁地方特色的街道景观(二)

(c)温州复古特色的商业街街景;(d)具民族风情特色的新疆街景

(2)运用手工技艺、当地材料及地域独到的建造方式,形成自然朴实的建筑风格,充分体现人与自然和谐共生。

(3)强调人性化设计具有多义的空间功能,各种服务性设施的配置从人的角度出发,满足人的心理和生理的需求,处处体现出"以人为本"的思想,具有尺度宜人的空间结构、形式丰富的景观序列和融合自然的景观空间,使人能够"乐在其中",又能"过目不忘",从而形成高品位、富有地方特色的小城镇街道景观形象。

(4)街道夜景观的设计也是街道景观的一个不可忽视的部分。夜景的塑造并不仅仅是满足街道的照明要求,而且还要与街道本体的景观塑造紧密结合在一起,利用照明的辅助在夜间体现景观的美。夜景的塑造不仅能反映出街道景观面貌的多样化,而且能在突出景观优势的同时,还可利用光照来弥补景观的某些不足。图 2-19 为各种街道夜景。

(a)

(b)

图 2-19　街道夜景(一)

(a)扬州街道夜景;(b)石家庄街道夜景

(c)

(d)

图 2-19　街道夜景(二)

(c)郑州经三路街道夜景;(d)黄山区汤口镇流光溢彩的街道夜景

第三章　小城镇街道的园林景观设计

第一节　小城镇街道景观的构成与设计要点

小城镇的街道景观是指在小城镇街道中由地形、植物、构筑物、铺装、小品等组成的各种景观形态。各种景观形态是一个城镇风貌的体现,也是联系城镇各个景观区域的纽带,不仅如此,还能起到改善城镇生态环境的作用。

一、小城镇街道景观的构成要素

小城镇街道景观的构成要素主要有道路主体、景观主体、活动主体三种。

1. 道路主体

小城镇街道景观的主体是指承载车辆或行人的铺装主体,不同的街道功能对应不同的尺度,街道的宽度由道路红线所限定。小城镇街道的宽度通常小于城市街道,车行道以四车道、两车道为主,常常会有大量的单行车道或人行道、胡同等,它们是街道景观存在的基础和依托。

2. 景观主体

小城镇街道景观主体包括街道两侧的建筑物(商业、办公楼、住宅等),广告牌、路灯、垃圾桶等城市家具,围栏、空地(广场、公园、河流等),植物绿化。在景观主体中,植物绿化是最重要的,也是所占比例最大的部分。其中,行道树绿化是小城镇的基础绿化部分。行道树绿带是设置在人行道与车行道之间,以种植行道树为主的绿带。行道树按一定方式种植在道路的两侧,是造成浓荫的乔木。行道树绿带长度不得小于 1.5 m,宽度一般不宜小于 1.5 m,由街道的性质、类型及其对绿地的功能要求等综合因素来决定。

行道树的定干高度，应根据其功能要求、交通状况、道路的性质、宽度及行道树距车行道的距离、树木分枝角度而确定。当苗木出圃时，一般胸径在0.12～0.15 m为宜，树干分枝角度越大的，干高就不得小于3.5 m，分枝角度较小者，也不能小于2 m，否则会影响交通。对于行道树的株距，一般要根据所选植物成年冠幅大小来确定，另外道路的具体情况如交通或市容的需要也是考虑株距的重要因素。故视具体条件而定，以成年树冠郁闭效果好为准。常见行道树的株距有4 m、5 m、6 m、8 m等，见表3-1。

表3-1　行道树的株距　（单位：m）

树种类型	通常采用的株距			
	准备间移		不准备间移	
	市区	郊区	市区	郊区
快长树（冠幅15 m以下）	3～4	2～3	4～6	4～8
中慢长树（冠幅15～20 m）	3～5	3～5	5～10	4～10
慢长树	2.5～3.5	2～3	5～7	3～7
窄冠树	—	—	3～5	3～4

行道树绿带的种植方式主要有树带式与树池式两种。

(1)树带式。在人行道与车行道之间留出一条大于1.5 m宽的种植带，如图3-1所示。根据种植带的宽度相应地种植乔木、灌木、绿篱及地被等。在树带中铺草或种植地被植物，不要有裸露的土壤。这种

图3-1　树带式示意图

方式有利于树木生长和增加绿量,改善道路生态环境和丰富住区景观。在适当的距离和位置留出一定量的铺装通道,便于行人往来。

(2)树池式。在交通量比较大、行人多而街道狭窄的道路上采用树池式种植的方式,如图 3-2 所示。应注意树池式营养面积小,不利于松土、施肥等管理工作,不利于树木生长。树池之间的行道树绿带最好采用透气性的路面材料铺装,例如混凝土草皮砖、彩色混凝土透水透气性路面、透水性沥青铺地等,以利渗水通气,保证行道树生长和行人行走。

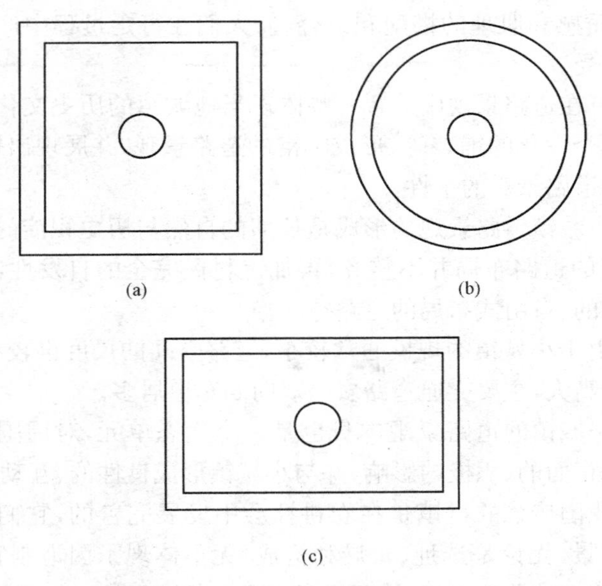

图 3-2 常用树池示意图

(a)方形;(b)圆形(c)长方形

3. 活动主体

活动主体包括步行者、机动车和非机动车等在道路上活动的车辆、人流。不同的道路承载的活动整体是不同的,有些街道,如步行街,以步行者为主,偶尔会有车辆通过;城镇的主干道则以车辆居多。

二、小城镇街道的园林景观设计要点

(1)从安全与美学观点出发,在满足交通功能的同时,充分考虑道路空间的美观性,道路使用者的舒适性,以及与周围景观的协调性,让使用者(驾驶员、乘客以及行人)感觉心情愉悦。

(2)小城镇街道的安全性要求景观设计必须考虑到车辆行驶的心理感受,行人的视觉感受和各景观要素之间的组织等多方面因素。

(3)在行人体验为主的街道景观中,需要考虑各种植物和构筑物的色彩、质感和肌理的搭配和组合,使人们在行走过程中产生视觉上的景观享受。

(4)可在道路景观中放置一些体现当地城镇的历史文化特色的景观小品或个性化的铺装等,形成丰富的道路景观,并展现出地方特色,突出城镇道路景观的个性。

(5)小城镇道路景观的形成是长期的自然与历史积淀的过程。传统的村镇的道路布局并不整齐,再加上村民完全的自发性,由此产生变化丰富的、自由式布局的道路空间。

(6)由于小城镇的规模通常较小,道路空间的尺度也较小,周边建筑也并不高大,主要交通道路多以双向四车道居多。

(7)小城镇的道路景观本身也是一个生态单元,对周围的生态环境产生了正面的、积极的影响,并与小城镇形成良性的、互动的过程。

(8)我国传统的村镇是在农耕社会中发展完善的,它们以农村经济为大背景,无论是选址、布局和构成,无不体现了因地制宜、就地取材、因材施工的营造思想,体现出天人合一的有机统一。

(9)保土、理水、植树、节能的处理手法,充分地体现了人与自然的和谐相处,既渗透着乡民大众的民俗民情,又具有不同的“礼”制文化。

(10)小城镇的道路景观应该是建立在生态基础上的,既具有朴实的自然和谐美,又具有亲切的人文之情。

(11)在很多小城镇的中心区都设有步行街,以商业、展示为主要功能,承载着较大的人流,也是展现小城镇地方特色的主要区域。

第二节　小城镇街道绿地规划设计

小城镇街道绿地最重要的功能就是满足居民们的日常活动需求，其直接关乎城镇的生态环境质量，在建设过程中，场地的自然条件、结构和功能是街旁绿地设计的基础，充分利用自然资源来建设城镇的绿地空间，是促进城镇自然环境建设的重要手段。

一、小城镇街道绿地组成

街道绿地是指城市道路及广场用地范围内（道路红线之间）可进行绿化的用地。主要由街道绿带、交通岛绿地、街头小游园、步行街绿地、林荫道绿地、滨河路绿地、停车场绿地和水景工程等组成。

1. 街道绿带

街道绿带是指道路红线范围内的带状绿地。街道绿带根据其布设位置又可分为中央分车绿带、两侧分车绿带、行道树绿带、路侧绿带。

（1）分车绿带。在分车绿带上进行绿化，称为分车绿带，也称隔离绿带。

（2）行道树绿带。行道树绿带是指布设在人行道与车行道之间，种植行道树为主的绿带。其宽度应根据道路的性质、类别和对绿地的功能要求以及立地条件等综合考虑而决定，但不得小于 1.5 m。

（3）路侧绿带。路侧绿带是指在道路侧方，布设在人行道边缘至道路红线之间的绿带。

2. 交通岛绿地

交通岛是指控制车流行驶路线和保护行人安全而布设在交叉口范围内车辆行驶轨道通过的路面上的岛屿状构造物。交通岛绿地是指可绿化的交通岛用地。交通岛绿地又可分为中心岛绿地、导向岛绿地、交叉路口环岛绿地和立体交叉绿岛绿地。交通岛绿地主要功能如下。

（1）诱导交通，起到分界线的作用。

（2）通过绿化，强化交通岛的线型，弥补交通标线的不足。

(3)能起到美化街景的作用。

(4)改善道路环境状况。

3. 街头小游园

街头小游园又称街头休息绿地。这类绿地形状多呈块状,功能具有游憩性,位置在红线内或红线外。

4. 步行街绿地

绿地景观是步行街风景构成的主要元素。步行街是以人为主体的环境,因而在进行绿地景观设计时,也要和其他生活设施一样,以人为本,从人的角度出发,尽量满足人们各方面的需要。

5. 林荫道绿地

林荫道绿地是指在街道上供居民步行通过、散步和短暂休息之用的带状绿化地段。

6. 滨河路绿地

滨河路是城市中临江、河、湖、海等水体的道路。设计需要结合自然环境、河岸高度、用地宽窄和交通特点等进行绿地布置。

7. 停车场绿地

停车场是城市交通的组成部分,其美化是城市园林景观的有机组成部分。停车场绿化除可以净化空气、阻挡沙尘、削弱噪声外,主要用于阻挡阳光暴晒车辆,但其绿化的设计造景要讲求美观,做到与周围环境的和谐统一。

8. 水景工程

小城镇水景工程,是与水体造园相关的所有工程的总称。主要是研究怎样利用水体要素来营造风度多彩的园林水景形象。

二、小城镇街道绿地断面布置形式

小城镇街道绿地断面布置形式主要分为一板一带式街道、一板二带式街道、二板三带式街道、三板四带式街道、四板五带式街道五类。

1. 一板一带式街道

一板一带式只设有一条绿化带。山坡旁、水体旁常用此形式。

2. 一板二带式街道

一板二带式分为一条车行道和两条绿化带，如图 3-3 所示。这是当今城市街道经常采用的绿化形式。一块板适用于道路红线较窄(一般在 40 m 以下)、非机动车不多、设四条车道已经能满足交通量需要的情况。优点是简单整齐，成本低。缺点是机动车与非机动车混合行驶，容易发生交通事故，并且两条绿化带不利于隔离车辆噪声，街道景观设计语言也较为简单。

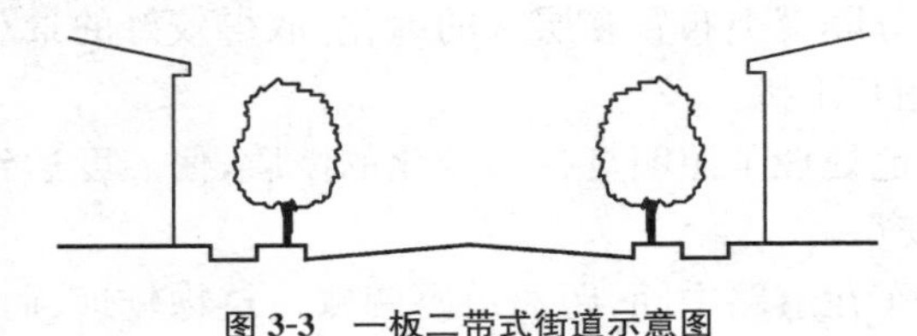

图 3-3 一板二带式街道示意图

3. 二板三带式街道

二板三带式街道分为单向行驶的两条车道和三条绿化带，如图 3-4 所示。适用于机动车多、夜间交通量大而非机动车少的道路。这类街道很好地解决了上行和下行车道的行驶问题，减少了事故的发生，街道景观设计语言也较为丰富，但不能从根本上解决机动车和非机动车混合行驶的问题。两块板可以减少对向机动车相互干扰，适用于双向交通量比较均匀而且车速较快的情况。

图 3-4 二板三带式街道

4. 三板四带式街道

三板四带式街道是用 4 条绿化带将车行道分隔为三部分，如图 3-5 所示。三块板适用于道路红线宽度较大(一般在 40 m 以上)、机动车辆多、行车速度快以及非机动车的主干道。三板四带式街道的优点如下。

图 3-5 三板四带式街道

(1)有利于机动车和非机动车分道行驶,可以提高车辆的行驶速度、保障交通安全。

(2)可在分隔带上布置多层次的绿化,取得较好的景观,但对向机动车仍存在相互干扰。

(3)较好地处理了照明灯杆与绿化的矛盾,使照度达到均匀,有利于夜间行车安全。

(4)机动车在道路中间,距离道路两侧建筑物较远,而且有几条绿带阻隔,吸尘、减噪等效果好,从而提高了环境质量。

(5)便于实施分期修建。例如,先建机动车道部分,供机动车、非机动车混行,待小城镇发展、交通量加大后再扩建为三块板。

三板四带式街道缺点是公共交通车辆停靠站上、下的乘客要穿行非机动车道,不方便。

5. 四板五带式街道

四板五带式街道是用 5 条绿化带将车行道分隔为四部分,如图 3-6 所示。其优点是区分了机动车和非机动车,区分了上行车道和下行车道,保证了行车速度和行车安全。其缺点是占地大、建设投资成本高。

图 3-6 四板五带式街道

三、绿化树种的合理选用

绿化的形式多种多样,如草坪、绿篱、花坛、行道树等,还可将其组合。可根据街道环境的特色进行构思,巧妙地改变街道的景观效果。

在道路交叉处规划街头广场。这些广场强调构图,突出景观,并设置醒目的交通引导标志。

绿化树种选择时,应考虑每个气候带都有与之相适应的植物品种。另外,在同一气候带中,不同的植物在不同的季节有其特殊的景观效果,像春天的桃花,秋天的红叶等。车行为主导的街道的绿化行道以常青树 1～2 种为主,花坛等绿化的选择应精心设计,巧妙地组合,使街道在不同的季节里体现出富有特色的绿化景观,烘托城市的环境气氛。

四、街道绿地规划设计原则

(1)街道绿化应以乔木为主,乔木、灌木、地被植物相结合,不得裸露土地。

(2)绿化应符合行车视线和行车净空要求。

(3)绿化树木与市政公用设施的相互位置应统筹安排。

(4)植物种植应适地适树,并符合植物间伴生的生态习性。

(5)街道绿地应根据需要配备灌溉设施。

(6)街道绿化应远近结合。

(7)修建道路时,只保留有价值的原有树木,对古树名木应予以保护。

第三节 街道绿带设计

一、分车绿带设计

1. 分车绿带的功能

用绿带将快慢车道分开,或将逆行的车辆分开,保证快慢车行驶的速度与安全。有组织交通、分隔上下行车辆的作用。

2. 分车绿带的宽度

依车行道的性质和街道总宽度而定,高速公路分车带的宽度可达 5～20 m,一般也要 2～5 m,但最低宽度也不能小于 1.5 m。图 3-7 为某市 9 m 宽的分车绿化带。分车带最小宽度见表 3-2。

图 3-7　某市 9 m 宽的分车绿化带

表 3-2　分车带最小宽度

分车带类别		中间带			两侧带		
设计行车速度/(km/h)		80	60,50	40	80	60,50	40
分隔带最小宽度/m		2.00	1.50	1.50	1.50	1.50	1.50
路缘带宽度/m	机动车道	0.50	0.50	0.25	0.50	0.50	0.25
	非机动车道	—	—	—	0.25	0.25	0.25
侧向净宽/m	机动车道	1.00	0.75	0.50	0.75	0.75	0.50
	非机动车道	—	—	—	0.50	0.50	0.50
安全带宽度/m	机动车道	0.50	0.25	0.25	0.25	0.25	0.25
	非机动车道	—	—	—	0.25	0.25	0.25
分车带最小宽度/m		3.00	2.50	2.00	2.25	2.25	2.00

3. 分车绿带的种植方式

分车带的绿化设计方式有三种，即封闭式、半开敞式、开敞式。

(1)封闭式分车带。封闭式分车带造成以植物封闭道路的境界，在分车带上种植单行或双行的丛生灌木或慢生常绿树，当株距小于5倍冠幅时，可起到绿色隔墙的作用。在较宽的隔离带种植高低不同的乔木、灌木和绿篱，可形成多种树冠搭配的绿色隔离带，层次和韵律较为丰富。

（2）开敞式分车带。开敞式分车带在分车带上种植草皮，低矮灌木或较大株行距的大乔木，以达到开朗、通透境界，大乔木的树干应该裸露。另外，为便于行人过街，分车带要适当进行分段，一般以75～100 m为宜，尽可能与人行横道、停车站、大型商店和人流集散比较集中的公共建筑出入口相结合。

（3）半开敞式分车带。半开敞式分车带介于封闭式和开敞式之间，可根据车道的宽度，所处环境等因素，利用植物形成局部封闭的半开敞空间。

二、行道绿带设计

1. 行道树绿带的主要功能

行道树绿带的主要功能是为行人和非机动车庇荫。因此，行道树绿带应以种植行道树为主。绿带较宽时可采用乔木、灌木、地被植物相结合的配置方式，提高防护功能、加强绿化景观效果。图3-8为某地行道树绿带。

图3-8 某地行道树绿带

2. 行道树绿带种植方式

人行道绿带是带状狭长的绿地，栽植方式主要有以下几种。

(1)树带式。在人行道与车行道之间留出一条不小于 1.5 m 宽的种植带。树带的宽度种植乔木、绿篱和地被植物等，形成连续的绿带。在树带中铺草或种植地被植物，不要有裸露的土壤。这种方式有利于树木生长和增加绿量，改善道路生态环境和丰富城市景观。在适当的距离和位置留出一定量的铺装通道，便于行人往来。

1)种植带宽度：一行乔木时，1.5～2.5 m；两行乔木时，5～10 m。

2)株距不小于 4 m，树干中心至路缘石外侧的距离不小于 0.75 m。行道树的参考株距见表 3-3。

表 3-3 行道树的参考株距

树木类别	株距/m	树木类别	株距/m
一般高大乔木	6.0～8.0	中型乔木	4.0～5.0
窄冠高大乔木	4.5～6.0	小乔木、大灌木	3.0～4.0

3)树种选择。

①要求管理粗放，对土壤、水分、肥料要求不高，耐修剪、病虫害少的抗性强的树种；

②树干要挺拔、树形端正、体形优美、冠幅大、树叶茂密、遮阴效果好的树种；

③要求树种早发芽、展叶、晚落叶而落叶期整齐的树种；

④深根性的、无刺、花果无毒、无臭味、落果少、无飞毛、少根蘖的树种，树龄长、材质优良的树种。

4)行道树的种植与工程管线的关系。

①树木与架空电力线路导线的最小垂直距离(表 3-4)。

表 3-4 树木与架空电力线路导线的最小垂直距离

电压/kV	1～10	35～110	154～220	330
最小垂直距离/m	1.5	3.0	3.5	4.5

②树木根茎中心到地下管线外缘最小距离(表 3-5)。

表 3-5　树木根茎中心到地下管线外缘最小距离

管线名称	距乔木根茎中心距离/m	距灌木根茎中心距离/m
电力电缆	1.0	1.0
电信电缆(直埋)	1.0	1.0
电信电缆(管道)	1.5	1.0
给水管道	1.5	1.0
雨水管道	1.5	1.0
污水管道	1.5	1.0

③树木与其他设施最小水平距离(表 3-6)。

表 3-6　树木与其他设施最小水平距离

管线名称	距乔木中心距离/m	距灌木中心距离/m
电力电缆	1.0	1.0
电信电缆(直埋)	1.0	1.0
电信电缆(管道)	1.5	1.0
给水管道	1.5	—
雨水管道	1.5	—
污水管道	1.5	—
燃气管道	1.2	1.2
热力管道	1.5	1.5
排水盲沟	1.0	—
低于 2 m 的围墙	1.0	—
挡土墙	1.0	—
路灯杆柱	2.0	—
电力、电信杆柱	1.5	—
消防龙头	1.5	2.0
测量水准点	2.0	2.0

(2)树池式。在交通量比较大、行人多而街道狭窄的道路上采用树池式种植的方式。应注意树池式营养面积小,又不利于松土、施肥等管理工作,不利于树木生长。树池之间的行道树绿带最好采用透气性的路面材料铺装,例如混凝土草皮砖、彩色混凝土透水透气性路面、透水性沥青铺地等,以利渗水通气,保证行道树生长和行人行走。图 3-9 为树池式示意图。

1)常用的树池形状。常用的树池形状有正方形、圆形、长方形三种。

①正方形:边长不小于 1 500 mm。

②圆形:直径不小于 1 500 mm。

③长方形:短边不小于 1 500 mm,以 1 500 mm×2 200 mm 为宜。

2)行道树定植株距。行道树定植株距,应以其树种壮年期冠幅为准,最小种植株距应不小于 4 000 mm。株行距的确定还要考虑树种的生长速度。如杨树类属速生树,寿命短,一般在道路上 30～50 年就需要更新。因此,种植胸径 500 mm 的杨树,株距为 4 000～6 000 mm 较适宜。

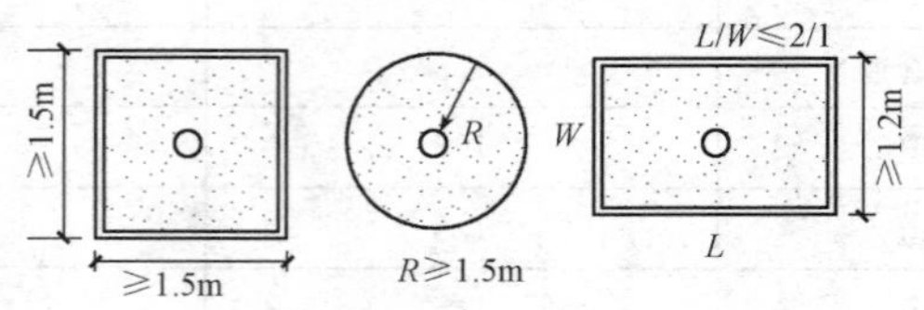

图 3-9　树池式示意图

注:树干距树池边缘≥0.5 m;树池上盖上池盖或卵石散置。

3. 行道树绿带种植设计要点

(1)行道树树干中心至路缘石外侧最小距离不小于 750 mm,便于公交车辆停靠和树木根系的均衡分布,防止倒伏及行道树的栽植和养护管理。

(2)在弯道上或道路交叉口,行道树绿带上种植的树木,距相邻机动车道路面高度为 300～900 mm,其树冠不得进入视距三角形范围内,以免遮挡驾驶员视线,影响行车安全。

(3)在同一街道采用同一树种、同一株距对称栽植,既可起到遮阴、减噪等防护功能,又可使街景整齐雄伟,体现整体美。若要变换树种,最好从道路交叉口或桥梁等地方变更。

(4)在一板二带式道路上,路面较窄时,应注意两侧行道树树冠不要在车行道上衔接,以免造成飘尘、废气等不易扩散。应注意树种选择和修剪,适当留出"天窗",使污染物扩散、稀释。

(5)在车辆交通流量大的道路上及风力很强的道路上,应种植绿篱。

(6)行道树绿带的布置形式多采用对称式。道路横断面中心线两侧,绿带宽度相同;植物配置和树种、株距等均相同。道路横断面为不规则形式时,或道路两侧行道树绿带宽度不等时,采用道路一侧种植行道树,而另一侧布设照明等杆线和地下管线。

三、路侧绿带设计

路侧绿带是位于道路侧方,布设在人行道边缘至道路红线之间的绿带。

1. 路侧绿带布设形式

路侧绿带布设有以下三种情形。

(1)建筑线与道路红线重合,路侧绿带毗邻建筑布设。

(2)建筑退后红线留出人行道,路侧绿带位于两条人行道间。

(3)建筑退后红线在道路红线外侧留出绿地,路侧绿带与道路红线外侧绿地结合布置。

2. 路侧绿带设计要点

(1)路侧绿带应根据相邻用地性质、防护和景观要求进行设计,并应保持在路段内连续与完整的景观效果。

(2)路侧绿带宽度大于 8 m 时,可设计成开放式绿地,方便行人进出、游憩,提高绿地的功能作用。开放式绿地中,绿化用地面积不得小于该段绿带总面积的 70%。

(3)濒临江、河、湖、海等水体的路侧绿地,应结合水面与岸线地形设计成滨水绿带。

第四节　交通岛绿地设计

一、中心岛绿地设计

中心岛是指设置在平面交叉中央的圆形或椭圆形的交通岛。

1. 中心岛形状

中心岛的形状主要取决于相交道路中心线角度、交通量大小和等级等具体条件，一般多用圆形，也有长圆形、方形圆角、椭圆形、卵形和菱形圆角等(图 3-10)。

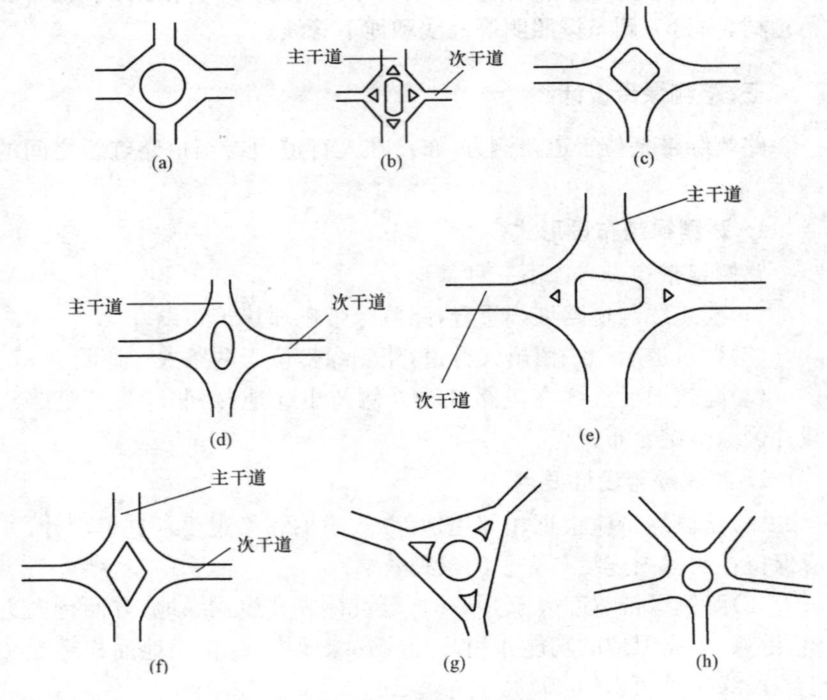

图 3-10　中心岛绿地形状

(a)圆形；(b)长圆形；(c)方形圆角；(d)椭圆形；(e)卵形；

(f)菱形圆角；(g)3 条道路相交的平面环行交叉；(h)5 条道路相交的平面环行交叉

2. 中心岛绿地布置形式

中心岛布置形式有规则式、自然式、抽象式,如图 3-11 所示。

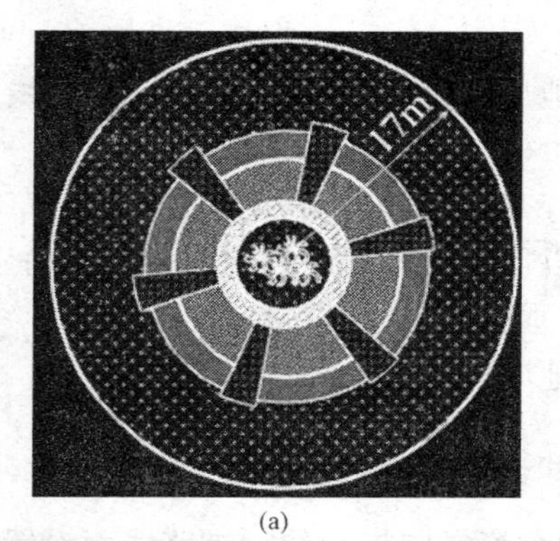

(a)

(b)

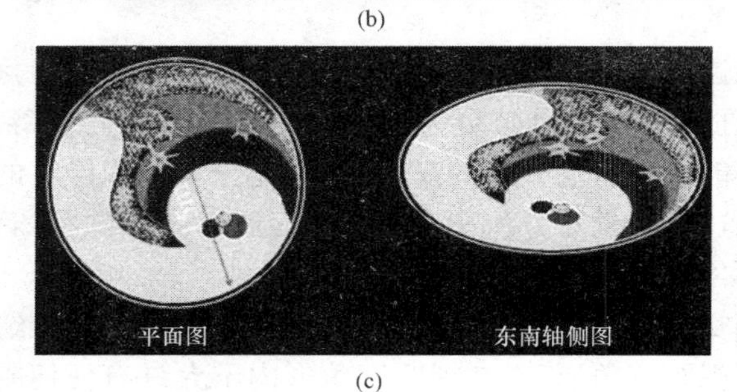

(c)

图 3-11 中心岛绿地布置形式

(a)规则式布置;(b)自然式布置;(c);抽象式布置

3. 中心岛绿地设计要点

(1)交通岛周边的植物配置宜增强导向作用，在行车视距范围内应采用通透式配置。

(2)中心岛绿地应保持各路口之间的行车视线通透，布置成装饰绿地。

(3)立体交叉绿岛应种植草坪等地被植物。草坪上可点缀树丛、孤植树和花灌木，以形成疏朗开阔的绿化效果。桥下宜种植耐荫地被植物。墙面宜进行垂直绿化。

(4)导向岛绿地应配置地被植物。

二、导向岛绿地设计

导向岛是为把车流导向指定的行进路线而设置的交通岛。

导向岛主要是由导流线组成的一个白色区域。导流线的形式主要为一个或几个根据路口地形设置的白色V形线或斜纹线区域，表示车辆必须按规定的路线行驶，不得压线或越线行驶。

导向岛绿地是指位于交叉路口上可绿化的导向岛用地。导向岛绿化应选用地被植物、花坛或草坪，不可遮挡驾驶员视线。

三、交叉路口环岛绿地设计

交叉路口绿地是由道路转角处的行道树、交通岛以及一些装饰性的绿地组成的。

为了保证交叉口行车安全，使司机能及时看到车辆的行驶情况和交通信号，在道路交叉口必须为司机留出一定的安全距离，使司机在这段距离内能看到对面开来的车辆，并有充分刹车和停车的时间不致发生事故。这种发觉对方汽车立即刹车而能够停车的距离称之为“安全视距”或“停车视距”。

根据相交道路所选用的停车视距，可在交叉口平面上绘出一个三角形，称为“视距三角形”。在视距三角形内不允许有任何阻碍视线的东西，但交叉口处，个别伸入视距三角形内的行道树株距在600 mm以上、干高在250 mm以上、树干直径在40 mm以内是允许的，因为司机仍可通过空隙看到交叉口附近车辆的行驶情况。如果布置防护绿篱或其他装饰性绿地，株高也不得超过 0.7 m。

四、立交桥头绿地设计

1. 道路立体交叉的形式

道路立体交叉的形式有两种，即简单立体交叉和复杂立体交叉。

（1）简单式立体交叉。又称分离式立体交叉，纵横两条道路在交叉点相互不通，这种立体交叉不能形成专门的绿化地段，其绿化与街道绿化相似。

（2）复杂式立体交叉。又称互通式立体交叉，两个不同单面的车流可通过匝道连通；其形式有喇叭形、苜蓿叶式等多种，又以苜蓿叶式最为典型。常见的立体交叉形式见表 3-7。

表 3-7　常见的立体交叉形式

形式	特点	适用条件
1. 喇叭形 (a)　(b)	1. 喇叭形是三路交叉的代表形式，占地大； 2. 有一条左转匝道，线型标准较低； 3. 主次交通流明显时，适应性较强； 4. B形主线车流由环道流出，标准较低； 5. 立交层次较少，桥梁结构较少	1. 一般仅用于无辅道系统的三路交叉； 2. 适用于次要流向的情况
2. 叶形	1. 匝道布设对称，造型较好； 2. 左转匝道线型条件差，主线侧有交织段 3. 占地比喇叭形多； 4. 立交层次较少，桥梁结构较少	1. 一般仅用于无辅道系统的三路交叉； 2. 适用于左转流量略小的情况

续一

形式	特点	适用条件
3. 三路不完全环形 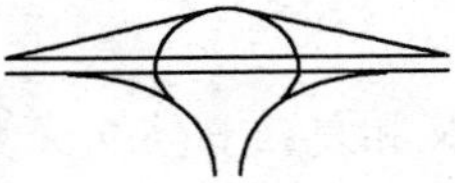	1. 环道半径较大，左转行车方向明确； 2. 环道上有交织路段，对通行能力及行车速度影响较大； 3. 立交层次较少，桥梁结构较少	1. 一般仅用于无辅道系统分流交叉的情况； 2. 适用于各方向左转弯交通量较小的情况
4. 定向式Y形(一) 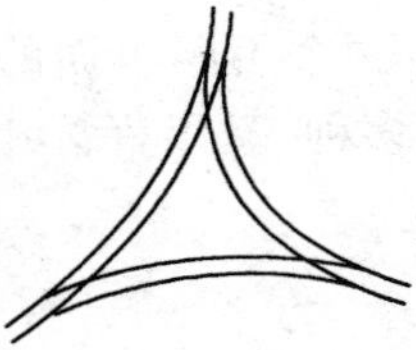	1. 左转行驶路线短捷，运行流畅，行车方向明确； 2. 左转匝道采用左出左进，不利主线行车； 3. 主线必须采用分离式，并且必须要有足够距离，占地较大； 4. 桥梁结构较多	1. 特别适用于两条快速路重要程度相当且各方向车流量相当时； 2. 有有利地形，可将三个交叉点集中在一处形成三层立交，减少占地
5. 定向式Y形(二) 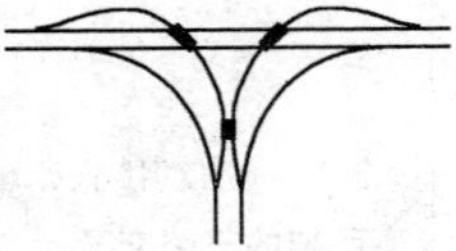	1. 对繁重的左转弯交通量能提供调整的半定向运行，通行能力高； 2. 可以保证主线完整的线型； 3. 占地较小； 4. 桥梁结构较多	1. 适用于城市枢纽立交，且主线直行车流明显比转弯车流大时； 2. 城市立交适应性好
6. 迂回定向式Y形 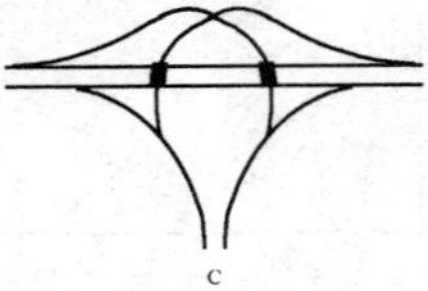 c	1. 具有5的行车优点； 2. 左转弯匝道转角较大，绕行距离较长，速度影响较大； 3. 占地较大； 4. 桥梁结构较多	1. C方向交通量相对较低时，往往是比较经济实用的立交枢纽； 2. 城市立交适应性一般
7. 环形(一) 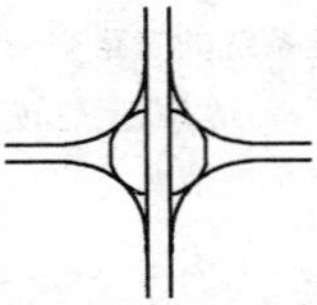	1. 占地较大，工程造价相对较低； 2. 交织段限制了速度和通行能力； 3. 左转绕行距离较长	1. 适用于快速路与低等级城市路的交叉； 2. 左转交通量不大时，适应性较好

续二

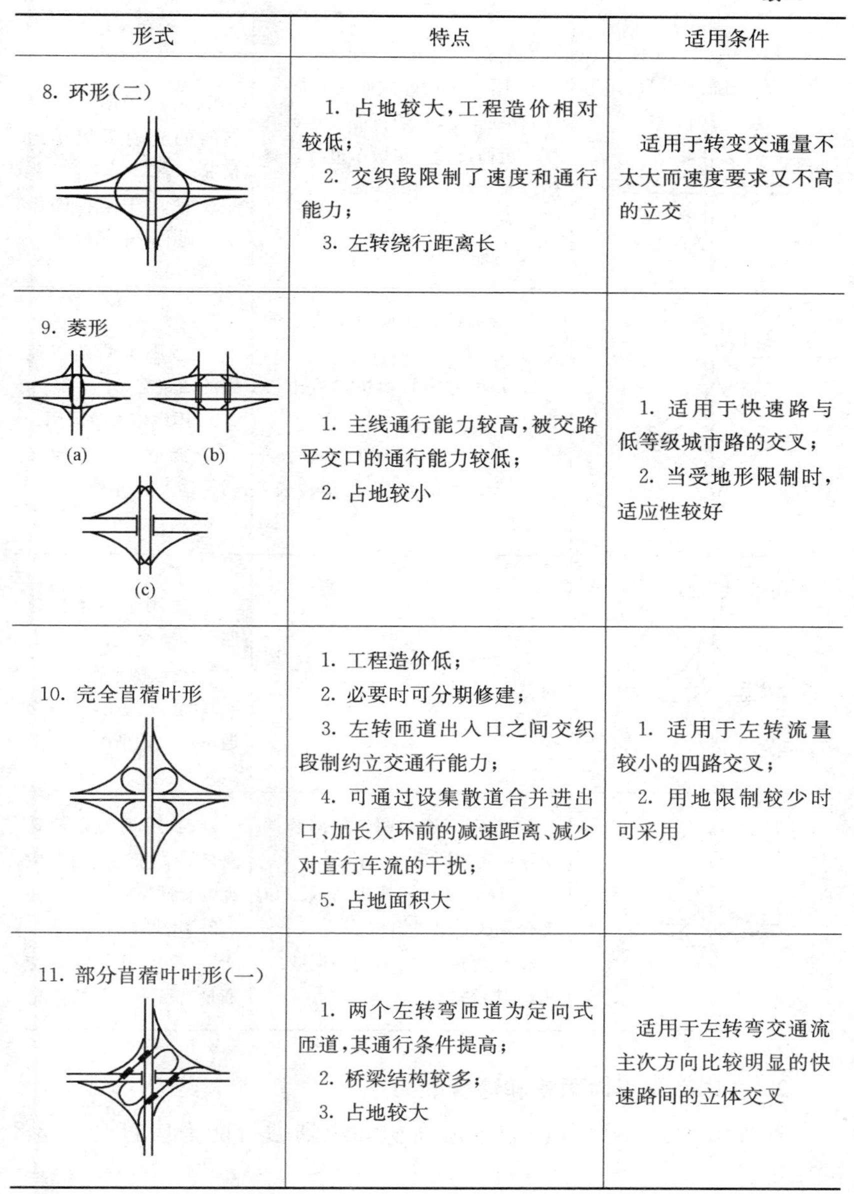

形式	特点	适用条件
8. 环形(二)	1. 占地较大，工程造价相对较低； 2. 交织段限制了速度和通行能力； 3. 左转绕行距离长	适用于转变交通量不太大而速度要求又不高的立交
9. 菱形 (a)　(b) (c)	1. 主线通行能力较高，被交路平交口的通行能力较低； 2. 占地较小	1. 适用于快速路与低等级城市路的交叉； 2. 当受地形限制时，适应性较好
10. 完全苜蓿叶形	1. 工程造价低； 2. 必要时可分期修建； 3. 左转匝道出入口之间交织段制约立交通行能力； 4. 可通过设集散道合并进出口、加长入环前的减速距离、减少对直行车流的干扰； 5. 占地面积大	1. 适用于左转流量较小的四路交叉； 2. 用地限制较少时可采用
11. 部分苜蓿叶叶形(一)	1. 两个左转弯匝道为定向式匝道，其通行条件提高； 2. 桥梁结构较多； 3. 占地较大	适用于左转弯交通流主次方向比较明显的快速路间的立体交叉

续三

形式	特点	适用条件
12. 部分苜蓿叶叶形(二) 	1. 两个苜蓿叶式匝道在同一侧,存在交织段,通行能力受到限制。可通过设置集散车道减轻交织段对主线交通的影响; 2. 桥梁结构略少; 3. 占地较小	1. 适用于向某一侧转向的交通量较小的情况; 2. 适用于某一侧用地受到限制的情况
13. 定向式(一) 	1. 能提供各方向自由流畅的运行; 2. 每处左右转弯进口或出口都合并成一个进出口; 3. 转弯模式统一,便于识别; 4. 需设四层立交,桥梁较长,造价较高	1. 适用于两条快速路的四路交叉; 2. 用地较大时采用; 3. 能适应各方向交通量均大的情况
14. 定向式(二) 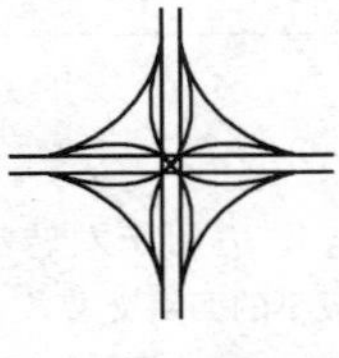	1. 比13线型更流畅; 2. 桥梁长度减短,比13造价低; 3. 占地较13小	1. 适用于两条快速路的四路交叉; 2. 用地略小; 3. 能适应各方向交通量均大的情况
15. 迂回定向式 	1. 左转交通由两个定向和两个迂回定向匝道完成; 2. 每处左右转弯进口或出口都合并成一个进出口; 3. 转弯模式统一,便于识别; 4. 造价较高	1. 适用于两条快速路的四路交叉,能适应大的交通量; 2. 用地略小; 3. 适用于各方向交通量有所不均匀的情况

2. 立体交叉用地面积和通行能力

各种形式立体交叉口的用地面积和规划通行能力应符合表3-8的规定。

表 3-8 立体交叉口规划用地面积和通行能力

立体交叉口层数	立体交叉口中匝道的基本形式	机动车与非机动车交通有无冲突点	用地面积/hm²	通行能力/(千辆/h)	
				当量小汽车	当量自行车
二	菱形	有	2.0～2.5	7～9	10～13
	苜蓿叶形	有	6.5～12.0	6～13	16～20
	环形	有	3.0～4.5	7～9	15～20
		无	2.5～3.0	3～4	12～15
三	十字路口形	有	4.0～5.0	11～14	13～16
	环形	有	5.0～5.5	11～14	13～14
		无	4.5～5.5	8～10	13～15
	苜蓿叶形与环形①	无	7.2～12.0	11～13	13～15
	环形与苜蓿叶形②	无	5.0～6.0	11～14	20～30
四	环形	无	6.0～8.0	11～14	13～15

① 三层立体交叉口中的苜蓿叶形为机动车匝道，环形为非机动车匝道；

② 三层立体交叉口中的环形为机动车匝道，苜蓿叶形为非机动车匝道。

3. 立交桥头绿地设计原则

(1)满足立体交叉功能。

(2)结合整个道路的绿地，服从总体规划要求。

(3)设计以植物为主，发挥生态效益。

4. 立交桥头绿地布局形式

(1)规则式。构图严整、平稳。

(2)自然式。构图随意，接近自然。但因车速高，景观效果不明显，容易造成散乱的感觉。

(3)混合式。自然式与规则式结合。

(4)图案式。图案简洁，平面或立体轮廓要与空间尺度协调。

5. 立交桥头绿地设计要点

(1)绿化设计首先要满足交通功能的需要。

(2)在绿地面积较大的绿岛上，宜种植较开阔的草皮，再点缀些常绿树或花灌木及宿根花卉。

(3)立体交叉绿岛因处于不同高度的主、干道之间，常常形成较大的坡度，应设挡土墙减缓绿地的坡度，一般坡度以不超过5%为宜，较大的绿岛内还需考虑安装喷灌系统。

(4)立体交叉外围绿化树种的选择和种植方式，要和道路伸展方向的绿化结合起来考虑。

第五节　街头小游园规划设计

一、街头小游园的主要内容与作用

1. 街头小游园主要内容

街头小游园也叫游憩小绿地，是供人们休息、交流、锻炼、夏日纳凉及进行一些小型文化娱乐活动的场所。街道小游园以植物种植为主，设立若干出、入口，并在出入口规划集散广场；还应设置游步道和铺装场地，以休息为主的街头绿地中道路场地占总面积的30%～40%，以活动为主的道路场地占总面积的50%～60%。有条件的可设一些园林小品，丰富景观，满足周围群众的需要。如湖北荆门街头小游园(图3-12)。

图3-12　湖北荆门街头小游园

2. 街头小游园主要作用

小游园出现在小城镇的角角落落里，为广大居民提供游憩、健身的场所，也装扮、美化城市。小游园主要作用如下。

（1）装点街景，美化市容。小游园多分布在城市的主、次干道两侧，以植物造景为主，结合园林建筑、园林小品的营建自身形成一幅优美的画面，并与城市的建筑协调呼应，装点城市景观。由于游园的形式多样，各具特色，因此，对提高街道绿地的文化艺术品位也起着重要作用。

（2）发挥园林的生态效益，改善城市环境。小游园建设要求绿地面积在80%以上，植物配置以乔、灌、草花相结合为主，植物种类较多，覆盖率高，具有降温、吸尘、减噪、净化空气等功能，使人们能够在城市的喧闹中寻得一片“净土”。

（3）弥补小城镇公园的不足与不便，为广大居民提供高质量的游憩环境。小游园的服务半径较小且具有设备简单、投资少、见效快等特点。与装饰性绿地相比，小游园又具有园路、小品等景观和桌、椅等小型设备，使游人既可欣赏绿地景观，又有活动空间和休息环境，而且使用极为方便，因此，小游园是居民娱乐、健身的极好场所。

（4）节约投资，方便市民。为了改善城市的人居环境，提高城市绿量，在人口密集、占地较小的城市可建设大量的小游园，小游园一般占地面积小，设计精巧，设施简单和管理较为容易，而且投资少、分布面广，属于开放性绿地，极大地方便了市民的使用，有良好的社会效益和经济效益。

二、街道小游园的布局形式

1. 规则式

规则式又称为几何图形式，其特点是构成绿地的所有的园林要素都依照一定的几何图案进行布置。根据有无明显的对称轴又可将规则式的小游园分为规则对称式和规则不对称式两种。

（1）规则对称式。规则对称式有明显的主轴线，绿化、建筑小品、道路等园林要素成对称式或均衡式地布置在轴线两侧，视野开阔，给人以华丽、简洁、整齐、明快的感觉，符合现代人特别是一些年轻人的审美观。但规则对称式的缺点是不够活泼、自然，特别是在面积不够大的区域内往往会产生一览无余的感觉，使绿地缺乏神秘感，难以引发游人的兴趣。游园具有明显的中轴线，有规律的几何图形，形状有正方形、圆形、长方形、多边形、椭圆等。图 3-13 为某地规则对称式小游园。

图 3-13　某地规则对称式小游园

(2)规则不对称式。此种形式整齐但不对称，可以根据功能组合成不同的休闲空间。它给人的感觉是虽不对称，却有均衡的效果。

2. 自然式布局

自然式又称为不规则式或自由式，这种形式布局灵活，给人以自由活泼、富于自然气息的感觉。图 3-14 为牡丹江清福街东自然式小游园。自然式构图的特点如下。

(1)无明显的主轴线。

(2)地形富于变化。

(3)场地、水池的外轮廓线和道路曲线自由灵活，无轨迹可循。

(4)建筑物的造型和布局不强调对称，善于与地形结合，并以自然界植物生态群落为蓝本，构成生动活泼的植物景观。

(5)自然式的布局能够充分地继承并运用我国传统的造园手法，

图 3-14　牡丹江清福街东自然式小游园

得景随形，配景得体，并依照一定的景观序列展开，从而更好地再现自然的精华。

3. 混合式布局

混合式综合了规则式和自然式两种类型的特点，将它们有机地结合起来。它既有自然式的灵活布局，又有规则式的整齐明朗，既能运用规则式的造型与四周的建筑广场相协调，又能营造出一方展现自然景观的空间。混合式的布局手法比较适合于面积稍大的游园。另外，在设计时应注意规则式与自然式过渡部分的处理。图 3-15 为混合式布局。

图 3-15　混合式布局小游园

三、街道小游园植物配置与选择

1. 植物配置

街道小游园是道路绿化的一部分，其种植设计应与道路其他绿带达到整体的统一。街头小游园在植物的配置上应考虑以下几点。

(1)街头小游园在植物的配置上应考虑季相变化，营造春则繁花吐艳、夏则绿荫清香、秋则霜叶似火、冬则翠绿常延的景观，使之同居民春夏秋冬的生活规律同步。

(2)建议选择一些具有强烈季相变化的植物，如：雪松、玉兰、法桐、元宝枫、紫薇、女贞、大叶黄杨、柿树和应时花卉等，使萌芽、抽叶、开花、结果的时间相互交错，呈现较为强烈的色彩、形态等变化；还应乔灌花草相结合，常绿与落叶相结合、速生与慢长相结合。

(3)植物栽植要避免过于杂乱，要有重点、有特色；植物的选择要遵守适地适树原则，选择耐久、耐踩踏、没有毒性、病虫害少、有地方特色、可迅速成景的植物。

(4)兼顾立面绿化，形成多层次、立体式的景观效果。最终应达到功能优先、注重景观、以绿为主的目的。由于街头小游园面积较小，园内应当尽量不设置禁止游人入内的纯观赏性的绿地，以提高街头小游园的实用性。

2. 树种选择

(1)适地适树。选用生长健壮的乡土树种。

1)道路上的立地条件差；

2)游园一般面积不大，种植数量不多，一二株树木生长不良或死亡都会影响游园的整体效果。

(2)考虑主调树种时，除了注意其色彩和形态外，还要注意其气质，是否与周围的环境气氛相协调。注意时相、季相、景相的统一，最好能做到常年见绿，四季花香，处处有景。

(3)选择姿态好，叶、花、果等均有观赏价值的树种。做到常绿与落叶、乔木与灌木、树木与花草的合理搭配，力求做到春季繁花似锦、夏季绿树成荫、秋季硕果累累、冬季枝干苍劲，四季有景可观，以满足观赏的要求，但并不能盲目追求色彩、造景等，在一块不大的绿地上选用过多的树种，会给人造成杂乱无章的感觉。一般选用2～3种骨干树种作为基调，视绿地大小选择若干花草树木来表现四季的景色。

四、街道小游园设施

街道小游园虽是以配置精美的园林植物为主，但为了美化环境，提供街景的艺术效果，给游人创造良好的休息条件，园内必要的休息设施和园林小品也是必不可少的，下面主要介绍园椅、园凳、园灯、栏杆。

1. 园椅、园凳

园椅（图3-16）与园凳（图3-17、图3-18）属于休息性的小品设施。在小游园中，设置形式优美的坐凳具有舒适诱人的效果，丛林中巧置一组树桩凳或一组景石凳可以使人顿觉林间生意盎然，同时园椅和园凳的艺术造型亦能装点小游园。

图3-16　园椅

图3-17　石材园凳

图3-18　鱼型园凳

(1)园椅、园凳作用。

1)点景作用。园椅、园凳以其各种各样的造型和色彩布置在园中,能使园林环境得到装点。

2)保护作用。在园林环境中,尤其是在有乔木栽植的休息广场或有古树生长环境中,利用园椅、园凳或自然山石对树木进行围合,不但可以为游人在树荫下提供休息,也可以起到保护树木的作用,并间接地提示人们保护树木,爱护环境。

(2)园椅、园凳的环境艺术。

1)园椅、园凳根据不同的位置、性质及所采取的形式足以产生各种不同的情趣。

2)园椅、园凳在组景时主要与环境相协调。

(3)园椅、园凳的空间处理。园椅、园凳的布置需要一定的环境空间,不同的环境要有不同的与之相适应的造型和色彩形式。在布置时要考虑既能够使游人得到休息,又不影响其他游人的游览,因此,园椅、园凳所处空间的合理性是设计者需要注意的一个问题。

(4)园椅、园凳制作材料。园椅、园凳可采用木材、石材、混凝土、陶瓷、金属、塑料等。实木材料做防腐处理,金属做防锈处理。

(5)园椅、园凳的设计要点。

1)满足人的心理习惯和活动规律的要求;

2)园林中有特色的地段,面向风景,视线良好,较好的人的活动区域;

3)方便性和私密性的要求;

4)园椅、园凳的数量应根据人流量大小而定;

5)园椅、园凳尺度符合人体工程学。

2. 园灯

园灯主要由灯头、灯干及灯座三部分组成。园灯造型的美观,也是由这三部分比例匀称、色彩调和、富于独创来体现的。园灯的式样,大体可分为对称式、不对称式、几何形、自然形等。形式虽然繁多,但以简洁大方为原则。因而,园灯的造型,不宜复杂,切忌施加烦琐的装饰,通常以简单的对称式为主(图 3-19)。

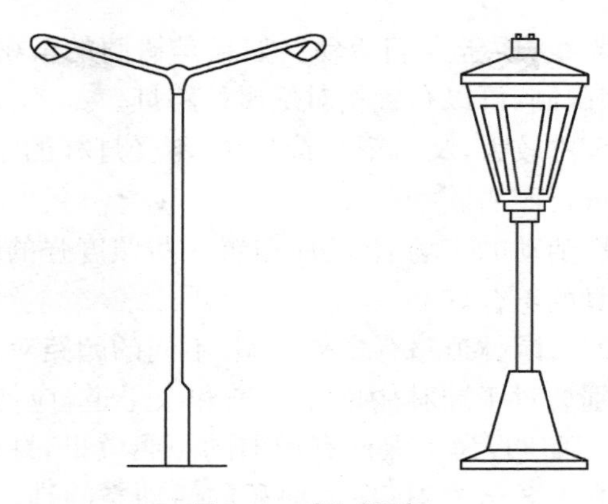

图 3-19 对称式园灯

(1)园灯的作用。

1)照明与装饰作用。园灯属于园林中的照明设备,主要作用是供夜间照明,点缀黑夜的景色,同时,白天园灯又可起到装饰作用。在园林景观中安全照明是不可或缺的,其他照明都不可替代。

2)保护作用。为了保证人们在夜间游园、观景的安全,常在广场、园路、水边、台阶等处设置灯光,这样可以提醒人们注意,让人们能够清晰地看清周围有无高差障碍,以免发生意外,造成不必要的伤害。

此外,在黑暗的场所容易提高犯罪率。为了给人们增加安全感,应该在墙角、树丛等处布置适当的照明,尤其是在没有邻近照明和必须要察觉入侵者的区域。安全照明一般要求能够发出连续、均匀的光线,并且保持足够的亮度。它可以独立地存在,也可以与其他照明结合起来设计。最好的状态是两者之间相互融合。在保证安全的同时,又具有装饰和点缀环境的作用,使艺术与生活有机结合,带给人们更美的视觉享受。

(2)园灯的类型。在夜间照明中,对于园林中不同的对象,应该使用不同的照明方式。具体可分为场地照明、道路照明、建筑照明、植物照明四种方式。

1)场地照明。场地照明灯光的设置应首先考虑人们的活动需要。在园林中人流聚集处,可选择发光效率高的高杆灯直射地面,可为场地提供充足的光线，便于人们活动。如果是树荫的浓密休息区、林荫小道，由于空间限制，可以布置相对低矮的路灯。

如果场地范围较大，又希望视野开阔，不受灯杆的阻挡，可埋置适当数量的地灯进行照明。

在常常开展活动的广场上，还应布置一些照度强的光源，如单、双挑灯或泛光灯具的组合灯。

2)道路照明。园林道路有多种类型，不同的园路对于灯光布置的要求也有所区别。对于园林中的主干道和次干道，应使用亮度充足，发光均匀的连续照明，为了保证有均匀的照明效果，灯柱的高度要恰当。一般园灯高度 3 m 左右；在大面积的活动空间，园灯高度一般在 4～6 m。

另外，灯具的间距也要合理。灯柱高度与间距的比值一般在 1/12～1/10。

有了充足的照明，各种车辆的驾驶者在夜间行驶时，就能辨认道路的复杂情况，而且不会感到过分疲劳，从而保证了行车和行人的安全。而对于游憩小路和休闲绿地，除了要求环境明亮以外，还希望能够营造出一种幽静、祥和的氛围。因此，应该采用柔和的照明，将环境融入光线之中。

3)建筑照明。建筑在园林照明设计中具有重要地位。建筑体量大，最能吸引人们的注意力；而且往往也是人群驻足观赏的地方。建筑照明的照明对象主要有建筑外墙、凉亭、长廊和小品等。所以在照明设计中需要重点表现，使园林建筑优美的造型能够清晰地呈现在夜空之中。同时，也方便人们在夜晚游览。

过去使用的照明方式主要是采用聚光灯和探照灯照射建筑外墙，如今已普遍使用泛光照明。

4)植物照明。植物在白天可供人观赏，在夜晚也可以利用照明技术和艺术手段来塑造植物夜间景观。植物的种植面积较广，一般来说不可能像建筑物那样进行大规模的泛光照明，而是应该有选择、有重点地进行照明设计。如选择名贵植物、参天古木或造型奇特的树木作为照明对象。

灯光透过植物的枝叶会产生斑驳交错、朦胧虚幻的光影效果。利用不同的灯光组合可以强调园中植物的质感或神秘感。

(3)园灯的选择。

1)选择园灯,在重要近观的场所,造型可稍复杂、堂皇,并以多个组合灯头提高亮度及气势。

2)在“面”上,造型宜简洁大方,配光曲线合理,以创造休憩环境并力求效率。一般园林柱子灯高3～5 m,正处于一般灌木之上、乔木之下的空间。

(4)园灯的设置。

1)园灯处在不同的环境下,有着不同的要求。在开阔的广场和水面,可选用发光效率高的直射光源,灯杆高度可依广场大小而变动,一般为5～10 m。

2)道路两旁的园灯,希望照度均匀,由于路边行道树的遮挡,一般不宜过高,以4～6 m为好,间距以30～40 m为宜,不可太远或太近,常采用散射光源,以免直射光使行人耀眼而目眩。

(5)园灯的设计原则与要点。

1)整体协调。单独一两处灯光的成功并不一定就能形成令人满意的总体效果。在许多园林景观中,单体照明百花齐放,争奇斗艳,但相互之间缺乏有机联系。大大小小、色彩纷呈的照明在毫无规划的情况下,只会显得杂乱无章。正如德国古典主义哲学家、美学家谢林在《艺术哲学》中所指出的:“个别的美是不存在的,唯有整体才是美的。”因此,在环境照明设计中,灯具的照度、色彩和造型必须与安装场所的周边环境风格一致。需综合考虑园林景观布置,建筑外观风格,绿化植物品种等诸多因素。

2)避免眩光。光本身是无害的,但是如果光源的亮度极高,或是光源的亮度与背景反差较大时,就会形成眩光。眩光是一种不良的照明现象,会令人感到不舒服,甚至危害人体健康,被称为“眩光污染”。眩光可分为直接眩光和反射眩光。

直接眩光是指高亮度光源直接进入眼球,使人睁不开眼。较为典型的例子是迎面而来的车灯所发出的刺眼光芒,会使眼前白茫茫的一片，什么都看不清楚。

反射眩光是指由光源射到观看对象物时产生的耀眼光。如镜子反射光线进入人眼所带来的不适，也会使人睁不开眼。

3. 栏杆

图 3-20　带雕花的栏杆

栏杆是由外形美观的短柱和图案花纹，按一定间隔（距离）排成栅栏状的构筑物。栏杆的式样有很多种，如图 3-20 所示为带雕花的栏杆。

(1)栏杆的作用。

1)栏杆在园林中主要起防护、分隔作用，同时利用其节奏感，发挥装饰园景的作用。

2)有的台地栏杆可做成坐凳形式，既可防护又供休息。

3)栏杆的式样虽然繁多，但造型的原则都是一样，即须与环境协调。例如，在雄伟的建筑环境内，须配坚实而具庄重感的栏杆；而在花坛边缘或园路边可配灵活轻巧、生动活泼的修饰性栏杆等。

(2)栏杆的高度。栏杆的高度随不同环境和不同功能要求，有较大的变化，可为 0.15～1.2 m。例如，防护性栏杆，可达 0.85～0.95 m；广场花坛旁栏杆，不宜超过 0.25～0.3 m；设在水边、坡地的栏杆，高度在 0.60～0.85 m；而在悬崖上装置栏杆，其高度则需远远超过人体的重心，一般应为 1.1～1.2 m；坐凳式栏杆凳的高度以 0.40～0.45 m 为宜。

(3)栏杆的材料。制造栏杆的材料很多，有木、石、砖、钢筋混凝土和钢材等。木栏杆一般用于室内，室外宜用砖、石建造栏杆。钢制栏杆，轻巧玲珑，但易于生锈，防护较麻烦，每年要刷油漆，可用铸铁代替。钢筋混凝土栏杆，坚固耐用，且可预制装饰性花纹。

4. 花架、廊架

花架、廊架是用刚性材料构成一定形状的格架，供攀缘植物攀附的园林设施，又称棚架、绿廊。花架可作遮阴休息之用，并可点缀园景。花架设计要了解所配置植物的原产地和生长习性，以创造适宜于植物生长的条件和造型的要求。

(1)花架特点。花架是园林绿地中以植物材料为顶的廊，它既具有廊的功能，又比廊更接近自然，融合于环境之中。其布局灵活多样，尽可能用所配置植物的特点来构思花架，形式有条形、圆形、转角形、多边形、弧形、复柱形等。

(2)花架的形式。常用的花架形式有廊式花架、片式花架、独立式花架三种。

1)廊式花架(图 3-21)。最常见的形式，片版支承于左右梁柱上，游人可入内休息。

图 3-21　廊式花架

2)片式花架(图 3-22)。片版嵌固于单向梁柱上，两边或一面悬挑，形体轻盈活泼。

3)独立式花架(图 3-23)。以各种材料作空格，构成墙垣、花瓶、伞亭等形状，用藤本植物缠绕成型，供观赏用。

图 3-22　片式花架

图 3-23　独立式花架

(3)花架常用的建筑材料。

1)竹木材。朴实、自然、价廉、易于加工,但耐久性差。竹材限于强度及断面尺寸,梁柱间距不宜过大。

2)钢筋混凝土。可根据设计要求浇灌成各种形状,也可做成预制构件,现场安装,灵活多样,经久耐用,使用最为广泛。

3)石材。厚实耐用,但运输不便,常用块料作花架柱。

4)金属材料。轻巧易制,构件断面及自重均小,采用时要注意使用地区和选择攀缘植物种类,以免炙伤嫩枝叶,并应经常油漆养护,以防脱漆腐蚀。

(4)花架的开间和进深、高度。

1)开间:3～4 m;

2)进深:2.7 m、3 m、3.3 m;

3)高度:3 m 左右。

5. 其他设施

面积较大的小街道游园应考虑亭(图 3-24)等游憩设施,为游人提供遮阳、避雨、休息的场所。

图 3-24　凤楼亭

五、街头小游园规划设计要点

(1)特点鲜明突出,布局简洁明快。小游园的平面布局不宜复杂,应当使用简洁的几何图形。从美学理论上看，明确的几何图形要素之间具有严格的制约关系，最能引起人的美感；同时对于整体效果、远距离及运动过程中的观赏效果的形成也十分有利，具有较强的时代感。

(2)因地制宜，力求变化。如果小游园规划地段面积较小，地形变化不大，周围是规则式建筑，则游园内部道路系统以规则式为佳；若地段面积稍大，又有地形起伏，则可以自然式布置。城市中的小游园贵在自然，最好能使人从嘈杂的城市环境中脱离出来。同时园景也宜充满生活气息，有利于人们逗留休息。另外，要发挥艺术手段，将人带入设定的情境中去，做到自然性、生活性、艺术性相结合。

(3)小中见大，充分发挥绿地的作用。

1)布局要紧凑。尽量提高土地的利用率，可利用围墙建半壁廊作为宣传用地，利用边界建500～600 mm高的长条花台，将园林中的死角转化为活角等。

2)绿地空间层次要丰富。因小游园面积小，为了使游客游园成趣，因此在空间设计上要尽量增加层次，不应使游人入园后一览无余，可利用地形道路、植物小品分隔，形成隔景，增加景深。所谓“曲径通幽处，禅房花木深”、“峰回路转，廊引人随”和“山无曲折而不致灵，室无高下而不致精”就是这个道理。此外，也可利用各种形式的隔断花墙构成园中园，花墙应注意装饰与绿地陪衬，使其隐而不藏，隔而不断。

3)建筑小品应以小巧取胜。道路、铺地、坐凳、栏杆、园灯等园林建筑小品的数量与体量要控制在满足游人活动的基本尺度要求之内，使游人产生亲切感，同时扩大空间感。

(4)进行合理的功能分区。由于小游园属于公共绿地，因此要满足不同年龄、不同职业和不同爱好的人活动要求，所以在小游园设计时就要考虑进行合理的分区；充分考虑不同人的不同需求。另外，还要考虑公共性和私密性，在空间处理上要注意动观、静观、群游与独处兼顾，使游人都可以在小游园中找到自己所需要的空间类型。

(5)注重突出植物造景，体现地方风格。

1)植物配置与环境结合。树种的选择应与建筑的性质和形体结合起来，如在古建筑前一般不种植雪松、广玉兰等外来树，而现代建筑前一般不宜种植形体较粗、生长快的乡土树种。

2)体现地方风格,反映城市风貌。小游园要从树种选择、配置、构图意境等方面显示城市风貌,体现本地特色,具体做法可以考虑在树种选择上以当地特有的乡土树种为主,选用城市的市树、市花等,或在配置、构图时考虑与城市的历史文化相结合。

3)严格选择主调树种。考虑主调树种时,除注意其色彩美和形态美外,更多地要注意其风韵美,使其姿态与周围的环境气氛相协调。

4)注意时相、季相、景相的统一。游园中的景物既要考虑瞬时效应,也要考虑历时效应,园景只有常见常新,才能有最好的景观效益。在季相上,园内应体现"春有芳花,夏有浓荫,秋有色叶,冬有苍松"的季相变化,使四时景观变化无穷。

5)注意乔、灌、草结合。为在较小的绿地空间取得较大活动面积,而又不减少绿色景观,植物种植可以以乔木为主,灌木为辅。乔木以散植为主,在边缘适当辅以树丛,灌木应多加修剪,适当增加宿根花卉种类,尤其在花坛、花台、草坪间更应如此,以增添色彩变化。此外,也可适当考虑垂直绿化的应用。

(6)组织交通。在进行游园设计时要注意,应组织一个较为合理的游览路线,形成一个合理的风景展开序列,从而激发游人的游览兴趣。

(7)注重硬质景观与软质景观的结合。硬质景观主要是指采用人工材料塑成的(包括建筑小品和雕塑等)景观;而软质景观主要是指绿地、水体等造景要素。硬质景观与软质景观在造景表意、传情方面各有短长,要按互补的原则恰当地处理,在造景时将两者结合起来。例如,硬质景观突出点题入境、象征与装饰等表意作用;软质则突出情趣、和谐舒畅、自然等顺情作用。

第六节　林荫道绿地设计

一、林荫道的设施和功能

林荫道利用植物与车行道隔开,在其内部不同地段辟出各种不同休息场地，并有简单的园林设施，供行人和附近居民作短时间休息之用。林荫道扩大了群众活动场地，同时增加了城市绿地面积，对改善城市小气候，组织交通，丰富城市街景作用大。例如，北京正义路林荫道(图 3-25)、西安大庆路林荫道(图 3-26)等在我国逐渐发展起来。

图 3-25　北京正义路林荫道

图 3-26　西安大庆路林荫道

林荫道内，除了栽植遮阴的高大乔木和设步行道外，一般还布置有开花灌木、植篱、花坛、座椅等，有的还有喷泉、花架、亭、廊等设施。林荫道还具有防尘、降低噪声、游憩和美化环境的功能。在城市绿地系统中，林荫道可把块状绿地、点状绿地联系起来。

二、林荫道的设置形式

林荫道的布置应妥善处理步行道与绿带的划分、分段和出入口的安排、游憩场所的内容和设置、植物的选用和配置等问题。

1. 按林荫道在道路平面上的布置形式

按林荫道在道路平面上的布置位置可分为以下三种形式。

(1)设置在道路中轴线上，其优点是两侧居民有均等机会入内散步休息，并能有效地组织来往车流，但行人进入林荫道必须穿越车行道，既影响交通，又不安全。这种形式适用于以步行为主或车流量较少的街道。

(2)在道路一侧设置林荫道，一般设置在日照条件较好的一侧，以利于植物生长；或在眺望景色较好的沿山坡、沿江地带。

(3)林荫道分设在车行道的两侧，与人行道相连，则行人和附近居民不必穿越车行道，比较方便安全。一般居住区内车行道两侧的绿地，往往采用这种布置形式。

2. 按林荫道用地宽度布置形式

按照林荫道用地宽度分为以下三种布置形式。

(1)单游步道式林荫道。林荫道宽度在 8 m 以上时，设一条步行道，设在中间或一侧。宽度 3～4 m，用绿带与城市道路相隔。多采用规则式布置。中间游步道两侧设置座椅、花坛、报栏、宣传牌等，绿地视宽度种植单行乔木、灌木丛和草皮，或用绿篱与道路分隔。

(2)双游步道式林荫道。林荫道宽度在 20 m 以上时，设两条或两条以上游步道。布置形式可采用自然或规则式布置。中间的一条绿带布置花坛、花镜、水池、绿篱，或乔、灌木。游步道分别设在中间绿带的两侧，沿步道设座椅、果皮箱等。车行道与林荫道之间的绿带，主要功能是隔离车行道，保持绿墙，或种植两行高低不同的乔木与道路分隔。

(3)游园式林荫道。林荫道宽度在 40 m 以上时,可布置成带状公园,布置形式为自然式或规则式。除两条以上的游步道外,开辟小型儿童活动场地、小广场、花坛和简单的游憩设施。植物配置应考虑与城市环境的关系及园外行人、乘车人对公园外貌的观赏效果。

三、林荫道设计要点

(1)设置游步道。一般 8 m 宽的林荫道内,设一条游步道;8 m 以上时,设两条以上为宜。

(2)设置绿色屏障车行道与林荫道绿带之间要有浓密的绿篱和高大的乔木组成的绿色屏障相隔,立面上布置成外高内低的形式较好(图 3-27)。

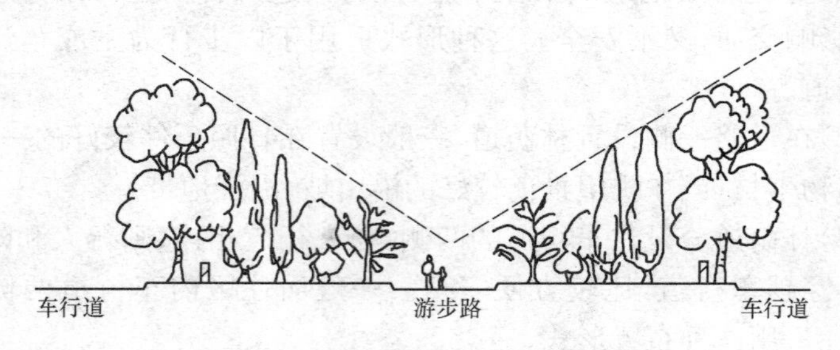

图 3-27　林荫道立面轮廓外高内低示意图

(3)设置建筑小品。如小型儿童游乐场、休息座椅、花坛、喷泉、阅报栏、花架等建筑小品。

(4)留有出口。林荫道可在长 75～100 m 处分段设立出入口,人流量大的人行道、大型建筑处应设出入口。出入口布置应具有特色,作为艺术上的处理,以增加绿化效果。

(5)植物丰富多彩。林荫道总面积中,道路广场不宜超过 25%,乔木占 30%～40%,灌木占 20%～25%,草地占 10%～20%,花卉占 2%～5%。我国南方天气炎热需要更多的浓荫,故常绿树占地面积可大些,北方则落叶树占地面积大些。

（6）布置形式。宽度较大的林荫道宜采用自然式布置，宽度较小的则以规则式布置为宜。

第七节　步行街绿地设计

一、步行街的设计原则

1. 总体规划原则

服从城市发展的总体规划要求，在选址、范围、市镇交通分流功能定位等周密考虑。

2. 内部景观规划原则

（1）功能性优先原则。营造良好商业氛围——商家经营展示，顾客舒适购物。

（2）继承保护和发展文化原则。保护传统文化底蕴；创新现代景观元素。

（3）生态化原则。因地制宜，综合规划设计；营造“绿色、安全、生态”的主题形象。

（4）多目标规划原则。营造社交和集会的氛围；构思景观亮点；聚集人气等。

（5）可持续发展原则。商业区环境氛围与功能良好互动，持续发展。

二、步行街的设计要点

1. 利用形式

（1）过渡性或不完全步行街：时间或车辆部分限制。

（2）完全式步行街：可布置装饰类和休憩类小品。

2. 步行街绿化设计

（1）显现街道两侧的建筑形象。

（2）尽可能少用或不用遮蔽植物。

（3）硬质材料和花木类软件材料（乔木遮阴）相结合。

3. 步行街夜景设计

利用灯光照明，突出建筑、雕塑、花木以及各种小品的艺术形象，增添情趣，提高步行街品质。

4. 步行街其他设施设计

步行街各类设施（装饰类小品、服务类小品及铺装材料、山石植物等）的设计需考虑人的行为模式及心理需求——造型、风格、尺度、比例、色彩等。

三、步行街的植物配置

1. 总体要求

符合功能空间的气氛和要求，实现生态绿化和美化效果。

2. 具体要求

（1）外部。两侧的植物距商业建筑至少 4 m，可选择树池式或树台式种植行道树；行道树间距与店铺交界线对应，避免遮挡商铺。

（2）内部。

1）商业展示和文化表演区：高冠浓荫乔木，留出较高的树冠净高度，多结合场地配置成对植、行植、孤植，周边花坛。

2）游人休息区：种植行列乔木，中间设置休闲桌凳。

3）文化展示区：多种植物，乔木和花池结合，绿地分隔地块，烘托展示空间。

4）特色小吃和旅游纪念品区：乔灌木结合，规则或自然的配置形成隔离围合空间。

地下不容许栽植乔木的，可采用可移动大木箱种植器种植乔木摆放。

第八节　滨河路绿地设计

滨河路是城市中临江、河、湖、海等水体的道路。设计需要结合自然环境、河岸高度、用地宽窄和交通特点等进行布置。

一、滨河路设计要点

1. 地形地貌

滨河路的河岸线地形变化较大，有的平坦，有的则常有一些斜坡、台地，可结合地形进行设计。

(1)将车行道与滨河路设在同一高度上，对于地形变化较小的地段可以采用此方法。

(2)将车行道与滨河路分设在不同高度上。在台地或坡地上设置的滨河路，常分两层处理。一层与道路路面标高相同，另一层设在常年水位标高以上。车行道与滨河路之间或垂直联系用坡道或石阶贯通，或以绿化斜坡相连。有时地形变化更为复杂多样，游步道就可分设在不同的高度上。

2. 驳岸设计

(1)为了保护江、河、湖、海岸等免遭波浪、地下水、雨水等的冲刷而坍塌，需修建永久性驳岸。

(2)一般驳岸多采用坚硬的石材或混凝土做成。规则式林荫路如临宽阔水面，在驳岸顶部加砌岸墙，高度 0.9～1.0 m；狭窄的河流在驳岸顶部用栏杆围起来或将驳岸与花池、花钵等结合起来，便于游人看到水面，欣赏水景。

(3)自然式滨河路加固驳岸可采用绿化的方法，在坡度 1∶1～1∶1.5 的斜坡上铺草，或加砌草皮砖，或者在水下砌整形驳岸，水面上加叠自然山石，高低曲折变幻，既美化水岸又可供游人作息、垂钓。

(4)设有游船码头或水上运动设施的地段，应修建坡道或设置转折式台阶直通水面。

3. 道路设计

(1)临近水面布置的游步道，游步道宽度最好不小于 5 m，并尽量接近水面。如滨河路比较宽时，最好布置两条游步道，一条临近道路人行道，便于行人往来，而临近水面的一条游步道要宽些，供游人漫步或驻足眺望。

(2)水面不十分宽阔,对岸又无景可观时,滨河路可布置得简单些,临水布置游步道,岸边设置栏杆、园灯、果皮箱等。

(3)游步道内侧种植树姿优美、观赏价值高的乔木、灌木及草花等,种植形式可自由些,树间布置座椅,供游人小憩。水面宽阔,对岸景观好时,临水宜设置较宽的绿化带,布置游步道、花坛、草坪、园椅、棚架等。

(4)在可观赏对岸景点的最佳位置设计一些小广场或凸出水面的平台,供游人观景或摄影。

4. 水体设计

水面宽阔,能划船、垂钓或游泳,绿化带较宽时,可考虑设计成滨河带状公园。其用地比例、园路设计、种植设计等按《公园设计规范》(CJJ 48—1992)相关规定设计。

二、绿地设计要点

(1)应充分利用宽阔的水面,临水造景,运用美学原则和造园艺术手法,利用水体的优势与特色,以植物造景为主,配置游憩设施和有特色风格的建筑小品,构成有韵律连续性优美彩带,使人们漫步林荫下,或临河垂钓,水中泛舟,充分享受自然气息。

(2)滨河路绿地主要功能是供人们游览、休息,同时可以护坡,防止水土流失。一般滨河路的一侧是城市建筑,另一侧为水体,中间为绿带。绿带设计手法取决于自然地形、水岸线的曲折程度、所处的位置和功能要求等。如地势起伏、岸线曲折、变化多的地方采用自然式布置。而地势平坦、岸线整齐,又临宽阔道路干道时则采用规则式布置较好。

(3)规则式布置的绿带多以草地、花坛群为主,乔木、灌木多以孤植或对称种植。自然式布置的绿带多以树丛、树群为主进行配置。

(4)为了减少车辆对绿地的干扰,靠近车行道一侧应种植一行或两行乔木和绿篱,形成绿色屏障。但为了水上的游人和河对岸的行人见到沿街的建筑艺术,不宜完全郁闭,要留出透视线。沿水步道靠岸一侧原则上不种植成行乔木。其原因一是影响景观视线,二是怕树木的根系伸展破坏驳岸。步道内侧绿化宜疏朗散植，树冠线要有起伏变化。

（5）植物配置应注重色彩、季相变化和水中倒影等。要使岸上的游人能见到水面的优美景色，同时，水上的游人也能见到滨河绿带的景色和沿街的建筑艺术，使水面景观与活动空间景观相互渗透，连成一体，如上海外滩。

滨河绿带是居民日常游憩、锻炼、文化娱乐活动非常方便的公共绿地，具有生态效益、审美效益和游憩效益。利用河、湖等水系沿岸用地，结合小城镇改造、河流保护、治理和泄洪功能，有些滨河绿地还有防风、防盐雾、防海啸等功能，建设滨河绿带，投资少、见效快，并容易实施。例如，浙江宁国滨河绿地（图 3-28）。

图 3-28　浙江宁国滨河绿地

第九节　停车场绿地设计

一、公共停车场类型

（1）按停车车辆性质分为机动车停车场和非机动车停车场。

（2）按停车位置分为路外停车场和路内停车场。

(3)按建筑类型分为地面停车场、地下停车库和地上停车楼。

(4)按服务对象分为公共停车场、配建停车场和专用停车场。

(5)按管理方式分为免费停车场、限时(免费)停车场和收费停车场。

二、机动车停车场设置原则

(1)停车场(库)的设置应符合城市规划和交通组织管理的要求，便于存放。

(2)各种车辆的停车场(库)应分开设置，专用停车场(库)紧靠使用单位；公用停车场(库)宜均衡分布。客运车站、飞机场、体育场、游乐场等大型公共活动场所的停车场(库)，根据建筑物主要出入口的分布分区布置，以利于车辆迅速疏散。

(3)停车场(库)出入口的位置应避开主干道和道路交叉口，出口和入口应分开，不得已合用时，其宽度应不小于 7 m。

(4)停车场(库)内的交通路线必须明确、合理，宜采用单向行驶路线，避免交叉。

三、停车场设计要点

1. 机动车停车场设计要点

(1)机动车停车场设计应根据使用要求分区、分车型设计。如有特殊车型，应按实际车辆外廓尺寸进行设计。

(2)机动车停车场内车位布置可按纵向或横向排列分组安排。当各组之间无通道时，应留出大于或等于 6 m 的防火通道。

(3)机动车停车场的出入口不宜设在主干路上，可设在次干路或支路上，并应远离交叉口；不得设在人行横道、公共交通停靠站及桥隧引道处。出入口的缘石转弯曲线切点距铁路道口的最外侧钢轨外缘不应小于 30 m。距人行天桥和人行地道的梯道口不应小于 50 m。

(4)停车场出入口位置及数量应根据停车容量及交通组织确定，且不应少于 2 个，其净距宜大于 30 m。

(5)停车场进出口净宽，单向通行的不应小于 5 m，双向通行的不应小于 7 m。

(6)停车场出入口应有良好的通视条件,视距三角形范围内的障碍物应清除。

(7)停车场的竖向设计应与排水相结合,坡度宜为 0.3%～3.0%。

与通道平行方向的最大纵坡度为 1%,与通道垂直方向为 3%,最小为 0.3%。与停车场相连接的道路纵坡度以 0.5%～2%为宜。困难时最大纵坡度应不大于 7%,积雪及寒冷地区应不大于 6%,出入口处应设置纵坡度小于或等于 2%的缓坡段。

(8)机动车停车场出入口及停车场内应设置指明通道和停车位的交通标志、标线。停车场外部设计中,应在停车场周边道路设置交通标志、标线以指明停车场停车车位和进入停车场引导路线,并进行交通组织设计。

(9)停车场内部通道宽度应不小于表 3-9 的规定值。

表 3-9　停车场内部通道宽度

车　型		小客车、小型车		大型车、铰接车	
路段		曲线	直线	曲线	直线
通道宽度/m	单向通行	4.0	3.0	5.0	3.5
	双向通行	7.0	5.5	10.0	7.0

(10)公共建筑附近停车场最小转弯半径应不小于表 3-10 规定值。

表 3-10　停车场最小转弯半径(内径)

车辆类型	最小转弯半径/m
小客车	3.0
小型车	3.0
大型车	7.0
铰接车	10.0

(11)机动车停车场的设计参数见表 3-11。

表 3-11　机动车停车场设计参数

停放方式			垂直通道方向的车位尺寸 W_v/m					平行通道方向的车位尺寸 l_p/m					通道宽度 W_t/m					单位停车宽度 W_u/m					单位停车面积 A_u/(m^2/veh)				
			设计车型分类																								
			Ⅰ	Ⅱ	Ⅲ	Ⅳ	Ⅴ	Ⅰ	Ⅱ	Ⅲ	Ⅳ	Ⅴ	Ⅰ	Ⅱ	Ⅲ	Ⅳ	Ⅴ	Ⅰ	Ⅱ	Ⅲ	Ⅳ	Ⅴ	Ⅰ	Ⅱ	Ⅲ	Ⅳ	Ⅴ
平行式		前进停车	2.6	2.8	3.5	3.5	3.5	5.2	7	13	16	22	3	4	4.5	4.5	5	8.2	9.6	11.5	11.5	12	21.3	33.6	73.2	92.0	132.0
斜列式	30°	前进停车	3.2	4.2	6.4	8	11	5.2	5.6	7	7	7	3	4	5	5.8	6	9.4	12.4	17.8	21.8	28	24.4	34.7	62.3	76.3	98.0
	45°	前进停车	3.9	5.2	8.1	10	15	3.7	4	4.9	4.9	4.9	3	4	6	6.8	7	10.8	14.4	22.2	27.6	36.4	20.0	28.8	54.4	67.6	89.2
	60°	前进停车	4.3	5.9	9.3	12	17	3	3.2	4	4	4	4	5	8	9.5	10	12.6	16.8	26.6	33.7	44.6	18.9	26.9	53.2	67.4	89.2
		后退停车	4.3	5.9	9.3	12	17	3	3.2	4	4	4	3.5	4.5	6.5	7.3	8	12.1	16.3	25.1	31.5	42.6	18.2	26.1	50.2	63.0	85.2
垂直式		前进停车	4.2	6	9.7	13	19	2.6	2.8	3.5	3.5	3.5	6	9.5	10	13	19	14.4	21.5	29.4	39	57	18.7	30.1	51.5	68.3	99.8
		后退停车	4.2	6	9.7	13	19	2.6	2.8	3.5	3.5	3.5	4.2	6	9.7	13	19	12.6	18	29.1	39	57	16.4	25.2	50.9	68.3	99.8

注：1. 表中Ⅰ类为微型汽车；Ⅱ类为小型汽车；Ⅲ类为中型汽车；Ⅳ类为普通汽车；Ⅴ类为铰接车。

2. 计算公式 $Wu=Wt+2\times Wv$，$Au=Wu\times lp/2$。

3. 表列数值系扫通道两侧停车计算，单车停车时，应另行计算。

(12)汽车与汽车、墙、柱、护栏之间最小净距,见表3-12。

表3-12　汽车与汽车、墙、柱、护栏之间最小净距

项目 \ 最小间距 \ 车辆类型		微型汽车小型汽车/m	轻型汽车/m	大、中、铰接型汽车/m
平行式停车时汽车间纵向净距		1.20	1.20	2.40
垂直式、斜列式停车时汽车间纵向净距		0.50	0.70	0.80
汽车横向净距		0.60	0.80	1.00
汽车与柱间净距		0.30	0.30	0.50
汽车与墙、护栏及其他构筑物间净距	纵向	0.50	0.50	0.50
	横向	0.60	0.80	1.00

注:纵向指汽车长度方向,横向指汽车宽度方向,净距是指最近距离,当墙、柱外有突出物时,应从其凸出部分外缘算起。

2. 非机动车停车场设计要点

(1)非机动车停车场出入口不宜少于2个。出入口宽度宜为2.5～3.5 m。场内停车区应分组安排,每组场地长度宜为15～20 m。

(2)非机动车停车场坡度宜为0.3%～4.0%。

(3)停车区宜有车棚、存车支架等设施。

(4)非机动车停车净空高度应不小于2.0 m。

四、停车场绿化设计

1. 停车场绿化设计基本原则

(1)充分绿化原则。

1)停车场应尽可能创造条件进行绿化,在满足停车需求的同时尽可能增加绿化面积。

2)停车场绿化应以落叶乔木为主,有条件的地方做到乔、灌、草相结合,不得裸露土壤,以发挥植物最大的生态效益。

3)植物材料的选择应遵循适地适树的原则,以植物的生态适应性为主要依据,选择在本地区适宜种植的植物种类。

4)停车场绿化应选用较大规格苗木并确定适宜的种植间距。

(2)安全原则。

1)停车场绿化树木与市政公用设施的相互位置应统筹安排，并应保证树木有必要的立地条件与生长空间。

2)停车场绿化应符合行车视线和行车净空要求，保证停车位的正常使用，不得对停放车辆造成损伤和污染，不得影响停车位的结构安全。

2. 停车场绿化设计要点

(1)停车场内可设置停车位隔离绿化带；绿化带的宽度应≥1.50 m；绿化形式应以乔木为主；乔木树干中心至路缘石距离应≥75 mm；乔木种植间距应以其树种壮年期冠幅为准，以不小于 4 m 为宜。

(2)停车场边缘应种植大型乔灌木，有条件的可采用乔、灌、草相结合的复层种植形式，为停放车辆提供庇荫保护，起到隔离防护和减噪的作用。

(3)停车场庇荫乔木枝下净空标准：小型汽车应大于 25 m；中型汽车应大于 3.5 m；大型汽车应大于 4.0 m。

(4)停车场绿化植物选择应遵循以下原则。

1)所选主要植物应是适应性强、少病虫害、根系发达、无树脂分泌、无生物污染、栽培管理简便、易于大苗移栽、应用效果好的常见植物。

2)新植落叶乔木胸径不宜小于 80 mm。

(5)停车场内道路两侧种植的乔木，应避免在道路上方搭接，形成绿化“隧道”，以利于汽车尾气及时向上扩散，减少汽车尾气污染道路环境。

(6)停车场铺装应使用透水材料，保证透气透水性，使雨水能够及时下渗。

(7)停车位宜采用可植草铺装材料；也可根据使用要求选用透气透水铺装材料。常用的是植草砌块，植草砌块在渗水砖砌块或混凝土预制砌块的孔隙或接缝中栽植草皮，使草皮免受行人和车辆的践踏碾压，砌块图案形式不一，厚度应不小于 100 mm，植草面积应不小于 30%。砌块孔隙中种植土的厚度以不小于 80 mm 为宜，种植土上表面应低于铺装材料上表面 10～20 mm。植草铺装排水坡度应不小于 1.0%，其做法如图 3-29 所示。

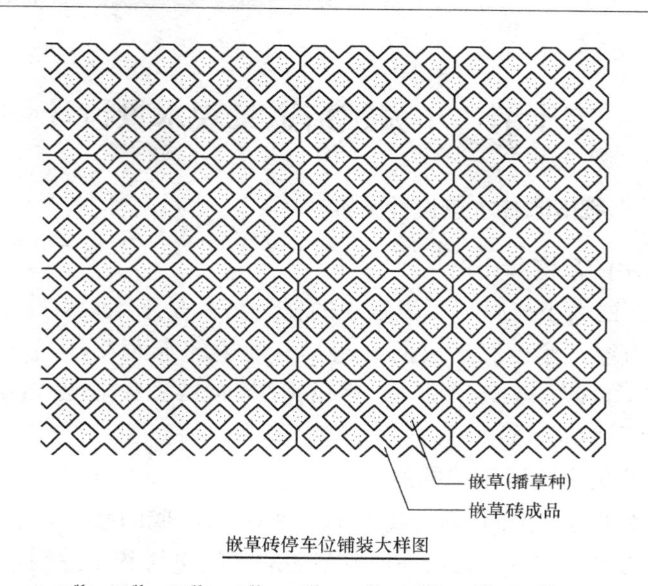

嵌草砖停车位铺装大样图

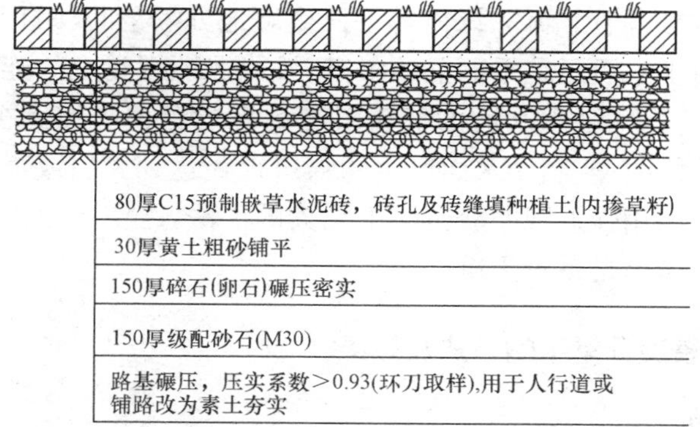

嵌草砖停车位铺装详图

图 3-29　植草铺装——植草砌块构造做法图

(8)停车场绿化应采用节水型灌溉技术，提高水分利用率。

(9)在停车场绿带上方不宜设置架空线。有架空线的停车场应选择耐修剪的树种。

(10)停车场绿化与地下管线的水平距离应符合表 3-5 的相关规定。

第十节　小城镇街道景观水景设计

一、小城镇园林水景设计要素

1. 水的尺度和比例

水面的大小与周围环境景观的比例关系是水景设计中需要慎重考虑的内容。除自然形成的或已具有规模的水面外，一般应加以控制。过大的水面散漫、不紧凑，难以组织，而且浪费用地；过小的水面局促，难以形成气氛。

2. 水的平面限定和视角

用水面限定空间、划分空间有一种自然形成的感觉，使得人们的行为和视线不知不觉地在一种较亲切的气氛中得到了控制，这无疑比过多地、简单地使用墙体、绿篱等手段生硬地分隔空间、阻挡穿行要略胜一筹。由于水面只是平面上的限定，故能保证视觉上的连续性和通透性。另外，也常利用水面的行为限制和视觉渗透来控制视距，获得相对完善的构图；或利用水面产生的强迫视距达到突出或渲染景物的艺术效果。利用强迫视距获得小中见大的手法，在空间范围有限的江南私家宅第园中是屡见不鲜的。

二、水景设计常用的方法及效果

1. 亲和

通过贴近水面的汀步、平曲桥，映入水中的亭、廊建筑以及又低又平的水岸造景处理，把游人与水景的距离尽可能地缩短，水景与游人之间就体现出一种十分亲和的关系，使游人感到亲切、合意、有情调和风景宜人，效果如图 3-30 所示。

2. 延伸

园林建筑一半在岸上，另一半延伸到水中；或岸边的树木采取树干向水面倾斜、树枝向水面垂落或向水心伸展的态势，都使临水之意

图 3-30　亲和——建筑在水中

显然。前者是向水的表面延伸，而后者却是向水上的空间延伸，效果如图 3-31 所示。

图 3-31　延伸——建筑、阶梯向水中延伸

3. 暗示

池岸岸口向水面悬挑、延伸，让人感到水面似乎延伸到了岸口下面，这是水景的暗示作用。将庭院水体引入建筑物室内，水声、光影的渲染使人仿佛置身于水底世界，这就是水景的暗示效果，如图 3-32 所示。

图 3-32　暗示——引水入室

4. 迷离

在水面空间处理中，利用水中的堤、岛、植物、建筑，与各种形态的水面相互包含与穿插，形成湖中有岛、岛中有湖、景观层次丰富的复合性水面空间。在这种空间中，水景、树景、堤景、岛景、建筑景等层层展开，不可穷尽。游人置身其中，顿觉境界相异、扑朔迷离，效果如图 3-33 所示。

图 3-33　迷离——湖中岛，岛中湖

5. 藏幽

水体在建筑群、林地或其他环境中，都可以把源头和出水口隐藏起来。隐去源头的水面，反而可给人留下源远流长的感觉；把出水口藏起的水面，水的去向如何，也更能让人遐想，景观效果如图 3-34 所示。

图 3-34 藏幽——水体在树林中

6. 渗透

水景空间和建筑空间相互渗透，水池、溪流在建筑群中流连、穿插，给建筑群带来自然鲜活的气息。有了渗透，水景空间的形态更加富于变化，建筑空间的形态则更加轩敞，更加灵秀，景观效果如图 3-35 所示。

7. 开阔

水面广阔坦荡，天光水色，烟波浩渺，有空间无限之感。这种水景效果的形成，常见的是利用天然湖泊点缀人工景点，使水景完全融入环境之中。而水边景物如山、树、建筑等，看起来都比较遥远，景观效果如图 3-36 所示。

图 3-35　渗透——水体穿插在建筑群之中

图 3-36　开阔——利用天然湖泊点缀人工景点

8. 隔流

对水景空间进行视线上的分隔,使水流隔而不断,似断却连,效果如图 3-37 所示。

图 3-37　隔流——隔而不断

三、小城镇水景类型的选择

小城镇园林景观水景中水体的平面一般是采用几何规整形和不规整形两种。西方古典园林的水体一般采用几何规整形,在目前环境中一般也采用这种形式,如圆形、方形、椭圆形、花瓣形等。

1. 水池

水池是小城镇街道中很常见的组景手段,根据规模一般分为点式、面式和线式三种形态水池。

(1)点式水池。指较小规模的水池或水面,如一些小喷泉和小型瀑布等。在小城镇环境中点式水池起到点景的作用,往往会成为空间的视线焦点,活化空间,使人们能够感受到水的存在,感受到大自然的气息。由于点式水池体量比较小,布置也灵活,可以分布于任何地点,而且有时也会带来意想不到的效果。点式水池可以单独设置,也可以和花坛、平台、装饰部位等设施结合。

（2）面式水池。指规模较大，在小城镇园林景观中能有一定控制作用的水池或水面，会成为城镇环境中的景观中心和人们的视觉中心。水池一般是单一设置，形状多采用几何形，如方形、圆形、椭圆形等，也可以多个组合在一起，组合成复杂的形式，如品字形、万字形，也可以叠成立体水池。面式水池的形式和所处环境的性质、空间形态、规模有关。有些水面也采用不规则形式，底岸也比较自然，和周围的环境融合得较好。水面也可以和小城镇环境中的其他设施结合，如踏步，把人和水面完全融合在一起。水中也可以植莲、养鱼，成为观赏景，有时为了衬托池水的清澈、透明，在池底摆上鹅卵石，或绘上鲜艳的图案。面式布局的水池在小城镇环境中应用是比较广泛的。

（3）线式水池。指较细长的水面，有一定的方向，并有划分空间的作用。在线型水面中一般采用流水，可以将多个喷泉和水池连接起来，形成一个整体。线型水面有直线型、曲线型和不规则形，广泛地分布在居住宅、广场、庭院中。在小城镇环境中线型水面可以是河道、溪流，也可以是较浅的水池，儿童可在里面嬉水，特别受孩子们的喜爱。

2. 喷泉

在小城镇中，主要是以人工喷泉为主。

（1）喷泉的类型。喷泉的类型很多，大体上可以归纳为以下几类：

1）普通装饰性喷泉——由各种花型图案组成固定的喷水型。

2）与雕塑结合的喷泉——喷泉的喷水形式与柱式、雕塑等共同组成景观。

3）水雕塑——即用人工或机械塑造出各种大型水柱的姿态。

4）自控喷泉——多是利用各种电子技术，按设计程序来控制水、光、音、色，形成变幻的、奇异的景观。

喷水池的形式有自然式和整形式。喷水的位置可以居于水池中心，组成图案，也可以偏于一侧或自由地布置；还要根据喷泉所在地的空间尺度来确定喷水的形式、规模及喷水池的大小比例。

（2）喷泉给排水方式。

1）对于流量在 2～3 L/s 以内的小型喷泉，可直接由城市自来水供水，使用过后的水排入城市雨水管网，如图 3-38 所示。

2)为保证喷水具有稳定的高度和射程，给水需经过特设的水泵房加压。喷出后的水仍排入城市雨水管网，如图 3-39 所示。

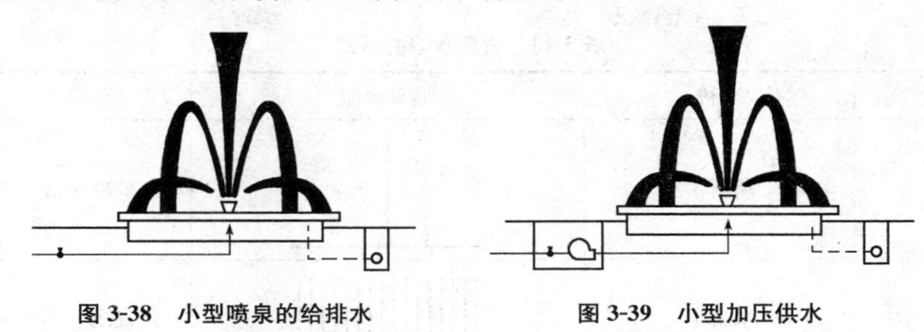

图 3-38　小型喷泉的给排水　　图 3-39　小型加压供水

3)为了保证喷水具有必要的、稳定的压力和节约用水，对于大型喷泉，一般采用循环供水。循环供水的方式可以设水泵房，如图 3-40 所示。也可以将潜水泵直接放在喷水池或水体内低处，循环供水，如图 3-41 所示。

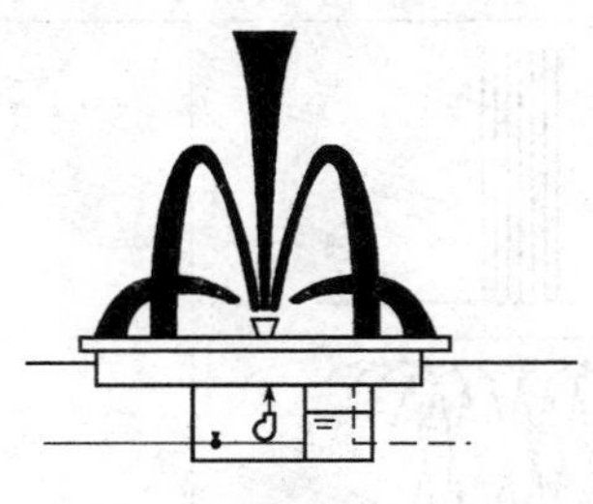

图 3-40　设水泵房循环供水

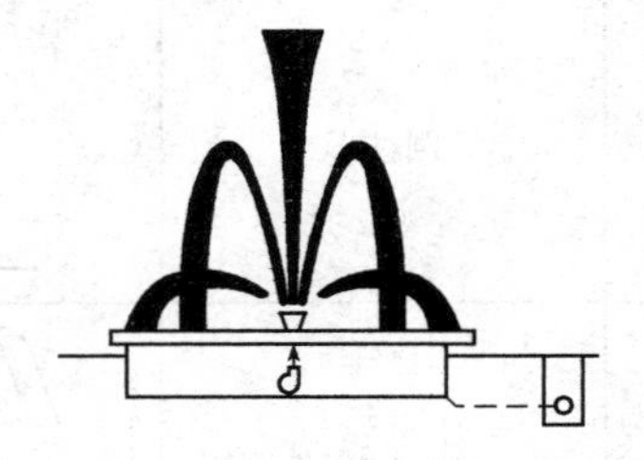

图 3-41　用潜水泵循环供水

4)在有条件的地方，可以利用高位的天然水源供水，用箅排除杂质，如图 3-42 所示。

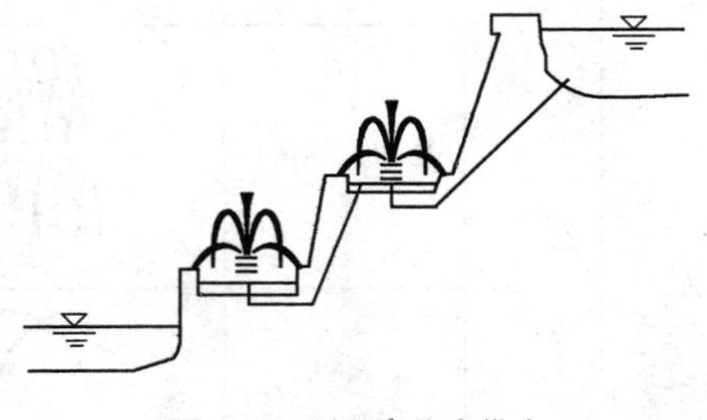

图 3-42　利用高位水供水

为了保持喷水池的卫生，大型喷泉还可设专用水泵，以供喷水池水的循环，使水池的水不断流动。并在循环管线中设过滤器和消毒设备，以清除水中的杂物、藻类和病菌。

(3)喷泉水型的形式。喷泉设计的创新和改造在不断地加快，新的喷泉水型在不断地丰富。喷泉水型的形式见表 3-13。

表 3-13　喷泉水型的形式

序号	名称		喷泉水型	备注
1	单射形		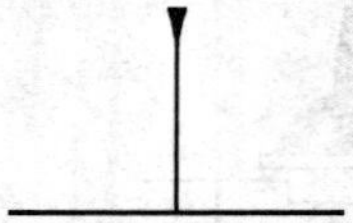	单独布置
2	水幕形		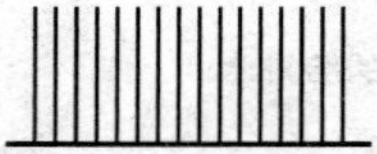	在直线上布置
3	拱顶形			
4	向心形			
5	圆柱形			
6	编织形	a. 向外编织	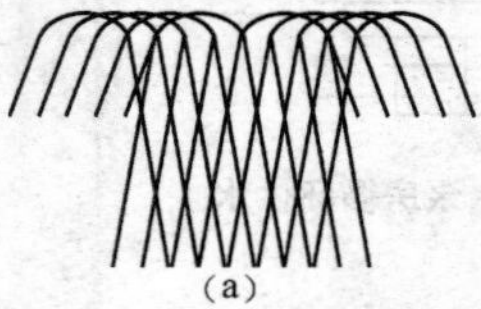 (a)	
		b. 向内编织	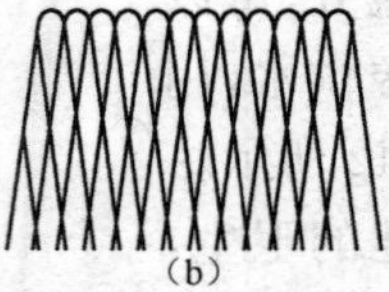 (b)	
		c. 篱笆形	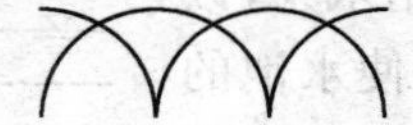 (c)	

续一

序号	名称	喷泉水型	备注
7	屋顶形		
8	喇叭形	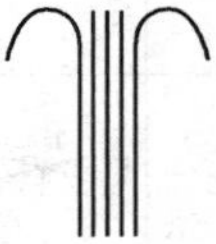	
9	圆弧形		
10	蘑菇形 (涌泉形)		单独布置
11	吸力形		单独布置
12	旋转形	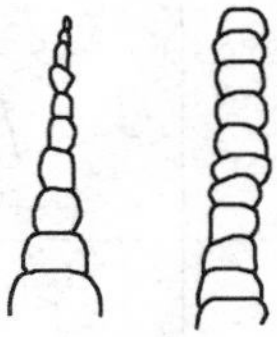	
13	喷雾形		

续二

序号	名称	喷泉水型	备注
14	洒水形	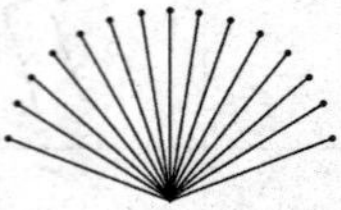	
15	扇形		
16	孔雀形	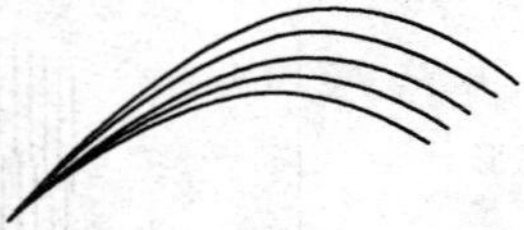	
17	多层花形		
18	牵牛花形	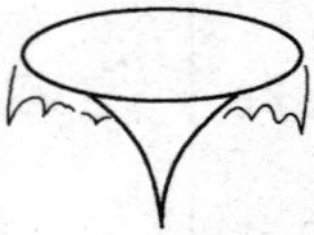	
19	半球形	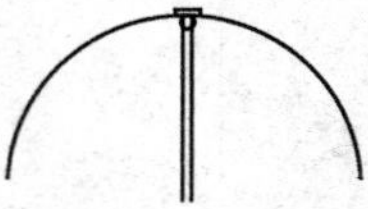	
20	蒲公英形		

(4)常用的喷头类型。目前,国内外经常使用的喷头式样很多,可以归纳为以下几种类型。

1)单射流喷头。单射流喷头,是压力水喷出的最基本的形式,也是喷泉中应用最广的一种喷头。它不仅可以单独使用,也可以组合使用,能形成多种样式的喷水型。如图 3-43 所示。

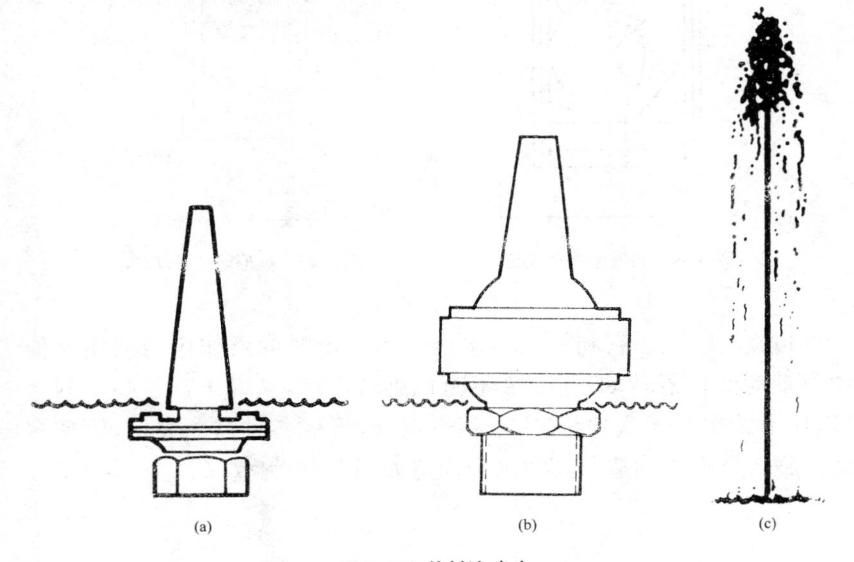

图 3-43 单射流喷头

(a)固定式喷头;(b)万向型喷头,可以调节喷水的角度;(c)喷水型

2)喷雾喷头。这种喷头的内部,装有一个螺旋状导流板,使水具有圆周运动,水喷出后,形成细细的水流弥漫的雾状水滴。每当天空晴朗,阳光灿烂,在太阳对水珠表面与人眼之间连线的夹角为 40°36′～42°18′时,明净清澈的喷水池水面上,就会伴随着蒙蒙的雾珠,呈现出色彩缤纷的虹。如上海交通大学图书馆前的喷水池。其构造如图 3-44 所示。

3)环形喷头。这种喷头的出水口为环状断面,即外实中空,使水形成集中而不分散的环形水柱,以雄伟、粗犷的气势跃出水面,给人们带来一种向上激进的气氛。环形喷头的构造,如图 3-45 所示。

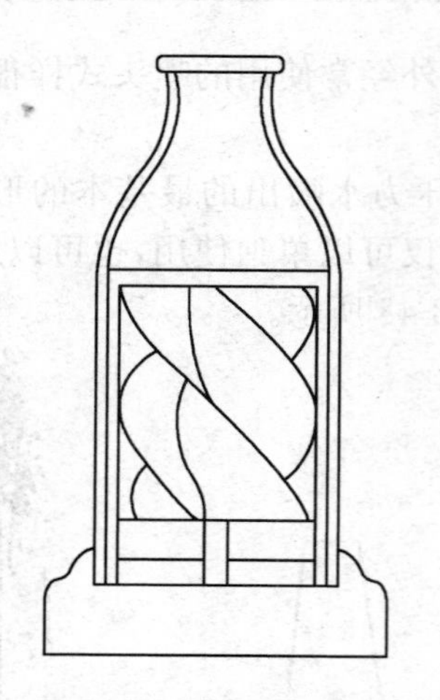

图 3-44　喷雾喷头的构造

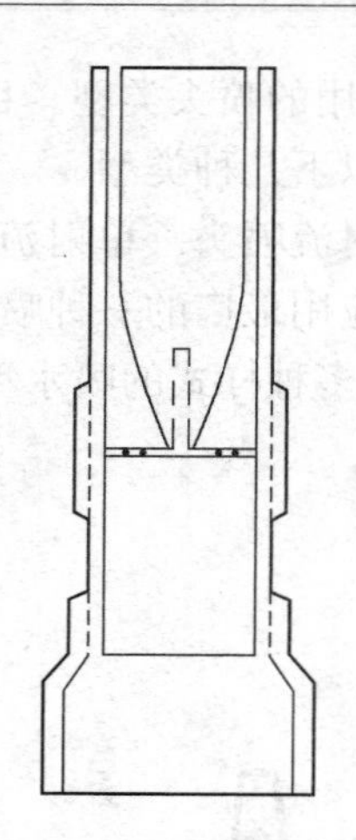

图 3-45　环形喷头的构造

4)旋转喷头。它利用压力水由喷嘴喷出时的反作用力或用其他动力带动回转器转动,使喷嘴不断地旋转运动,从而丰富了喷水的造型,喷出的水花或欢快旋转,或飘逸荡漾,形成各种扭曲线型,婀娜多姿。旋转形喷头构造及其喷水型构造如图 3-46 所示。

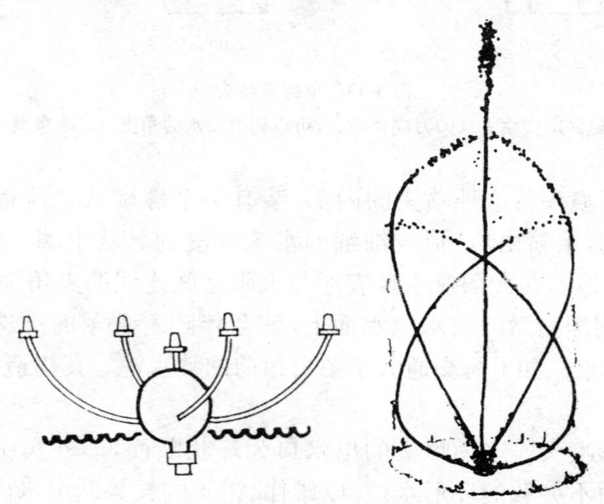

图 3-46　旋转形喷头构造及其喷水型

5)扇形喷头。这种喷头的外形很像扁扁的鸭嘴。它能喷出扇形的水膜或像孔雀开屏一样美丽的水花。图 3-47 为扇形喷头的构造及喷出的水型。

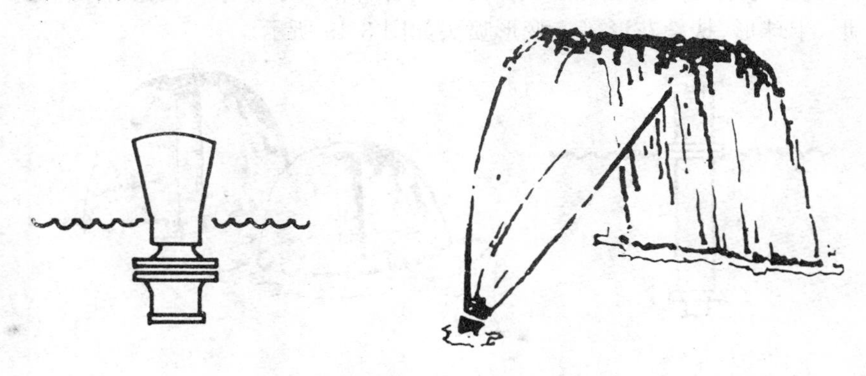

图 3-47　扇形喷头的构造及其喷水型

6)多孔喷头。这种喷头可以由多个单射流喷嘴组成一个大喷头；也可以由平面、曲面或半球形的带有很多细小的孔眼的壳体构成的喷头，它们能呈现出造型各异的盛开的水花。多孔喷头的构造及其喷水型如图 3-48 所示。

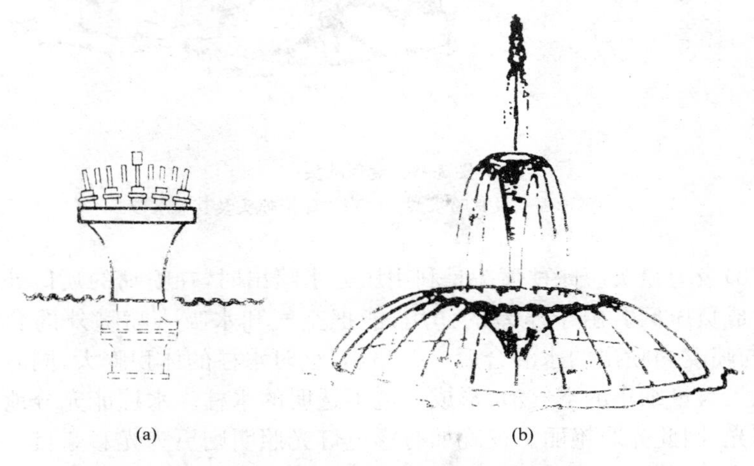

(a)　(b)

图 3-48　多孔喷头的构造及其喷水型

7)变形喷头。这种喷头的种类很多,它们的共同特点是在出水口的前面,有一个可以调节的形状各异的反射器,使射流通过反射器,起到使水花造型的作用,从而形成各式各样的、均匀的水膜,如牵牛花形、半球形、扶桑花形等。变形喷头如图 3-49 所示。

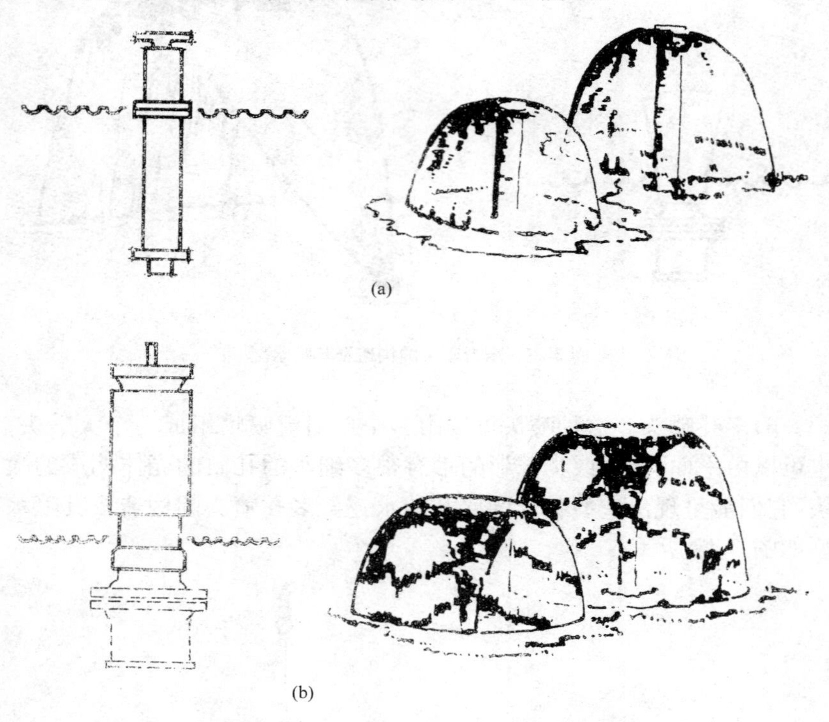

图 3-49　变形喷头
(a)半球形喷头及其喷水型;(b)牵牛花形喷头及其喷水型

8)吸力喷头。此种喷头是利用压力水喷出时,在喷嘴的喷口处附近形成负压区。由于压差的作用,能把空气和水吸入喷嘴外的套筒内,与喷嘴内喷出的水混合后一并喷出,这时水柱的体积膨大,同时因为混入大量细小的空气泡,形成白色不透明的水柱。水柱能充分地反射阳光,因此光彩艳丽。夜晚如有彩色灯光照明则更为光彩夺目。吸力喷头又可分为吸水喷头、加气喷头和吸水加气喷头。吸力喷头的构造及其喷水型如图 3-50 所示。

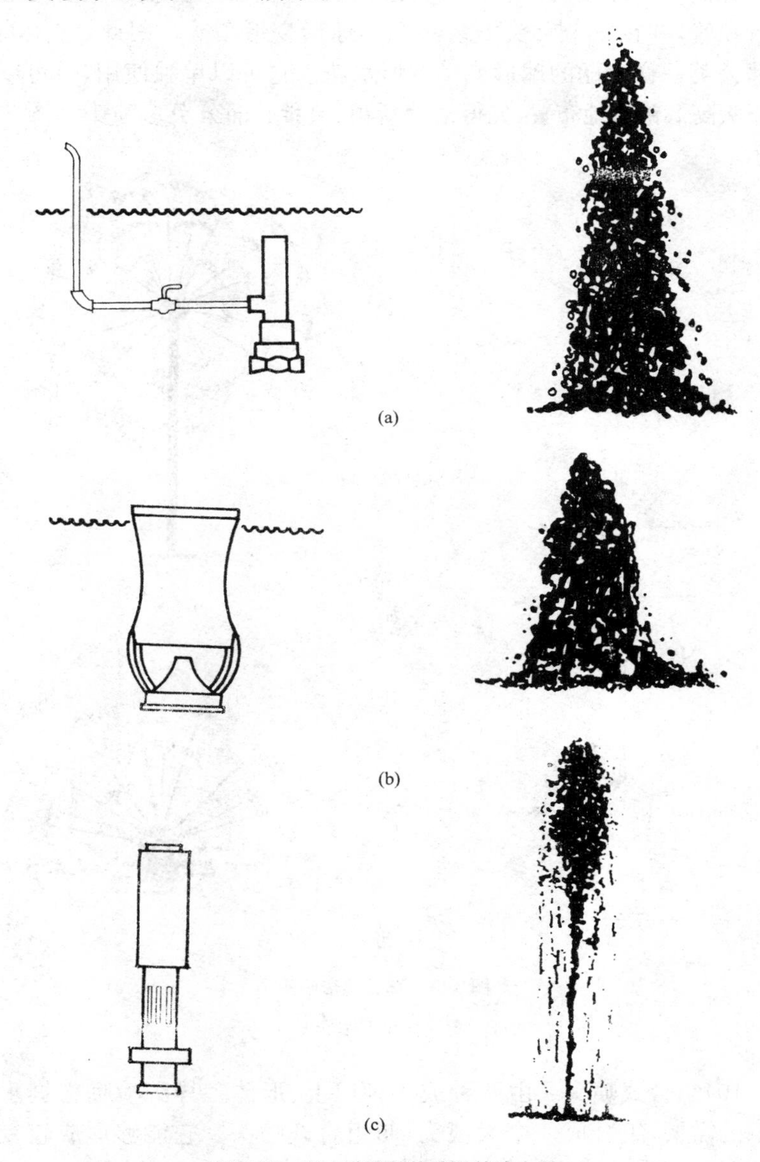

图 3-50 吸力喷头的构造及其喷水型

9)蒲公英形喷头。这种喷头是在圆球形壳体上,装有很多同心放射状喷管,并在每个管头上装一个半球形变形喷头。因此,它能喷出像蒲公英一样美丽的球形或半球形水花。它可以单独使用,也可以几个喷头高低错落地布置,显得格外新颖、典雅。蒲公英形喷头如图 3-51 所示。

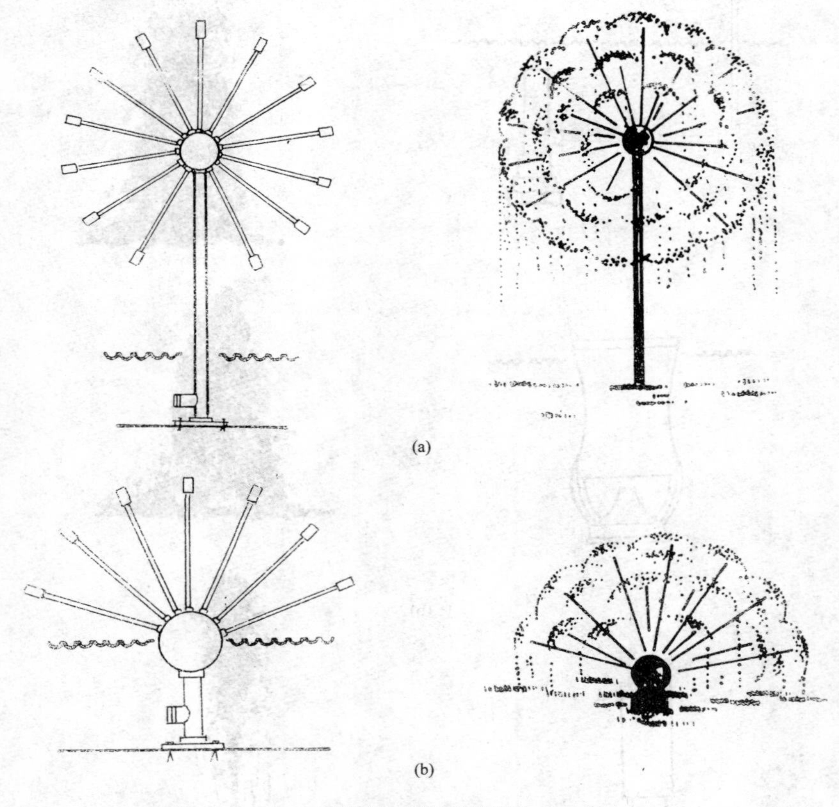

图 3-51　蒲公英形喷头

(a)球形;(b)半球形

10)组合式喷头。由两种或两种以上、形体各异的喷嘴根据水花造型的需要,组合成一个大喷头,叫组合式喷头。它能够形成较复杂的花形。组合式喷头如图 3-52 所示。

3. 瀑布

瀑布有一定的落差，要有一定的规模才能产生壮观的效果，一般是利用地形高差和砌石形成小型的人工瀑布，以改善景观环境。

(1)瀑布的组成。设计完整的瀑布景观一般由以下几部分构成。

1)背景。高耸的群山，为瀑布提供了丰富的水源，与瀑布一起形成了深远、宏伟、壮丽的画面。

2)瀑布上游河流。上游河流是瀑布水的来源。

3)瀑布口。瀑布口山石的排列方式不同，形成的水幕形式就不同，也就形成不同风格的瀑布。

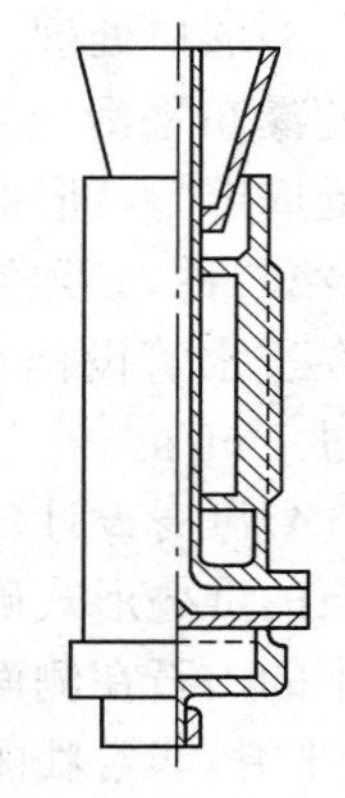

图 3-52 组合式喷头

4)布身。指瀑布落水的水幕，其形式变化多种多样，主要有布落、披落、重落、乱落等。

5)潭。由于长期水力冲刷，在瀑布的下方形成较深盛水的大水坑称潭。

(2)瀑布的设计。

1)水系统的设计。在假山设计或整形的设计中要有上行的给水管道和下行的清污管，进水管径的大小、数量及水泵的规格，可根据瀑布的流量来确定。

2)顶部蓄水池的设计。蓄水池的容积要根据瀑布的流量来确定，要形成较壮观的景象，就要求其容积大；相反，如果要求瀑布薄如轻纱，就没有必要太深、太大。图 3-53 为蓄水池结构示意图。

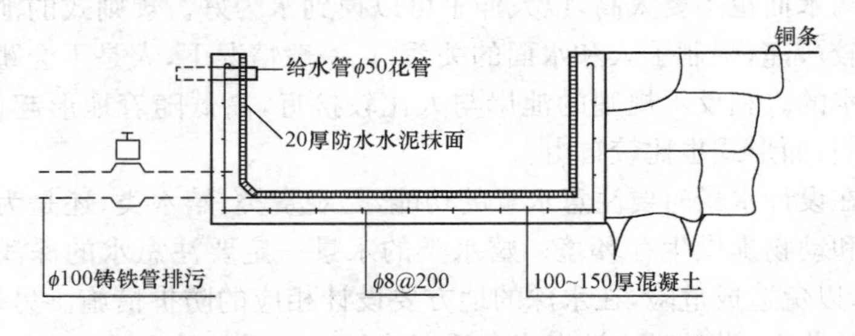

图 3-53 蓄水池结构示意图

3)堰口处理。所谓堰口就是使瀑布的水流改变方向的山石部位。欲使瀑布平滑、整齐,对堰口必须采取一定的措施:第一种,可以在堰口处固定"∧"形铜条或不锈钢条,因为这种金属构件能被做得相当平直;第二种,必须使进水管的进水速度比较稳定,进水管一般采取花管或在进水管设挡水板,以减少水流出水池的速度,一般这个速度不宜超过 1 m/s。

4)瀑身设计。瀑布水幕的形态也就是瀑身,是由堰口及堰口以下山石的堆叠形式确定的。例如,堰口处的整形石呈连续的直线,堰口以下的山石在侧面图上的水平长度不超出堰口,则这时形成的水幕整齐、平滑,非常壮丽。堰口处的山石虽然在一个水平面上,但水际线伸出、缩进有所变化,这样的瀑布形成的景观有层次感。如果堰口以下的山石,在水平方向上堰口突出较多,就形成了两重或多重瀑布,这样的瀑布就显出活泼而有节奏感。图 3-54 为瀑布水幕形式。

5)潭底及潭壁设计。瀑布的水落入潭中,潭底及潭壁受一定的冲力。一般由人工水池替代潭时,水池底及壁的结构必须相应加固。园林中依据瀑布落差的大小对水池底做相应的处理。

4. 堤岸的处理

水面的处理和堤岸有着直接的关系。它们共同组成景观,以统一的形象展示在人们面前,影响着人们对水体的欣赏感受。

在小城镇景观环境中,池岸的形式根据水面的平面形式分为规则式和不规则式。规则几何式池岸的形式一般都处理成能让人们坐的平台,使人们能接近水面,它的高度应该以满足人们的坐姿为标准,池岸距离水面也不要太高,以人伸手可以摸到水为好。规则式的池岸结构比较严谨,限制了人和水面的关系,在一般情况下,人是不会跳入池中嬉水的。相反不规则的池岸与人比较接近,高低随着地形起伏,不受限制,而形式也比较自由。

在设计水景时要注意水景的功能,是观赏类、嬉水类,还是为水生植物和动物提供生存环境。嬉水类的水景一定要注意水的深浅不宜太深,以免造成危险,在水深的地方要设计相应的防护措施。另外,在寒冷的北方,设计时应该考虑冬季时水结冰以后的处理。

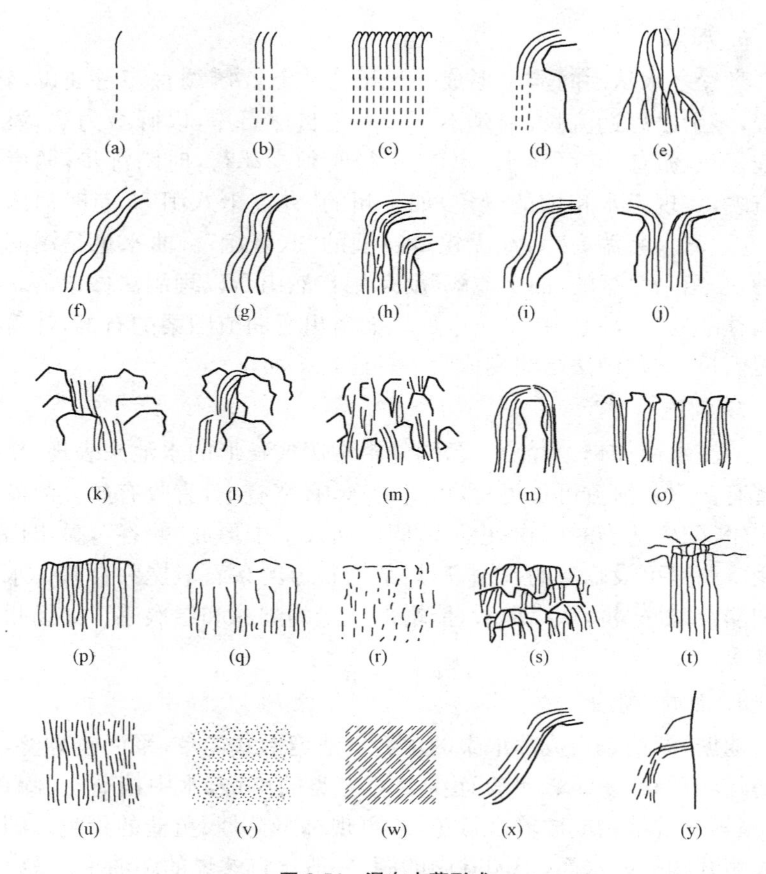

图 3-54　瀑布水幕形式

(a)泪落；(b)线落；(c)布落；(d)离落；(e)丝落；(f)段落；(g)披落；(h)二层落；(i)二段落；(j)对落；(k)片落；(l)傍落；(m)重落；(n)分落；(o)连续落；(p)帘落；(q)模落；(r)滴落；(s)乱落；(t)圆筒落；(u)雨落；(v)雾落；(w)风雨落；(x)滑落；(y)壁落

5. 渊潭

小而深的水体，一般在泉水的积聚处和瀑布的承受处。岸边宜设叠石，光线宜幽暗，水位宜低下，石缝间配置斜出、下垂或攀缘的植物，上用大树封顶，造成深邃气氛。

6. 溪涧

泉瀑之水从山间流出形成一种动态水景。溪涧宜多弯曲以增长流程，显示出源远流长，绵延不尽。多用自然石岸，以砾石为底，溪水宜浅，可数游鱼，又可涉水。游览小径时须缘溪行，时踏汀步，两岸树木掩映，表现山水相依的景象，如杭州的“九溪十八涧”。有时河床石骨暴露，流水激湍有声，如无锡寄畅园的“八音涧”。曲水也是溪涧的一种，今绍兴兰亭的“曲水流觞”就是用自然山石以理涧法做成的。有些园林中的“流杯亭”在亭子中的地面凿出弯曲成图案的石槽，让流水缓缓而过，这种做法已演变成为一种建筑小品。

7. 河流

河流水面如带，水流平缓，园林中常用狭长形的水池来表现，使景色富有变化。河流可长可短，可直可弯，有宽有窄，有收有放。河流多用土岸，配置适当的植物；也可造假山插入水中形成“峡谷”，显出山势峻峭。两旁可设临河的水榭等，局部用整形的条石驳岸和台阶。水上可划船，窄处架桥，从纵向看，能增加风景的幽深和层次感。如扬州瘦西湖等。

8. 池塘、湖泊

池塘、湖泊是指成片汇聚的水面。池塘形式简单，平面较方整，没有岛屿和桥梁，岸线较平直而少叠石之类的修饰，水中植荷花、睡莲、荇、藻等观赏植物或放养观赏鱼类，再现林野荷塘、鱼池的景色。湖泊为大型开阔的静水面，但园林中的湖，一般比自然界的湖泊小得多。

四、水景设计的形式

1. 水景的表现形态

(1)幽深的水景。带状水体如河、渠、溪、涧等，当穿行在密林中、山谷中或建筑群中时，其风景的级深感很强，水景表现出幽远、深邃的特点，环境显得平和、幽静，暗示着空间的流动和延伸。

(2)动态的水景。园林水体中湍急的流水、狂泄的瀑布、奔腾的跌水和飞涌的喷泉就是动态感很强的水景。动态水景给园林带来了活跃的气氛和勃勃的生气。

(3)小巧的水景。一些水景形式,如无锡寄畅园的“八音涧”、济南的“趵突泉”、昆明西山的“珍珠泉”,以及在我国古代园林中常见的流杯池、砚池、剑池、壁泉、滴泉、假山泉等,水体面积和水量都比较小。但正因为小,才显得精巧别致、生动活泼,能够小中见大,让人感到亲切多趣。

(4)开朗的水景。水域辽阔坦荡,仿佛无边无际。水景空间开朗、宽敞,极目远望,天连着水、水连着天,天光水色,一派空明。这一类水景主要是指江、海、湖泊。公园建在江边,就可以向宽阔的江面借景,从而获得开朗的水景。将海滨地带开辟为公园、风景区或旅游景区,也可以向大海借景,使无边无际的海面成为园林旁的开朗水景。利用天然湖泊或挖建人工湖泊,更是直接获得开朗水景的一个主要方式。

(5)闭合的水景。水面面积不大,但也算宽阔。水域周围景物较高,向外的透视线空间仰角大于 13°,常在 18°左右,空间的闭合度较大。由于空间闭合,排除了周围环境对水域的影响,因此,这样的水体常有平静、亲切、柔和的水景表现。一般的庭院水景池、观鱼池、休闲泳池等水体都具有这种闭合的水景效果。

2. 水体的设计形式

(1)规则式水体。这样的水体都是由规则的直线岸边和有轨迹可循的曲线岸边围成的几何图形水体。根据水体平面设计上的特点,规则式水体可分为方形系列、斜边形系列、圆形系列和方圆形系列等四类形状。

1)方形系列水体。这类水体的平面形状,在面积较小时可设计为正方形和长方形;在面积较大时,则可在正方形和长方形基础上加以变化,设计为亚字形、凸角形、曲尺形、凹字形、凸字形和组合形等。应当指出,直线型的带状水渠,也应属于矩形系列的水体形状,如图 3-55 所示。

2)斜边形系列水体。水体平面形状设计为含有各种斜边的规则几何形,如图 3-56 中顺序列出的三角形、菱形、六边形、五角形和具有斜边的不对称的、不规则的几何形。这类池形可用于不同面积大小的水体。

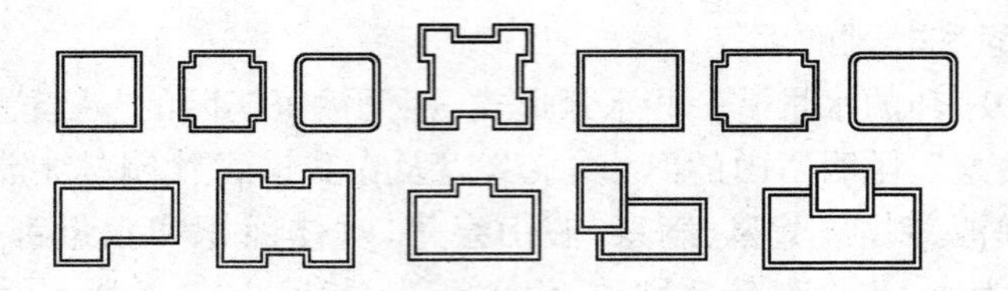

图 3-55　方形系列水体

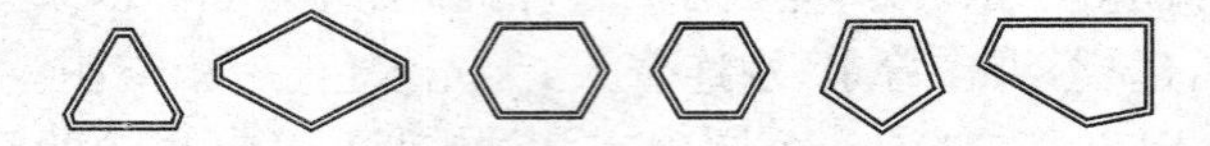

图 3-56　斜边形系列水体

3)圆形系列水体。主要的平面设计形状有圆形、矩圆形、椭圆形、半圆形、月牙形等,这类池形主要适用于面积较小的水池,如图 3-57 所示。

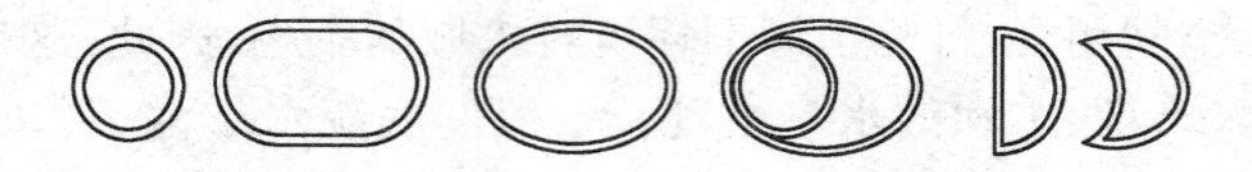

图 3-57　圆形系列水体

4)方圆形系列水体。主要是由圆形和方形、矩形相互组合变化出的一系列水体平面形状,如图 3-58 所示。

图 3-58　方圆形系列水体

(2)自然式水体。岸边的线型是自由曲线线型,由线围合成的水面形状是不规则的和有多种变异的形状,这样的水体就是自然式水体。自然式水体主要可分宽阔型和带状型两种。

1)宽阔型水体。一般的园林湖、池多是宽型的,即水体的长宽比值在 1∶1～3∶1。水面面积可大可小,但不为狭长形状。

2)带状水体。水体的长宽比值超过3∶1时,水面呈狭长形状,这就是带状水体。园林中的河渠、溪涧等都属于带状水体。

3)混合式水体。这是规则式水体形状与自然式水体形状相结合的一类水体形式。在园林水体设计中,在以直线、直角为地块形状特征的建筑边线、围墙边线附近,为了与建筑环境相协调,常常将水体的岸线设计成局部的直线段和直角转折形式,水体在这一部分的形状就成了规则式的。而在距离建筑、围墙边线较远的地方,自由弯曲的岸线不再与环境相冲突,就可以完全按自然式来设计。

五、小城镇街道园林景观设计各构成要素之间的组合

1. 多样与统一

多样统一是最具规范美的形式美原则,使各个部分整体而有秩序地排列,体现一种单纯而整齐的秩序美,运用比较多的是理性空间。多样统一包括形式统一原则,材料形式统一原则,局部与整体统一原则等方面。这些原则不是固定不变的,它们随着人类生产实践,审美观的提高、文化修养的提高和社会进步,而不断地演化和更新。

2. 对称与均衡

对称与均衡不同的是量上的区别,对称是以中轴线型成左右或上下绝对的对称和形式上的相同,在量上也均等。

对比与协调是一对矛盾的统一体,人们习惯调和的协调,不愿接受对立的表现。在某种环境中定量的对比可以取得更好的环境协调效果,它可以彼此对照、互相衬托,更加明确地突出自己的个性特点,鲜明、醒目,令人振奋,显现出矛盾的美感。如体量对比、方向对比、明暗对比、材质对比、色彩对比等。

园林景观设计中的对比与协调,它们既存在对比又有统一,在对比中求协调,在协调中有对比。如果只有对比容易给人以零乱、松散之感;只有协调容易使人产生单调乏味。只有对比中的协调才能使景观丰富多彩、生动活泼、主题突出。

3. 比例与尺度

比例即尺度,无论是广场本身、广场与建筑物、道路宽度与小城镇

规模的大小、道路与建筑物以及建筑物本身的长与高，都存在一定的比例关系，即长、宽、高的关系，它们之间均需达到彼此协调。比例是指整体与局部之间比例协调关系，这种关系可以使人产生舒适感，具有满足逻辑和视觉要求的特征。

比例是相对的，是物体与参照物之间的视觉协调关系。如以建筑、广场为背景，来调节植物大小的比例，可使人产生不同的心理感受，植物设计得近或大，建筑物就相对缩小，反之则显得建筑物高大，这是一个相对的比例关系。如日本庭院面积与体量，植物都以较小的比例来控制空间，形成亲切感人的亲近感。

尺度是绝对的，可以用具体的度量来衡量，这种尺度感的大小尺寸和它的表现形式组成一个整体，成为人类习惯环境空间的固定的尺度感，如栏杆、扶手、台阶、花架、凉亭、电话亭、垃圾筒等。

4. 节奏与韵律

节奏是单纯的段落和停顿的反复，韵律则是指旋律的起伏与延续，节奏与韵律有着内在的联系，是一种物质动态过程中有规则、有秩序并且富有变化的一种动态、连续的美，韵律中的节奏必须遵循节奏与韵律美的规律。

第四章　小城镇广场规划设计

第一节　小城镇广场概述

一、广场的起源与发展

“广场”一词源于古希腊，最初用于议政和市场，是人们进行户外活动和社交的场所，位置是松散和不固定的。

从古罗马时代开始，广场的使用功能逐步扩大到宗教、礼仪、纪念和娱乐等，广场也开始固定为某些公共建筑前附属的外部场地。中世纪意大利的广场功能和空间形态进一步拓展，城市广场已成为城市的“心脏”。

巴洛克时期，城市广场空间最大程度上与城市道路联成一体，广场不再单独附于某一建筑物，而成为整个道路网和城市动态空间序列的一部分。

我国古代城市缺乏西方集会、论坛式的广场，而比较发达的是兼有交易、交往和交流活动的场所。街道空间常常是城市生活的中心，“逛街”成为人们最为流行的休闲方式。

二、小城镇广场的功能与特征

1. 小城镇广场的功能

(1)广场作为道路的一部分，是人、车通行和驻留的场所，起到交汇、缓冲和组织交通的作用。

(2)改善和美化生态环境。广场内配置绿化、小品等，有利于在广场内开展多种活动，增强了小城镇生活的情趣，满足人们的艺术审美要求。

(3)突出小城镇个性和特色，为小城镇增添魅力。

(4)提供社会劳动场所，为居民和外来者提供散步、休息、社会交往和休闲娱乐的场所。

(5)广场为火灾、地震等方便的避难场所。

2. 小城镇广场的特征

(1)公共性。公共性是小城镇市广场空间的基本特征。作为小城镇空间的重要类型,城市广场强调空间的向外性。这种开放性是针对私有空间、封闭空间而言的,强调公众可进入,而且是方便快捷地到达。小城镇广场是展现市民公共交往生活的舞台,人们在城镇广场中开展多样化的休闲、娱乐活动,并进行各种信息的交流,这些都是以公共性为前提的。小城镇广场应具有良好的可达性和通达性,便于组织各种公共活动及个人行为的发生,体现其服务大众的职能。

(2)参与性。一个有活力的小城镇广场空间,应具有人与空间互动,相互作用产生聚集效应的能力,创造人与人,人与景观的互动性,使人充分参与到广场空间的实践中。人的活动不仅仅在简单地使用空间,同时也在创造空间,创造空间意境,获得场所共鸣,人与空间的互动构成了小城镇市广场意境的全部内容。

(3)多样性。小城镇广场空间应具备空间功能与形式灵活多样的特点,为不同的活动提供相应的场所,以保证不同的人群的使用需求,为了极大地丰富城市广场的空间形态,其组成形式呈现出多样化层级与序列。

(4)生态性。小城镇广场是城市景观的重要组成部分,应充分体现尊重自然、尊重历史、保护生态的特点。

第二节　小城镇广场分类与设计原则

一、小城镇广场分类

城市广场的分类,一般可从广场的性质、广场的平面组合和广场的剖面形式三个方面来进行分类。

1. 按广场的性质划分

城市广场的性质取决于其在城市中的位置与环境、相关的主体建筑与主体标识物以及其功能等的性质，而现代城市广场越来越倾向于综合性的发展。因此，按性质分类也仅能以该广场的主要性质进行归类，一般可分为以下几类。

(1)市政广场。市场广场是小城镇广场的主要类型，其一般位于城镇中心位置，通常是政府、城市行政中心，用于政治、文化集会、庆典、游行、检阅、礼仪、传统民间节日活动。市政广场一般面积较大，以硬质铺装为主，便于大量人群活动，不宜过多布置娱乐性建筑及设施。如沈阳市政广场(图 4-1)、河北迁安市政广场(图 4-2)。

图 4-1　沈阳市政广场

图 4-2　河北迁安市政广场

(2)纪念广场。纪念广场是以纪念人物或事件为主要目的的广场。广场中心或侧面以纪念雕塑、纪念碑、纪念物或纪念性建筑作为标志物,主体标志物位于构图中心,其布局及形式应满足气氛及象征的要求。广场应远离商业区和娱乐区,宁静的环境气氛能突出严肃的纪念主题和深刻的文化内涵,增加纪念效果。建筑物、雕塑、竖向规划、绿化、水面、地面纹理应相互呼应,以加强整体的艺术表现力。纪念性广场要突出纪念主题,其空间与设施的主题、品格、环境配置等要与主题相协调,可以使用象征、标志、碑记、亭阁及馆堂等手段,强化其感染力和纪念意义,使其产生更大的社会效益。如广西陆川县纪念广场(图 4-3)、西藏和平解放纪念广场(图 4-4)。

图 4-3　广西陆川县纪念广场

图 4-4　西藏和平解放纪念广场

(3)交通广场。交通广场是交通的连接枢纽,起交通、集散、联系、过渡及停车作用,并有合理的交通组织。交通广场通常分为两类:一类是城市交通内外会合处,如汽车站、火车站前广场;另一类是城市干道交叉口处交通广场,即环岛交通广场。交通广场一般设在几条交通干道的交叉口上,主要为组织交通用,也可装饰街景。如大型体育场、游乐场、展览馆、影剧院、会堂、商场等公共建筑以及大型工厂、学校和机关门前、交通枢纽站场前,都需要设置交通广场。

这类广场的规划主要应组织好人流和车流的集散,尽量减少交叉干扰,保证交通畅通。广场应有足够的行车面积、停车面积和行人活动面积。交通广场应满足畅通无阻、联系方便的要求,有足够的面积及空间以满足车流、人流和安全的需要,可以从竖向空间布局上进行规划设计,以解决复杂的交通问题,分隔车流和人流。此外,交通广场同样需要安排好服务设施与广场景观,不能忽视休息与游憩空间的布置。图 4-5 为合肥交通广场。

图 4-5　合肥交通广场

(4)商业广场。商业广场主要是用于集市贸易和购物的广场,在商业中心区以室内外结合的方式把室内商场和露天、半露天市场结合在一起。商业广场大多采用步行街的布置方式，使商业活动区集中。

(5)休闲娱乐广场。休闲及娱乐广场是供人们休息、娱乐、交流、演出及举行各种娱乐活动的广场。广场通常选择人口较密集的地方，便于市民使用方便。广场的布局形式、空间结构灵活多样，面积可大可小。广场中宜布置台阶、坐凳等供人们休息，设置花坛、雕塑、喷泉、水池及城市小品供人们观赏。图 4-6 为设置座椅和花坛的休闲娱乐广场。

图 4-6　设置坐凳和花坛的休闲娱乐广场

休闲娱乐广场适用性广，使用频率高，虽然由于服务半径的不同，广场规模有差异，但都应具有欢乐、轻松的气氛，并以舒适方便为目的。图 4-7、图 4-8 分别为山西太原贵都世纪休闲娱乐广场、大连海韵广场示意图。

2. 按广场的平面组合划分

广场的形成有自发和规划两种形式，也受地形、观念、文化等多种影响，因而其平面组合表现为各种不同的形态，基本可分为单一和复合两大类型。

(1)单一形态广场。单一形态广场一般有规则形广场与不规则形广场两种。

图 4-7 山西太原贵都世纪休闲娱乐广场

图 4-8 大连海韵广场

1)规则形广场。规则形广场包括方形广场(正方形、长方形)、梯形广场、圆形广场(椭圆形、半圆形)等。规则形的广场,一般多是经过有意识的人为设计而建造的。广场的形状比较对称,有明显的纵横轴线,给人们一种整齐、庄重及理性的感觉。有些规则的几何形广场具有一定的方向性和引导性，利用纵横线强调主次关系和轴线的收尾来形成广场的方向性。也有一些广场通过重要建筑及构筑物的朝向来引导其方向。

图 4-9 为泰安天外村的"天圆地方"广场。"天圆地方"是"天人合一"之意，古帝王封禅大典即是在泰山极顶设圆坛以告天，然后在山下设方坛以祭地，以示"天圆地方"。

图 4-9　泰安天外村的"天圆地方"广场

2)不规则广场。不规则形广场，有些是由广场基地现状(如道路或水系的限定、地形高差变化等)、周围建筑布局、设计观念等方面的需要而形成的；也有少数是由岁月的历练自然形成的，是人们对生活不断的需求和行为活动的长期性演变发展而成的，广场的形态多按照建筑物的边界而确定。

(2)复合型广场。复合型广场是以数个单一形态的广场组合而成，这种空间序列组合方法是运用对比、重复、过渡、转折、衔接等一系列美学手法，把数个单一形态广场组织成为一个有序、变化、统一的整体，主要有有序的复合型广场与无序复合型广场两种。这种组织形式可以为人们提供更多的功能合理性、空间多样性、景观连续性和心理期待性。在复合广场一系列的空间组合中，应有多重空间的变化交错，如起伏、抑扬、转折等，设置节点并加以烘托和渲染，使节点空间在其他次要空间的衬托下，得以突出，使其成为控制全局的高潮，也使广场的个性更加鲜明。图 4-10 为某地复合型广场。

图 4-10　某地复合型广场

3. 按广场的剖面形式划分

按广场的剖面形式可划分为平面型广场与立体型广场两种。

(1)平面型广场。平面型的广场比较常见。这类广场在剖面上没有太多的变化，接近水平地面，并与城市的主要交通干道联系。其特点：交通组织方便快捷，造价低廉，技术含量低，缺乏层次感和特色景观环境。

(2)立体型广场。立体型广场是广场在垂直维度上的高差与城市道路网格之间所形成的立体空间。立体型广场的特点是给喧闹的城市提供了一个安静、围合并极具归属感的安全空间，点线面结合使空间层次更为丰富。立体式广场可分为上升式广场和下沉式广场。

1)上升式广场。将车行道放在较低层面上，将非机动车和人行道放在地下，实行人车分流。图 4-11 为上海的金玉兰上升广场，金玉兰广场喻义“金碧辉煌、玉兰生香”，拥有上海独一无二 3 665 m^2 的上升式广场，其主要突出以人为本的理念，由 20 m 宽的大台阶和两侧全天候自动扶梯上落，观涌泉、瀑布、绿化等，仿佛置身于繁华都市中的巴比伦空中花园。

图 4-11　上海金玉兰上升式广场

2)下沉式广场。下沉广场是小城镇休闲广场的一种设计手法,下沉式广场是孕育于主广场(休闲广场)中的子广场。因此,其母体——主广场应当是尺度很大,视野十分开阔的大广场,为了打破空间的空旷感和视觉的单一感,设计师巧妙运用垂直高差的手法分隔空间,以取得空间和视觉效果的变化。下沉式广场不宜设计成尽端式的孤立子空间,它应当与邻近地下空间串联融合,成为整个空间序列中的重要组成部分。图 4-12 为上海的绿郊下沉式广场。

4. 按广场空间结构划分

按广场空间结构划分为放射型、轴线型、自由线型、散点型和多元复合型五种。

(1)放射型。放射型是指广场整体空间采用以中心主体为核心,组织各次要、从属空间围绕其布置的一种组织方式。这种方式多用于基地长宽比较小的广场之中,这样的组织有助于突出广场的艺术主题和形象,对于形成广场统一、整体的形象是十分有益的。图 4-13 为北京西单文化广场。

图 4-12 上海绿郊下沉式广场

图 4-13 北京西单文化广场

放射状组织方式要注意主体空间中心的设计，这个中心应当有较好的形式感和构思，一般来说主体空间在体量上要居于广场的主导地位，可以采用上升或下降的方式对中心空间进行突出：四周次要空间的组织廊多元化，既要与中心相呼应，又要形成自己的特点，次要空间要以为中心服务为目的，并提供人们的活动以多样化的选择，使整个空间丰富而有层次感，广场的空间形象饱满。

(2)轴线型。轴线型广场是广场空间结构中较为常见的类型。广场处于城市实体环境的包围之中，与实体环境取得联系的最简便的方式就是轴线。广场的多层次、多元素的特点，也是轴线组织方式经常被使用的原因。轴线可以将多个不同的次空间组成一个有纵深的序列，使复杂多样的元素井然有序，如广场的平面形状比较复杂。

轴线的组织可以使人对广场的空间产生良好的方向感，而当长宽比较大时，轴线式的处理可以让广场整体分解成尺度适中的次空间。轴线组织的方式是多样化的，可以单轴线，也可以多轴线。如大连希望广场（图 4-14），其是一个没有清晰空间领域的广场。广场的基面为近似三角形的多边形，广场的北边和西边由街区建筑围合，南面的边界完全毫无限制地向公园敞开。希望广场与城市轴线相切，联系紧密。广场将轴线东部和轴线中部两个不同空间形态的区段分割又有机地联系起来。希望大厦的高度优势和广场面向公园以及远山的开朗实现，形成城市轴线中明显的视觉标注，空间的逗点。

图 4-14　希望广场

(3)自由线型。自由线型即广场的空间布局采用自由线状的形式。这种组织方式多用于一些长宽比较大的环境，可以使广场形成一组连续的景观，使广场形成连续多变。图 4-15 为某地自由线型广场。在进行这种方式的空间布局时线型联结之间的过渡、转折和起伏显得尤其重要，使空间有开有合，有主有次，使各个子空间形成个性特色，创造有变化的空间形态；其次也要使各种空间的主题相互呼应，前后衔接，以使得广场有一个统一的空间形象。

图 4-15 某地自由线型广场

(4)散点型。散点型是指广场的次空间以一种散点的方式布置，各空间之间的联系依照其具体的位置而定，这种布局方式多用于不规则的地块上，或地形的变化较大的环境中，不太强调广场的主体景观和空间，而较侧重于个体空间的塑造，子空间相互辉映，并以此形成整体性的艺术主题。

散点型的布局方式并非完全没有规则。首先，各个子空间位置的选择往往是依地形和周围环境而定的；其次，各子空间虽然不过分强调主题空间，但仍应当有简繁之分、大小之差、内外之别，以使广场空间有主有次，空间的气氛有层次感。另外，子空间虽然个性较强，有各自的空间立意，但整个广场依然有较完整的空间形象和主题。

(5)复合型。在实际的设计过程中，广场的空间结构往往呈现多元复合的形态。特别是对于面积较大的广场，往往是一种方式为主，兼顾其他组合方式。这种布局可以将面积较大的广场空间划分成尺度比较合宜的小空间，既保持整体空间的统一感，又不至于使空间由于尺度不当而缺乏吸引力。例如，重庆人民广场(图 4-16)、南京山西路广场(图 4-17)等。

图 4-16　重庆人民广场

图 4-17　南京山西路广场

二、小城镇广场设计原则

1. 系统性原则

小城镇广场设计应该根据周围环境特征、小城镇现状和总体规划的要求，确定其主要性质和规模，统一规划、统一布局，使多个小城镇广场相互配合，共同形成小城镇开放空间体系。对于位于小城镇空间核心区的广场设计时应注意以下问题。

(1)首先解决交通问题。

(2)从市中心空间体系的整体构思出发。

(3)将广场作为大的主空间处理，又组织若干次空间，使广场空间体系化、小型化、领域化、人情化。

(4)整个广场由几栋高层建筑限定和标志空间，使之聚而不散。

(5)各层次空间以建筑、树木围墙以及纪念物来分割和界定，形成封闭空间，给人以舒适、亲切和宜人的感觉。

2. 生态环境原则

城市广场建设应从设计的阶段通盘考虑，结合规划地的实际情况，从土地利用到绿地安排，都应当遵循生态规律，尽量减少对自然生态系统的干扰，或通过规划手段恢复、改善已经恶化的生态环境。

3. 适宜性原则

一个聚居地是否适宜，主要是指公共空间和当时的城市肌理是否与其居民的行为习惯相符，即是否与市民在行为空间和行为轨迹中活动和形式相符。个人对“适宜”的感觉就是“好用”，即是一种用起来得心应手、充分而适意。

小城镇广场使用时应充分体现对“人”的关怀，古典的广场一般没有绿地，以硬地或建筑为主；现代广场则出现大片的绿地，并通过巧妙的设施配置和交通，竖向组织，实现广场的“可达性”和“可留性”，强化广场作为公众中心“场所”精神。现代广场的规划设计以“人”为主体，体现“人性化”，其使用进一步贴近人的生活。因此，小城镇市广场的设置内容大致应该从以下方面着手。

(1)广场要有足够的铺装硬地供人活动，同时也应保证不少于广场面积25%比例的绿化地，为人们遮挡夏天烈日，丰富景观层次和色彩。

(2)广场中需有座凳、饮水器、公厕、电话亭、小售货亭等服务设施，而且还要有一些雕塑、小品、喷泉等充实内容，使广场更具有文化内涵和艺术感染力。只有做到设计新颖、布局合理、环境优美、功能齐全,才能充分满足广大居民大到高雅艺术欣赏、小到健身娱乐休闲的不同需要。

(3)广场交通流线组织要以城市规划为依据,处理好与周边的道路交通关系,保证行人安全。除交通广场外,其他广场一般限制机动车辆通行。

(4)广场的小品、绿化、物体等均应以"人"为中心,时时体现为"人"服务的宗旨,处处符合人体的尺度。如飞珠溅玉的瀑布、此起彼伏的喷泉、高低错落的绿化,让人呼吸到自然的气息,赏心悦目,神清气爽。

此外,根据地形特点和人类活动规律,结合其他设计原则,在小城镇的特殊节点上发展小型广场是今后小城镇广场发展的一个方向。这些小城镇广场可以成为社区级的或小区级的中心,从一定程度上可以缓解城市的交通量。

4. 城市空间的完整性

小城镇空间包括开放空间和封闭空间(建筑空间),城市空间的完整性需要通过城市建筑的安排来实现。开放空间及其体系是人们认识体验城市的主要窗口和领域。城市广场作为城市空间的重要部分,其设计应该充分考虑城市景观完整性,使城市空间呈现连续性、流动性、层次性和凝聚性。

5. 地方特色原则

小城镇广场的地方特色既包括地方社会特色,也包括其自然特色。

(1)小城镇广场应突出其地方社会特色,即人文特性和历史特性。小城镇广场建设应继承城市当地本身的历史文脉,适应地方风情民俗文化,突出地方建筑艺术特色,有利于开展地方特色的民间活动,避免千城一面、似曾相识之感,增强广场的凝聚力和城市旅游吸引力。如济南泉城广场,代表的是齐鲁文化,体现的是"山、泉、湖、河"的泉城特色。广东新会市冈州广场营造的是侨乡建筑文化的传统特色。西安的钟鼓楼广场,注重把握历史的文脉,整个广场以连接钟楼、鼓楼,衬托钟鼓楼为基本使命,并把广场与钟楼、鼓楼有机结合起来,具有鲜明的地方特色。

(2)小城镇广场还应突出其地方自然特色,即适应当地的地形地貌和气温气候等。城市广场应强化地理特征，尽量采用富有地方特色的建筑艺术手法和建筑材料，体现地方山水园林特色，以适应当地气候条件。如我国北方地方广场强调日照，南方广场则强调遮阳。一些专家倡导我国南方地区建设“大树广场”便是一个生动的例子。

6. 功能性原则

(1)要处理城市广场的规模尺度和空间形式，创造丰富的广场空间意象。

(2)要合理配置建筑，实现广场的使用功能。

(3)要有机组织交通，完善市政设施，综合解决城市广场内外的交通与配置。

此外，不同地段的小城镇广场具有的职能有主次之分，在充分体现其主要功能之外，应当尽可能地满足游人的娱乐休闲活动。人们的乐意逗留对商家来说则存在着无限的商机，城市地价也会因城市广场的布置发生变化。

7. 突出主题原则

围绕着主要功能，明确广场的主题，形成广场的特色和内聚力与外引力。因此，在小城镇广场规划设计中应力求突出小城镇广场在塑造城市形象、满足人们多层次的活动需要与改善城市环境的三大功能，并体现时代特征、城市特色和广场主题。

第三节 小城镇广场设计的空间构成

一、空间构成与形态要素

1. 空间构成的基本要素

基本要素是由抽象化的点、线、面、体所组成，在这些要素中，点是任何“形”的原生要素，一连串的点可以延伸为线，由线也可以展开为面，而面又可以聚合成体。所以，点、线、面、体在一定方式条件下是可以相互转化的。

(1)点。从概念上讲,点没有长度、宽度和深度,但大小却是有相对性的。在形态构成中,当一个基本形相对于周围环境的基本形较小时,它就可以看成是一个点(图 4-18)。一个点可以用来标志为如下。

图 4-18　广场"点"元素

1)一条线的两端;

2)两条线的交点;

3)面或体的角点;

4)一个范围的中心。

此外,点由于在视觉上感受不同,也会形成虚的点、线化的点和面化的点三种。

1)虚的点。虚的点是相对于实的点而言的,是指由于图形的反转关系而形成的点的感觉。

2)线化的点。线化的点是指点要素以线状的排列形式而形成的线的感觉。

3)面化的点。面化的点是指点要素在一定范围内排布而形成的面的感觉。

(2)线。从概念上讲,线有长度,但没有宽度和深度。然而,线的长度与宽度和深度的关系,也不是绝对的。在形态构成中,当任何基本形的长度与宽度和深度之比的悬殊较大时,就可以看成是线。因此,它们的比例关系具有相对性。线的形状有直线、折线、曲线之分(图 4-19)。线可以看成是点的轨迹、面的边界,以及体的转折。形态中的各种线要素除实线以外,由于视觉上的感受不同,又会形成虚线、面化的线和体化的线。

图 4-19　庆春广场的"线"元素

1)虚线。虚线是指图形之间所形成的线状间隙,由于图形的反转关系而形成的线的感觉。

2)面化的线,面化的线是指一定数量的线排列而形成的面的感觉。

3)体化的线。体化的线是指一定数量的线排列形成面并围合成体状所形成的体的感觉。

(3)面。从概念上讲,一个面有长度和宽度,但没有深度。在形态构成中,当体的深度较浅时,也可以把它看成是面。面的形状有直面和曲面两种。面是一个关键的基本要素,它可以看成是轨迹线的展开、围合体的界面。形态中的各种面要素除实面以外,由于视觉上的感受不同,又会形成虚面、线化的面和体化的面(图 4-20)。

1)虚面。虚面是相对于实面而言的,是指图形经过图纸的反转关系而形成的虚面的感觉。

2)线化的面。线化的面是指面的长度比值较为悬殊时形成了线的感觉。

图 4-20　广场的“面”要素

3)体化的面。体化的面是指由面围合或排列成体状就形成了体的感觉。

(4)体。从概念上讲,一个体有三个量度,即长度、宽度和深度。在形态构成中,体可以看成是点的角点、线的边界、面的界面共同组成的(图 4-21)。然而,在体的另一种基本类型曲面体中,角点、边界和界面并不存在。形态中各种体要素除实体、虚体以外,由于视觉上感受不同,又会形成点化的体、线化的体和面化的体。

图 4-21　广场“体”的元素

1)点化的体。点化的体是指体与周边环境相比较小时就形成了点的感觉。

2)线化的体。线化的体是指体的长细比较悬殊时就形成了线的感觉。

3)面化的体。面化的体是指体的形状较扁时就形成了面的感觉。

2. 广场的限定要素

限定要素是构成空间形态不可或缺的要素,主要指如何采用基本要素中的线、面要素来构成空间。限定要素主要包括水平要素、垂直要素和综合要素三种。

(1)水平要素。水平要素是相对于“背景”而言的,与具有对比性的背景呈水平状态的“平面”可以从背景中限定出一个空间范围。由于这个平面与背景的高度变化,从而产生出不同的空间限定感。水平要素包括了基面、基面下沉、基面抬起和顶面。

1)基面。基面也称为“底面”,这是一种与背景没有高度变化,基面与背景之间处于重合的状态,如图 4-22(a)所示。例如,中山广场平面为一个完整的圆形。圆形是最原始、最具有控制性的形状。其方向感在朝向外围时难以确认,具有鲜明的向心性,是创造空间围合性的最佳形态,如图 4-23 所示。因此,从基面形态来说,中山广场有着强烈的向心性和良好的围合感,这种空间有利于人的聚集和展示。同时,广场受城市轴线方向性的影响,产生了沿中山路和垂直中山路的东西、南北两条轴线。

2)基面下沉。基面是将基面下沉于背景以下,使基面与背景产生高度变化,利用下沉的垂直高度限定出一个空间范围,如图 4-22(b)所示。

3)基面抬起。基面抬起与基面下沉形式相反,但作用相似。它是将基面抬至背景以上,使基面与背景之间有了高度变化,沿着抬起的基面边界所建立的垂直高度,可以从视觉上感受到空间范围的明确和肯定,如图 4-22(c)所示。

4)顶面。顶面可看成是基面抬起方式的延伸,只不过限定的空间范围是处于顶面与背景之间。因此,这个空间范围的形式是由顶面的形状、大小以及与背景以上的高度所决定的,如图 4-22(d)所示。

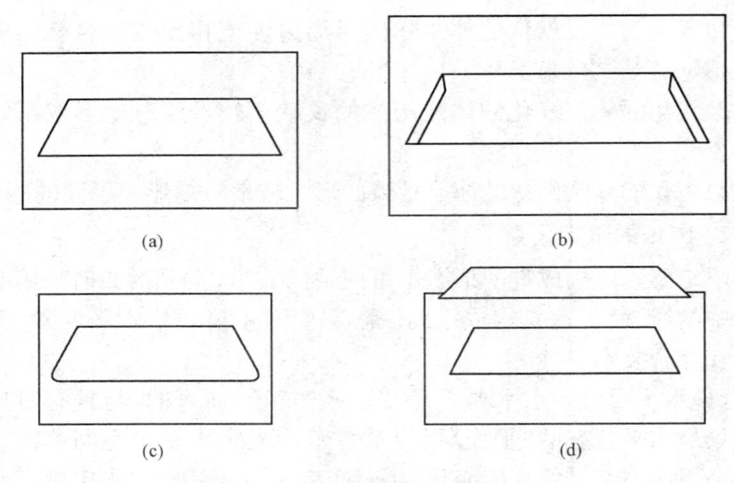

图 4-22 水平要素的几种方式

(a)基面;(b)基面下沉;(c)基面抬起;(d)顶面

图 4-23 中山广场基面形态

(2)垂直要素。垂直要素的限定作用是通过建立一个空间范围的垂直界限来实现的。与水平要素相比,垂直要素不仅造成了空间范围的内外有别,而且还给人提供了一种强烈的空间围合感。因此,垂直要素在限定空间方面明显强于水平要素。垂直要素主要包括垂直线、垂直面两种。

1)垂直线。垂直线因使用数量的不同,在空间限定方面的作用也随之不同。当1根垂直线位于一个空间的中心时,将使围绕它的空间明确化;而当它位于这个空间的非中心时,虽然该部位的空间感增强,但整体的空间感减弱。2根垂直线可以限定一个面,形成一个虚的空间界面。3根或更多的垂直线可以限定一个空间范围的角,构成一个由虚面围合而成的通透空间。垂直线数量对空间限定的影响,如图4-24所示。

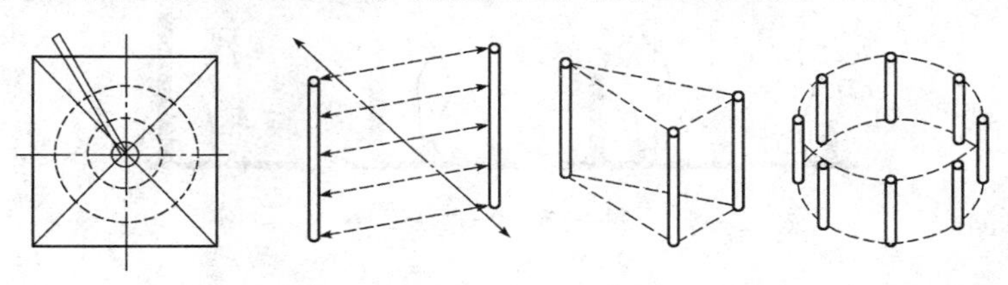

图4-24　垂直线数量对空间限定的影响

2)垂直面。垂直面有单一垂直面、平行垂直面、L形垂直面、U形垂直面、口形垂直面五种,见表4-1。

表4-1　垂直面种类

序号	项目	说　明
1	单一垂直面	当单一垂直面直立于空间中时,就产生了一个垂直面的两个表面。这两个表面可明确地表达出其所面临的空间,形成两个空间的界面,但却不能完全限定其所面临的空间(图4-25)
2	平行垂直面	一组互为平行的垂直面则可以限定它们之间的空间范围。这个空间敞开的两端,是由平行垂直面的边界所形成的,给空间造成强烈的方向感。方向感的方位是沿着这两个平行垂直面的对称轴线向两端延伸(图4-26)
3	L形垂直面	由L形垂直面的转角处限定出一个沿着对角线向外延伸的空间范围。这个空间范围在转角处得到明确界定,而当从转角处向外运动时,空间范围感逐渐减弱,并于开敞处迅速消失(图4-27)
4	U形垂直面	由三个垂直面围合组合而成,它可以限定出一个空间范围。该空间范围内含有一个焦点,即中心。这一焦点的基本方位是朝着敞开的端部(图4-28)

续表

序号	项目	说　明
5	口形垂直面	由四个垂直面围合而成，界定出一个明确而完整的空间范围。同时，也使内部空间与外部空间互为分离开来。这是最典型的建筑空间限定方式，也是限定作用最强的方式（图 4-29）

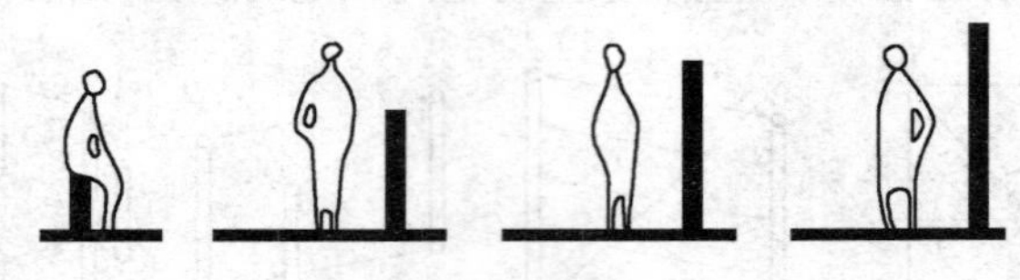

图 4-25　单一垂直面

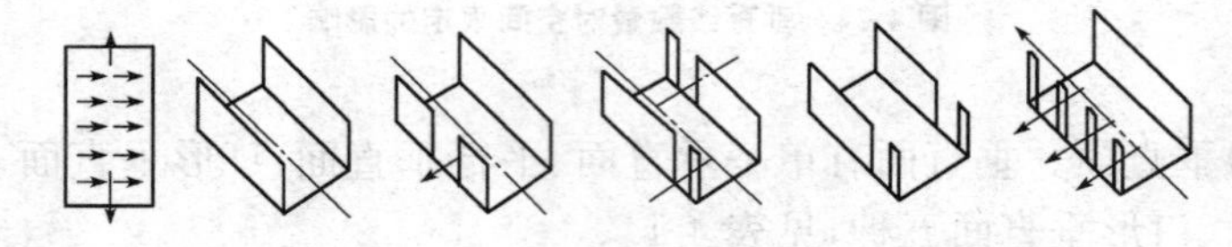

图 4-26　平行垂直面

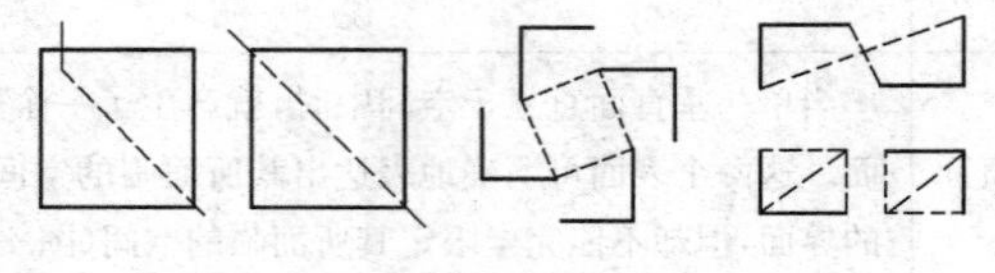

图 4-27　L 形垂直面

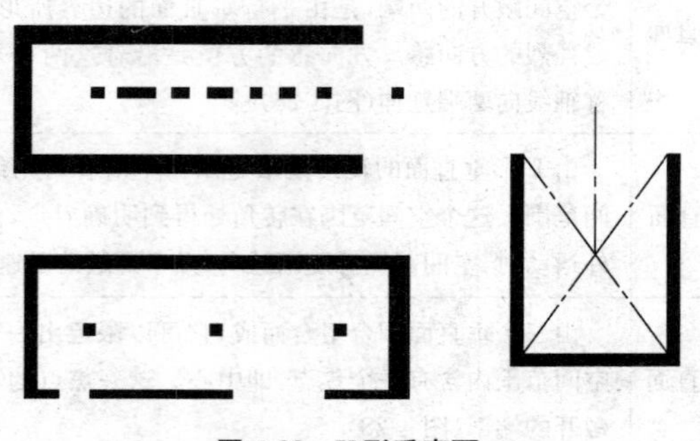

图 4-28　U 形垂直面

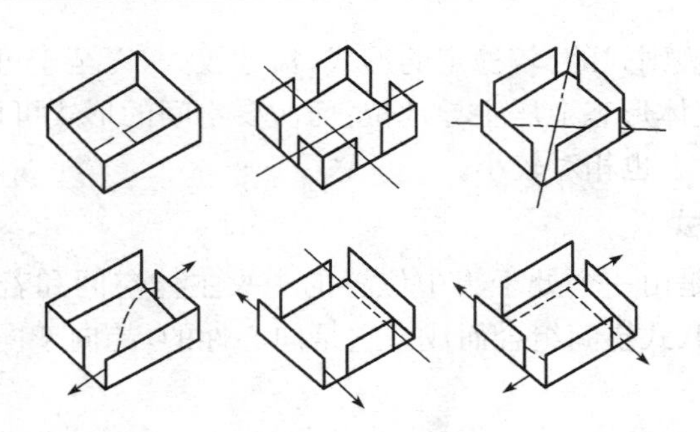

图 4-29　口形垂直面

(3)综合要素。由于空间是一个整体,在大多数情况下,空间都是通过水平要素和垂直要素的综合运用,相互组合来构成的。通过水平要素底面、基面下沉、基面抬起、顶面及垂直要素的单一垂直面、平行垂直面、L 形垂直面、U 形垂直面、口形垂直面相互配合来形成的。虽然通过部分水平要素或各种垂直要素可以形成外部空间,通过部分水平要素可以形成“灰空间”,但要生成“内部空间”,则要依赖于综合要素,即水平要素和垂直要素的综合构成。

二、空间构成的形态结构

1. 连接式

连接式是指两个互为分离的空间单元,可由第三个中介空间来连接。在这种彼此建立的空间关系中,中介空间的特征起到决定性的作用;中介空间在形状和尺寸上可以与它连接的两个空间单元相同或不同。当中介空间的形状和尺寸与它所连接的空间完全一致时,就构成了重复的空间系列;当中介空间的形状和尺寸小于它所连接的空间时,强调的是自身的联系作用;当中介空间的形状和尺寸大于它所连接的空间时,则成为整个空间体系的主体性空间。

2. 集中式

集中式是指等某一空间上升为中心主体空间,并组织起周围一定数量的次要空间时,便构成为一种集中式的空间组合关系。中心主体空间一般是规则式的、较稳定的形式，尺寸较大，以至于可以统率次要空间，并在整体形态上居主导地位；而次要空间的形式可以相同，也可以不同，尺寸上也相对较小。

3. 放射式

放射式是由一个处于集中位置的中央主体空间和若干个向外发散开来的串联式空间组合而成。它是向心性的，趋向于向中央主体空间聚集。

4. 交叉式

交叉式是指两个空间单元的一部分区域交叉，将形成为原有空间的一部分或新的空间形式。空间单元的形状和完整程度则因交叉部位而发生变化。当交叉部位为两个空间共享时，空间单元的形状和完整程度保持不变；当交叉部位与其中一空间合并，成为其一部分时，就使另一空间单元的形状不完整，降为次要的和从属的地位；当交叉部分自成为一个新的空间时，就成为两空间的连接空间，则两个空间单元的形状和完整性发生改变。

5. 包容式

包容式是指一大的空间单元完全包容另一小的空间单元。在这种空间关系中，大尺寸与小尺寸的差异显得尤为重要，因为差异越大包容感越强，反之包容感则越弱。当大空间与小空间的形状相同而方位相异时，小空间具有较大的吸引力，大空间中因产生了第二网格，留下了富有动态感的剩余空间；当大空间与小空间的形状不同时则会产生两者的强烈对比。

三、小城镇广场构成

按照城市广场空间的区域划分模式，小城镇广场空间包括广场的界面与底面及空间中的构筑物。这三种元素在空间造型上不可分离。

1. 底面

底面是广场空间造型的基础性元素，同时也是空间构成的基石。缺少了底面，广场的界面将无法定义。在传统的小城镇造型中，广场的底面一般就是地面，随着空间的立体化，地面的概念逐步复杂，广场的底面可以是地下车库、地下商业街、地下通道以及其他地下设施的屋顶，也可以是高出普通地面的建筑的屋顶，还可以以下沉空间的模式出现。不论以何种形式出现，底面都应是结实、平整，具有可步行性的，能满足人们进行各种活动的要求。

2. 界面

空间界面是围合广场空间的要素，又是广场的边界。从物质要素来看可分为硬质边界——建筑物和软质边界——非建筑物，前者对广场起强限定作用，而后者起弱限定作用。

硬质边界通常包含了建筑的立面或者整个建筑实体。通常而言，由于建筑之间的差异，界面的构成往往差异较大，这种差异赋予空间完全不同的特性，高或低、封闭或者通透、完全开放、均质、平坦等。

3. 构筑物

广场中的构筑物主要由主体标志物与非主体标志物两大功能主体构成。

(1)主体标志物。主体标志物包括建筑物、纪念碑、雕塑、水景以及绿景等。

(2)非主体标志物。非主体标志物包括广场中的各种辅助设施及环境小品，包括座凳、路灯、花坛等。

广场中的构筑物散布于广场空间内，可以限定人的活动区域，从而起到组织活动的作用，还可以将完整的广场划分成不同的活动区域，使广场的空间尺度显得更加宜人。构筑物的空间效果不仅取决于自身的特点，还与广场的底面和界面有关。

四、小城镇广场的空间围合

从严格意义上来说，广场的围合应该是上、下、左、右及前、后六个方向界面之间的关系。在本节中主要讨论在二维层面上。在广场围合程度方面，一般来说，广场围合程度越高，就越易成为“图形”，中世纪的城市广场大都具有“图形”的特征。但围合并不等于封闭，在现代城市广场设计中，考虑到市民使用和视觉观赏，以及广场本身的二次空间组织变化，必然还需要一定的开放性，因此，现代广场规划设计掌握这个“度”就显得十分重要。广场围合主要有四面围合的广场、三面围合的广场、两面围合的广场、一面围合的广场四类。

1. 四面围合的广场

四面围合的广场封闭性极强，尤其是规模较小时，更具有强烈的内聚力、向心性。广场的空间围合感较强，有明确的空间范围界定，在心理上给人以安全感和稳定感，是人愿意停留和观赏的场所。

2. 三面围合广场

三面围合广场围合感也较强，虽不如四面围合的广场，但也具有一定的方向性和向心性。图 4-30 为正门入口三面围合的徐州高铁站广场。

图 4-30　三面围合的徐州高铁站广场

3. 两面围合的广场

两面围合的广场空间限定较弱，常位于大型建筑之间或道路转角处，空间有一定的流动性，可起到城市空间的延伸和枢纽作用。

4. 一面围合的广场

一面围合的广场空间封闭性很差，规模较大时可以考虑组织二次空间，如局部上升或下沉。

总之，四面和三面围合是最传统的、也是最多见的广场布局形式。值得指出的是，两面围合广场可以配合现代城市里的建筑设置，同时，还可借助于周边环境乃至远处的景观要素，有效地扩大广场在城市空间中的延伸感和枢纽作用。

五、小城镇广场的尺度与界面高度

尺度是人与物体相关时的相互比例关系，也是人主观经验的对比和心理的度量。在外部空间设计中，引入距离和尺度这一度量标准，可以让人在对外部空间中的实体大小的比较中获得良好的感受。

小城镇广场空间如同建筑空间一样，可能是封闭的独立性空间，也可能是与其他空间相联系的空间群。人们在活动时，人眼是按照能吸引人们的物体活动的。当视线向前时，人们的标准视线决定了人们感受的封闭程度（空间感），这种封闭感在很大程度上取决于人们的视野距离和与建筑等界面高度的关系。

（1）人与物体的距离在 25 m 左右时能产生亲切感，这时可以辨认出建筑细部和人脸的细部，墙面上粗岩面质感消失，这是古典街道的常见尺度。

（2）宏伟的街道和广场空间的最大距离不超过 140 m。当超过 140 m 时，墙上的沟槽线角消失，透视感变得接近立面。这时巨大的广场和植有树木的狭长空间可以作为一个纪念性建筑的前景。

（3）人与物体的距离超过 1 200 m 时就看不到具体形象了。这时所看到的景物脱离人的尺度，仅保留一定的轮廓线。

此外，当广场尺度一定（人的站点与界面距离一定时），广场界面的高度影响广场的围合感。

（1）当围合界面高度等于人与建筑物的距离时（1∶1），水平视线与檐口夹角为 45°，这时可以产生良好的封闭感。

（2）当建筑（注：指界面）立面高度等于人与建筑物距离的 1/2 时（1∶2），水平视线与檐口夹角为 30°，是创造封闭性空间的极限。

（3）当建筑立面高度等于人与建筑物距离的 1/3 时（1∶3），水平视线与檐口夹角为 18°，这时高于围合界面的后侧建筑成为组织空间的一部分。

(4)当建筑立面高度为人与建筑距离的1/4时(1∶4),水平视线与檐口夹角为14°,这时空间的围合感消失,空间周围的建筑立面如同平面的边缘,起不到围合作用。

实际上,空间的封闭感还与围合界面的连续性有关。从整体看,广场周围的建筑立面应该从属于广场空间,如果垂直墙面之间有太多的开口,或立面的剧烈变化或檐口线的突变等,都会减弱外部空间的封闭感。当然,有些城市空间只能设计成部分封闭,如大街一侧的凹入部分等。在古典范畴,由于建筑受法式的限定,尽管设计人不同,但构成广场建筑的风格仍相对稳定。引入城市的丘陵绿地是另一种类型的城市空间。它们的空间尺度与广场空间不同,其尺度是由树木、灌木以及地面材料所决定的,而不是由长和宽等几何性指标所限定,其外观是自然赋予的特性,具有与建筑物相互补充的作用。

良好的广场空间不仅要求周围建筑具有合适的高度和连续性,而且要求所围合的地面具有合适的水平尺度。如果广场占地面积过大,与周围建筑的界面缺乏关联时,就不能形成有形的空间体。许多失败的城市广场都是由于地面太大,周围建筑高度过小,从而造成墙界面与地面的分离,难以形成封闭的空间。事实上,当广场尺度超过某一限度时,广场越大给人的印象越模糊,缺乏作为一个露天房间的性质。

除了上述条件外,空间体的高宽比和建筑特征也可以给人留下深刻的印象。

六、广场的几何形态与开口

广场形态往往具有比室内空间形态更大的自由。在城市空间,由于四周界面距离较远,加之檐口与线脚的断开,因此,很难感觉出空间的具体形状和细微差别。实际上,在比较庄严的场所,往往强调按直角关系布置建筑物,形成纪念性的矩形空间。在经过长期历史阶段形成的广场,有时会产生锐角或钝角交接的不规则空间,这里相邻建筑的墙面倾向于形成统一的整体,以使不平行界面可以产生较强的透视效果。当广场为锐角时,广场一侧的透视面会封闭视线,使广场产生封闭性。

古典的城市广场四周往往被精美的建筑所环绕，按日本学者芦原义信的提法，四角封闭的广场可以形成阴角空间，有助于形成安静的气氛和创造“积极空间”。

广场与道路的交点往往形成广场的开口，开口位置及处理对广场空间气氛有很大影响。

(1)矩形广场与中央开口(阴角空间)。四角封闭的广场一般在广场中心线上有开口，这种处理对设计广场四周的建筑具有限制，一般要求围合建筑物的形式应大体相似，而且常常在中心线的焦点处(即广场中央)安排雕像作为道路的对景。这种形态可称之为向心型。

当广场的开口减到三个时，其中一条道路以建筑物为底景，另一条道路穿越广场，往往将主体建筑置于一条道路的底景部位，广场中央的雕像可以以主体建筑为背景，地面铺装可以划分成动区和静区，这种设计手法为轴线对称型。

(2)矩形广场与两侧开口。在现代城市中，格网型的道路网容易形成矩形街区或四角敞开的广场。这种广场的特点是道路产生的缺口将周围的四个界面分开，打破了空间的围合感。此外，贯穿四周的道路还将广场的底界面与四周墙面分开，使广场成为一个中央岛。

为弥补这一缺陷，建议将四条道路设计为相互平行的两行，并使与道路平行的建筑在两侧突出，突出部分与另两幢建筑产生关联，从而产生较小的内角空间，有益于形成广场的封闭感。

为防止贯穿的开口，另一种办法是将相对应的开口呈折线布置，这样，当行人由街道开口进入广场，往往以建筑墙体作为流线的对景，有益于产生相对封闭的空间效果。

(3)隐蔽性开口与渗透性界面。从平面上观察，这类广场与道路的交汇点往往设计得十分隐蔽，开口部分或布置在拱廊之下，或被拱廊式立面所掩盖，只有实地体验方能觉得入口部分的巧妙。

一般情况下，人们不喜欢完全与外界隔绝的广场空间，而希望广场与外部的热闹景色相联系。这时为了保证广场空间的相对闭合性，又满足空间渗透的要求，往往通过拱廊、柱廊的处理来达到既保证围合界面的连续性，又保证空间的通透性。

七、广场的序列空间

在广场设计中，设计师不能仅仅局限于孤立的广场空间，应对广场周围的空间做通盘考虑，以形成有机的空间序列，从而加强广场的作用与吸引力，并以此衬托与突出广场。

广场空间总是与周围其他小空间、道路、小巷、庭院等相连接的，这些小空间、道路、小巷、庭院等是广场空间的延伸与连续，并连接着其他广场。这些空间与广场空间同样重要，并互为衬托。

广场的序列空间可划分为前导、发展、高潮、结尾几个部分，人们在这种序列空间中可以感受到空间的变幻、收放、对比、延续、烘托等乐趣。如合肥市中心区开放空间群，正是有效组织空间序列的成功案例。首先东西走向的淮河路步行街西端接人民广场，人民广场西侧南北向的花园街，淮河路步行街垂直向北接逍遥津公园主入口、寿春路（城市干道），花园街垂直向南接省政府主入口、长江中路（城市干道）。这样的区域性空间群，再加上带状、块状空间对比，便形成了以两条平行的城市主要交通干道（长江路与寿春路）互为起点（前导）和终点（结尾），以花园街和淮河路步行街为发展，以中部人民广场为高潮的空间序列。

第四节　小城镇广场设计空间组织与文化

一、小城镇广场空间组织

广场的空间组织必须按广场的各项具体功能进行安排，人在广场中的活动是多样化的，这也要求广场的功能也是多样化的，因而导致了广场空间的多样化。广场空间总是与周围其他小空间、建筑、庭院灯相连接的，它们都可以看作是广场空间的延伸与连续，并连接着其他广场，这些空间与广场空间同样重要，它们互相衬托、互相联系为一个整体。同时，有活力的小城镇广场空间还有空间的连续性。因为广场景观不应是一种静态的情景，而是一种空间意识的连续感。这也需要在小城镇广场设计中，使得建筑道路空间和广场空间相联系。因此，在广场设计中，不能仅仅局限在孤立的广场空间，应形成有机的空间序列，从而加强广场的作用与吸引力。

小城镇广场在进行空间组织时应注意以下两个要点。

1. 整体性

(1)广场的空间要与小城镇大环境新旧协调、整体优化，特别是在旧建筑群中，创造的新空间环境，它与大环境的关系不应是破坏，整体统一是空间创造时必须考虑的因素之一。

(2)广场的空间环境本身，也应该是格局清晰，造型变化却又严谨，整体必须要有序，要善于运用均衡、韵律、比例、尺度、对比等基本构图规律，处理空间环境。

2. 层次性

小城镇的广场多为居民提供集会活动及休闲娱乐场所的综合型广场，尤其应注重空间的人性特征，空间的组织结构必须满足多元化的需要，包括共性、半公共性、私密性、半私密性的要求。

此外，小城镇广场空间的组织还要重视实体要素的具体设计手法，因为实体要素能更直接地作用于人的感官，如硬质铺地、水景、植物绿化、环境小品等。

二、小城镇广场文化

广场作为小城镇开放空间的重要组成部分，更应该体现其特色，体现其文化内涵，一个没有特色的广场必定是没有文化内涵的广场。现今很多广场之所以出现千场一面、个性不突出的弊端，就是因为在城市广场设计时没有突出城市广场的文化性。城市广场的文化氛围是需要人为地创造和丰富的，要使广场富有文化品位，在设计中，应遵循以下原则。

1. 融入文化内涵

将时代特征、城市和广场所处地段的文化特征加以提炼、创新，融入到广场之中，并把广场纳入到整个城市的文化和生活系统之中成为人们生活必不可少的一部分。注重文化内涵的城市广场设计在我国也有很多成功的例子。例如，西安钟鼓楼广场的设计，首先突出了两座古楼的形象，保持它们的通视效果，采用了下沉式广场、下沉式商业街、传统商业建筑、地下商城等多元化空间设计，创造了一具具有个性的场所，增加了钟鼓楼作为“城市客厅”的吸引力和包容性。同时，为了解决交通组织上的人、车分流问题，以钟鼓楼广场为中心，南连南大街、书院门、碑林，北至壮院门化觉寺、清真寺，组成一个步行系统，使钟鼓楼广场成为这一西安古都文化带的枢纽。并且，钟鼓楼广场在设计元素上采用有隐喻中国传统文化的多项设计，使在广场上交往的人们可以享受到传统文化的气息，创造了一个完整的、富有历史文化内涵，又面向未来城市的文化广场。

又如，上海图书馆主要入口的文化广场，由于设计师在建筑平面设计时做了台阶式后退 50 m 以上，使得这个文化广场形成了一个小型城市广场的规模，设计师在反映其文化内涵的广场环境设计中，做了一个以“知识”为主题的，供雕塑家、艺术家构思创作的具象或抽象雕塑空间。广场中柱子腾空而立，在偏西北方向的广场中可增加光与影的变化，富有文化知识意义的雕塑各具形态，铺地新颖别致，几步宽阔的台阶将坡道与人行道分隔开，步入广场会感到和谐、素雅的文化氛围，即使不到图书馆内也可以来知识广场欣赏雕塑，用自己的理解去诠解雕塑的形象的含义。

2. 突出文化特色

文化特色使市民产生认同感、亲切感和归属感。突出文化特色，即是结合时代特征，将城市地段文化、自然地理等条件中富有特色的部分加以提炼，并结合创新，物化到广场中去。赋予广场以鲜明的特色和个性。

3. 提高文化品位

即是在雅俗共赏的基础上，适度地偏向高雅或先进性文化，或是对某些通俗文化进行适度提高与创新，使身处广场的大众能感受到不断受益，情操得到陶冶，身心素质得到提高。

4. 整合文化关联

整合文化关联就是要对建于不同时代，具有不同功能和形式，位于不同位置的广场及周围环境所体现的各种文化品位加以整合，使之相互关联，成为一个有机整体。此外，在立足于地域、民族文化基础之上，积极批判地吸收外来文化，古为今用，洋为中用，有所发展。

总的说来，一个好的广场空间，不仅要满足人们对身体感官的需求，还要注重使用者的心理感受，并使之得到思想上的升华。因此应当深入研究城市的历史，充分利用自然特征，创造属于城市自己的广场空间。

第五章　小城镇广场的园林景观设计

第一节　小城镇广场绿地规划设计

一、小城镇广场景观设施的构成

城市广场景观设施的设置应与广场功能及周边环境相结合，在满足使用的同时塑造鲜明的广场形象。广场景观设施可分为硬质景观和软质景观，包括公共艺术品、水景、绿化、照明、铺装等。

1. 公共艺术品

公共艺术品包括雕塑、壁饰等，具有纪念性、主题性、标志性、游乐性、观赏性等功能。公共艺术品的设置应与整体环境协调，在强调具有时代感和个性的同时，公共艺术品的周边应留出观赏的空间，并考虑观赏的舒适距离。

2. 建筑小品设计

建筑小品泛指花坛、廊架、座椅、街灯、时钟、垃圾筒、指示牌等种类繁多的小建筑。一方面为人们提供识别、依靠、洁净等物质功能；另一方面具有点缀、烘托、活跃环境气氛的精神功能。如处理得当，可起到画龙点睛和点题入境的作用。

3. 水景

水景包括喷泉、瀑布、水池等，适用于集会功能不强的广场。可通过对水的动静、起落等处理手段活跃空间气氛，增加空间的连贯性和趣味性。设置水景时考虑安全，应有防止儿童、盲人跌落的装置，周围地面应考虑排水、防滑要求。

4. 绿化

绿化主要包括树木、草坪、花坛等内容，是广场景观形象的重要组成部分，通过不同的配置方法和裁剪整型，能营造出不同的环境氛围。在当地气候条件下，广场中宜栽植适量的高大乔木和多植草坪。

5. 铺装

铺装面可以用不同颜色和不同风格的材料铺成图案，应具有耐损、防滑、防尘、排水、易于管理的性能，并以其导向性和装饰性的地面景观服务于广场环境，广场的不同空间可用不同的铺装材料、造型和色彩加以区别。

二、广场绿地规划设计原则

(1)广场绿地布局应与城市广场总体布局统一，成为广场的有机组成部分，更好地发挥其主要功能，符合其主要性质要求。

(2)广场绿地的功能与广场内各功能区相一致，更好地配合加强该区功能的实现。

(3)广场绿地规划应具有清晰的空间层次，独立形成或配合广场周边建筑、地形等形成良好、多元、优美的广场空间体系。

(4)应考虑到与该城市绿化总体风格协调一致，结合地理区位特征，物种选择应符合植物区系规律，突出地方特色。

(5)结合城市广场环境和广场的竖向特点，以提高环境质量和改善小气候为目的，协调好风向、交通、人流等诸多元素。

(6)对城市广场场址上的原有大树应加强保护，保留原有大树有利于广场景观的形成，并有利于体现对自然、历史的尊重，还有利于对广场场所感的认同。

三、城市广场绿地规划设计的程序

1. 计划设计前准备工作

(1)明确设计内容。一般情况下，《规划设计任务书》中会明确基地的基本情况、各种指标、设计要求、项目性质、成果要求等。

(2)收集资料。

1)地形图或总平图。地形图或总平图包括规划设计范围(红线范围、坐标数字)，规划范围内的地形、标高及现状物(建筑物、构筑物、山石、水体、道路、水井等)的位置(保留利用、改造与拆除的分别表示),四周环境情况(主要单位,居住区的名称、范围、出入口的位置、主要道路的走向、位置以及交通量大小与该地区今后发展情况等)。

2)局部放大图。局部放大图是规划设计范围内需要精细设计的部分。例如,这部分本身虽无价值,但其附近环境或建筑重要文物古迹,要求临近的部分清幽秀丽,或是附近环境景物绮丽,可以成为这部分的借景,而需要把这个局部精心设计。

3)建筑物平面图、立面图。平面图上要注明室内外标高;立面图要有建筑物尺寸、颜色等。

4)现状树木位置图。标明保留树木的位置,并应注明树木品种、规格、生长状况及观赏价值等。有较高观赏价值的树木最好附有彩色照片。

5)地下管线图。包括上水、化粪池、电力等管线的位置及井位等,除平面图外,还要有剖面图,并注明管径大小、管径标高、坡度等。

6)水文、地质、气象资料。需要掌握地下水位高度,有无包含特殊元素,土壤类别、表土厚度、老土深度,年降雨量、集中的时间、最小雨量时间,年最高、最低温度分布时间,年最高、最低湿度分布时间,年、季风风向,最大风力、风速分布以及冰冻线深度等。

(3)现场勘探。主要核对、补充所收集的图纸资料。如现状建筑、树木等情况,水文、地质、地形地貌等自然条件。最好将地形地貌、主要建筑物、主要树木等拍一些照片。了解当地历史、文化、习俗、市民习惯等。

(4)拟定出图步骤。将收集到的资料整理后,经过反复的思考、分析、研究,定出规划设计原则,列出准备画的图纸名称。

2. 规划设计方案

在综合、分析、研究资料后,提出全面的规划设计原则及规划草图,供汇报研究。然后做好下列工作。

(1)规划设计原则。主要包括规划设计要达到的目的,如何达到、可能性以及设计内容、空间划分、主要树种确定等。

(2)现状分析。根据分析后的现状资料,归纳整理,分成若干空间，用圆圈或抽象图将其粗略地表示出来。现状分析有助于设计者清理各类现状条件。

(3)功能分区图。根据规划设计原则、现状分析图，确定这个设计分为几个空间，每个空间的位置与功能，应该尽量使不同的空间反映不同的功能，以及各区域间的变化与联系，使之形成一个统一体。另外，通过这张图，可检查各区域内部设计因素间的关系。

(4)竖向规划图。根据规划设计原则、功能分区图，确定需要分隔、遮挡的地方以及需要通透或开敞的地方。

(5)树木规划图。根据规划设计原则、功能分区图，再根据苗木来源等，确定基调树种以及侧重树种，包括乔树、灌木、花草等。另外，还要确定不同地点种植方式，哪些地方种植树丛、孤立的树，哪些地方种植花、草，并应确定透视线的位置。

四、小城镇广场种植设计

1. 小城镇广场树种选择

小城镇广场树种选择要适应当地土壤与环境条件，掌握选树种的原则、要求，因地制宜，才能达到合理、最佳的绿化效果。

小城镇广场树种选择原则如下。

(1)冠幅大、枝叶密。夏季形成大片绿荫，游客可在大树下乘凉，如图5-1所示。

(2)耐瘠薄土壤树种。因为城市广场树体营养面积很少，补充有限，选耐瘠薄土壤树种尤为重要。

(3)具深根性树种。树木根深叶茂才不会因践踏造成表面根系破坏而影响正常生长，并能抵御撞击。而浅根性树种，根系会拱破路石或场面，不适宜铺装。

(4)耐修剪。广场树木的枝条要求有一定高度的分枝点(一般2.5 m左右)，每年要修剪侧枝，树种需有很强的萌芽能力，修剪后能很快发出新枝。

(5)抗病虫害与污染。病虫害多的树种不仅管理上投资大，费工多，而且落下的枝、叶，虫体和虫体排出的粪便及喷洒的各种灭虫剂

图 5-1　冠幅大枝叶密树

等，都会污染环境，影响卫生。因此，要选择能抗病虫害，且易控制其发展和有特效药防治的树种。

(6)落果少或无飞毛。经常落果或飞毛絮的树种，容易污染行人的衣物，尤其污染空气环境。所以，应选择一些落果少、无飞毛的树种。

(7)发芽早落叶晚。选择发芽早、落叶晚的阔叶树，其绿化效果长。

(8)寿命长的树种。树种的寿命长短影响到城市的绿化效果和管理工作。寿命短的树种(30～40 年)，会出现发芽晚、落叶早和焦梢等衰老现象，必须选择寿命长的树种。

2. 广场树种选择调查研究

(1)调查研究本地区自然分布的树种，从而可以估计选择树种的范围。

(2)了解在本地区以外边缘地带生长的树种或者与本地区自然条件相似的其他国家、其他地区生长的树种，以便引种。

(3)整理和鉴定本地区的杂交种。

(4)观察城市内已经生长的树种情况。

3. 植物设计

在广场空间处理上，绿化可以使空间具有尺度感和空间感，反衬出建筑的体量及其在空间的位置。树木本身具有表示方位、引导和遮阳的作用。

树木本身的形状和色彩也是制造城市广场空间的一种景观元素。对树木进行适当的修剪，利用纯几何形或自然形作为点景景观元素，既可以体现其阴柔之美，又可以保持树丛的整体秩序；树木四季色彩的变化，给城市广场带来不同的面貌和气氛；再结合观叶、观花、观景的不同树种及观赏期的巧妙组合，就可以用色彩谱写出生动和谐的都市交响曲。

在广场绿化的设计手法上，一方面，在广场与道路的相邻处利用树木、灌木或花坛起分隔作用，减少噪声、交通对人们的干扰，保持空间的完整性；另一方面，可以利用绿化对广场空间进行划分，形成不同功能的活动空间，满足人们的需要。同时，由于我国地域辽阔，气候差异大，不同的气候特点对人们的日常生活产生很大影响，造就了特定的城市环境形象和品质。因此，广场中的绿化布置应因地制宜，根据各地的气候、气象、土壤等不同情况采用不同的设计手法。

例如，在天气炎热、太阳辐射强的南方，广场应多种能够遮阳的乔木，辅以其他观赏树种。一方面，可以利用大片草坪来铺装，适当点缀其他绿化；另一方面，则可以利用高低不同、形状各异的绿化植物构成各种各样的景观，使广场环境的空间层次更为丰富。

另外，还可以利用绿化本身的内涵，既起陪衬、烘托主题的作用，又可以成为空间的主体，控制整个空间。

4. 种植设计的原则

（1）种植设计的功能性原则。作为景观生态综合体的城市环境，首先考虑的是其生态原则。尽可能多地运用复层混交植物群落提高单位面积的绿量，使之最大限度地改善环境，发挥生态效益。

（2）种植设计的文化性原则。在绿化树种选择上应遵循长生树种（百年以上树龄物种）与速生树种结合的原则，既可在近期达到一定的景观要求，又可以随着时间的延续逐渐形成自身的植物景观特色与历史文化积淀。

(3)植物景观动态美学原则。植物种植设计的动态美学即设计要达到四季常青、四时花香,充分展示植物的个体美,同时也表现植物群体美,着意体现广场自然环境。

(4)植物品种培育的新科技成果运用原则。根据生境条件的适宜性,选用国内外育种成功的新优品种,丰富植被景观,展示自然植物的生物多样性。

5. 植物种植设计的内容

植物种植设计在整个环境规划设计当中处于极其重要的地位,是整个环境设计的核心。广场环境的植物种植设计一方面要达到植物生长与环境和谐的要求,以及植物群落的丰富性等特点;另一方面则要提供特殊的阻隔、除尘、遮阴等防护性功能,并与流水、置石、台地、雕塑、小品、道路等空间造景元素在时空中进行良好协调,达到植物生态习性、景观审美追求和整体空间意境的完美结合。设计中运用的植物种植群落应具有以下层次结构。

(1)上层大乔木应以落叶阔叶树为主(最好达到60%以上),形成上层界面空间,以保证夏季的浓荫与冬季充足的阳光。

(2)中层乔灌木应以常绿阔叶树种为主,同时结合观花、叶、果、杆及芳香物种,形成主要植物景观感受界面空间。

(3)下层是耐荫的低矮灌木、地被及缀花草地。

从植物群落的空间围合形态上,应注重人在不同空间场所中的心理体验与感受的变化,从林窗、密林小径、林中空地、疏林草地到缓坡草坪,形成疏密、明暗、动静的对比,并充分利用自然力,如:光、影、风、雾等因素,在富有生命的自然中创造出具有生命活力的多元化感悟空间。

6. 绿地种植设计形式

(1)排列式种植。属于整形式,用于长条地带,作为隔离、遮挡或作背景。

(2)集团式种植。也是一种整形式,为避免成排种植的单调感,用几种树组成一个树丛,有规律地排列在一定地段上。

（3）自然式种植。花木种植不受统一的株行距限制，而是模仿自然界花木生长的无序性布置。可以巧妙地解决植株与地下管线的矛盾。

（4）花坛式种植。用植株组成各种图案，最适合于广场的种植形式。通常不要超过广场面积的1/3，华丽的可以小些，简单的需要大一些。

第二节　小城镇广场色彩景观设计

一、小城镇广场色彩景观设计原则

一个优秀的城市广场色彩设计，必然是在色彩关系的组织中良好地贯彻、体现城市的地域特色和文化。将之具体细化，可分为如下几个原则。

1. 整体性原则

在城市广场色彩环境规划与设计当中，其整体性主要是通过城市广场构成要素之间的相互联系与彼此作用反映出来的。与此同时，在城市广场色彩建设中，还要特别提倡“整体大于诸要素之和”的理念。该概念的具体应用是，城市广场整体色彩系统所表现出的性质与作用往往要比各个构成要素的简单相加显得更加丰富而深刻。另外，城市广场色彩景观因为面对的对象是多元的，诸如建筑色彩、铺装色彩、绿化色彩、公共设施色彩等，因此，这也奠定了系统性思维在现代城市广场色彩景观建设中拥有的特殊地位。

2. 文脉性原则

历史佐证，一个城市文化脉络的形成绝非是一朝一夕之事，而是这个城市经过成百上千年的不断磨砺才获取和积淀而成的，因此一旦形成，就会成为城市文化的重要载体和形象符号，这对于任何一个继往开来的城市都是一笔最为弥足宝贵的财富，并非是弃之无妨的鸡肋。如果人们不能在发展城市的过程中将其传承，那么城市很可能就会由此丧失本身的文化价值，势必会造成“历史文化的记忆断层”现象。所以说，作为城市文明的重要组成部分的色彩，不仅具有一般的美学意义，而且更多的是拥有深刻的思想含义。城市广场的色彩景观也要以城市的文脉色彩为依据，概括起来，就是六个字——挖掘、继承、创新。

3. 功能性原则

实践表明，通过特定的城市广场色彩景观设计还能有助于实现某些特定的城市性质、职能等定位。城市广场内各种色彩要素的色彩选择要以满足其在城市中的功能定位为前提，违背了功能前提的色彩将会给城市职能的实现带来负面影响。

4. 美学性原则

人类长期的审美创造与欣赏经验表明，色彩的和谐之美，一方面要求色彩的组合关系要互相契合统一，即“调和”；另一方面要求它们之间相互独立，即“对比”。

二、小城镇广场色彩设计要点

色彩是用来表现城市广场空间的性格和环境气氛，创造良好的空间效果的重要手段之一。一个有良好色彩处理的广场，将给人带来无限的欢快与愉悦。红白相间的同心圆式的地面色彩设计，加上园中的碧水喷泉，给人们以赏心悦目、清晰明快的欢悦感。然而，并不是有了强烈的色彩设计，便会取得良好的广场效果，也并不是所有城市广场都应以强烈色彩来表现。在纪念性广场中便不能有过分强烈的色彩，否则会冲淡广场的严肃气氛。相反，商业性广场及休息性广场则可选用较为温暖而热烈的色调，使广场产生活跃与热闹的气氛，更加强了广场的商业性和生活性。

南京中山陵纪念广场（图 5-2）建筑群采用蓝色屋面、白色墙面、灰色铺地和牌坊梁柱，建筑群以大片绿色的紫金山作为背景衬托，这一空间色彩处理既突出了肃穆、庄重的纪念性环境，又创造了明快、典雅、亲切的氛围。色彩处理得当可使空间获得和谐、统一效果。在广场空间中，如果周围建筑色彩采用相同基调或地面铺装色彩也采用了同一基调，有助于空间的整体感、协调感。

在空间层次处理上，在下沉式广场中采用暗色调，上升式广场中采用较高明度与彩度的轻色调，便可有沉的更沉，升的更升的感觉。

图 5-2 南京中山陵纪念广场

尤其是在层次变化不明显时，为了达到更沉与更升的感觉，这种色彩设计有较好的效果。色彩对人的心理会产生远近感。高明度及暖色调为立体色，仿佛使色彩向前逼近，又称近感色，反之为收缩色，宛若向后退远。因此，色彩的处理有助于创造广场良好的空间尺度感，深层的高层建筑在蓝天的衬托下显得体量比浅色的小，暖色的墙面使人感到与之距离较近，冷色的墙面则使人感到与之距离较远。

第三节 小城镇广场水景设计

水是城市环境构成的重要因素，有了水，城市平添了几分诗情画意；有了水，城市的层次更加丰富；有了水，城市注入了活力。水体在广场空间中是人们观赏的重点，它的静止、流动、喷发、跌落都成为引人注目的景观，因此，水体通常在娴静的广场上创造出跳动、欢乐的景象，成为生命的欢乐之源。

在气候寒冷的地方，水也许并不是很重要的。在气候温暖的地方，对广场空间来说，水体就有了重要意义和价值。水体可以考虑是静止或流动的，静止的水面物体产生倒影，可使空间显得格外深远，特别是夜间照明的倒影，在效果上使空间倍加开阔；流动的水有流水及喷水，流水的作用，可在视觉上保持空间的联系，同时，又能划定空间与空间的界限喷水的作用，丰富了广场空间层次，活跃了广场的气氛。

一、小城镇广场水景设计原则

在设计水景时，我们更应该考虑地域水资源的状况，尤其是在水资源缺乏的地区如何设计水景更应该值得考虑。

1. 宜“小”不宜“大”原则

此处所谓的宜“小”不宜“大”原则指的是在设计水体时，多考虑设计小的水体，而不是那种漫无边际、毫无趣味可言的大水体（图 5-3）。也许大水体会让人更能感觉到水的存在，更能吸引人们的视线，可是建成后的大水体往往会出现很多问题：大水体的养护之困难可能是设计师在设计之初所没有考虑到的；大水体往往让人有种敬而远之的感觉，而没有想亲近的感觉，因为往往在水体旁边都会有警示性的牌子：此处水深，禁止游泳，禁止垂钓等语句；大水体一般是靠人工挖出来的，因此大都是“死水”，一旦发生水体污染问题，那将是致命的。而小水体（图 5-4）容易营建，且更易于满足人们亲水的需求，更能调动人们参与的积极性；在后期养护管理中，小水体便于更好地养护，并且在水体发生污染的情况下，小水体更易于治理。

图 5-3　泰安市高新区旁大水体

图 5-4　圣·荷塞广场公园旱喷泉水景

2. 宜“曲”不宜“直”原则

所谓宜“曲”不宜“直”原则指的是水体最好设计成曲折的。我国古典园林营建中很重要的一条是“师法自然”，即在设计中要遵循大自然中的规律。大自然中的河流、小溪，大都是蜿蜒曲折的，因为这样的水景更易于形成变幻的效果。尤其是在居住区中更易于设计成仿自然的曲水(图 5-5)。

3. 宜“下”不宜“上”原则

此处所谓的“下”与“上”是一种相对的关系。宜“下”不宜“上”指的是设计的水景尽可能与自然中的万有引力相符合(图 5-6)，不要设计太多的大喷泉(图 5-7)，它们大多是向上喷的，需要能量来支持它们抵消重力影响，需要耗费大量的人力、物力、财力。因此，在现实中最好能充分利用重力的作用，用尽可能少的能量来形成尽可能美的景观。这是需要考验设计师创新能力的。

图 5-5　横滨市美术馆前广场水景

图 5-6　东京湾喜来登大饭店宾馆入口水景

图 5-7　芝加哥标准石油大厦旁水景

4. 宜“虚”不宜“实”原则

在水资源缺乏的地区，虚的水景(图 5-8)也是一个很好的解决办法。此处的虚水景是相对于实际水体而言的，它是一种意向性的水景，是用具有地域特征的造园要素如石块、沙粒、野草等仿照大自然中自然水体的形状而成的(图 5-9)。这样的水景对于严重缺水地区水景的营建具有特殊的意义，同时，这样的水景更易于带给人更多的思考和体验。

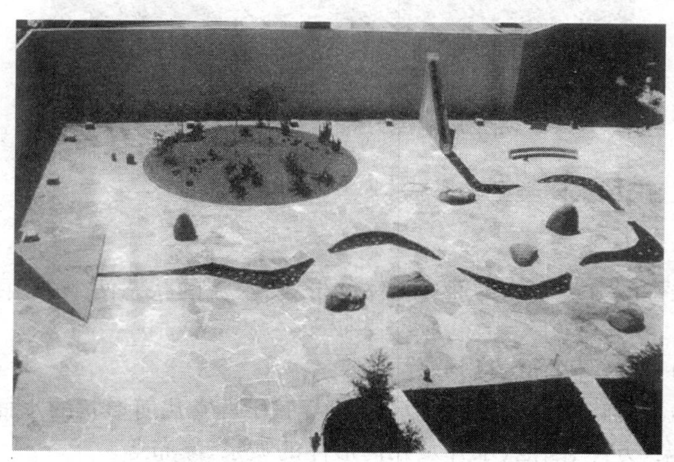

图 5-8　加州情景雕塑园中水景

图 5-9　在缺水地区用石块营造的水景

二、广场水体类型与形式

1. 水体类型

水体的分类一般可通过水体的形式、水流的状态两个方面来进行划分。

(1)按水体的形式划分。

1)自然式水体。自然式水体是人工开凿成几何形状的水面,如运河、水渠、方潭、圆池、水井及几何形体的喷泉、瀑布等。

2)规则式水体。规则式水体是保持天然的或模仿天然形状的河、湖、溪、涧、泉、瀑等，水体在园林中多半随地形而变化，有聚有散，有曲有直，有高有下，有动有静。

自然式或规则式（形状、水岸）面积不大时，宜以聚为主；面积大时，常划分为大小不同的水面。图 5-10 所示为规则式池子。

图 5-10 规则式池子

3）混合式水体。混合式水体是两种形式的交替穿插或协调使用。

（2）按水流的状态划分。

1）静态水体。规则式水景池、自然式水景池、环境景观游泳池。

2）动态水体。流水、溪流、落水、瀑布、喷泉。

2. 常见水体形式

（1）溪、涧。溪浅而宽，涧深。溪、涧平面设计应有合有分，有收有放，构成大小不同的水面与宽窄各异的水流，如图 5-11 所示。

（2）瀑布、跌水。利用地形高差形成的动态水景观；瀑布形式有挂瀑、帘瀑、叠瀑和飞瀑。图 5-12 所示为某广场水景帘瀑布。

图 5-11　溪、涧

图 5-12　某广场水景帘瀑布

(3)喷泉。喷泉是由人工构筑的整形或天然泉池中，以喷射优美的水姿，供人们观赏的水景，如图 5-13 所示。喷泉是园林中重要的组成部分。现代园林中，除了植物景观外，喷泉也是重要的景观。喷泉既是一种水景艺术，体现了动、静结合，形成明朗活泼的气氛，给人以美的享受；同时，还可以增加空气中的负离子含量，起到净化空气、增加空气湿度、降低环境温度等作用，因此深受人们喜爱。

图 5-13 喷泉

喷泉景观概括来说可以分为以下两大类。

1)因地制宜，根据现场地形结构，仿照天然水景制作而成的景观。如壁泉、涌泉、雾泉、管流、溪流、瀑布、水帘、跌水、水涛、漩涡等。

2)完全依靠喷泉设备人工造景。这类水景在建筑领域广泛应用，发展速度很快，种类繁多，有音乐喷泉、程控喷泉、摆动喷泉、跑动喷泉、光亮喷泉、游乐趣味喷泉、超高喷泉、激光水幕电影等。

三、水体在广场空间的设计形式

(1)作为广场主题。作为广场主题，水体占广场的相当部分，其他一切设施均围绕水体展开。如美国的达拉斯喷泉广场就是典型的水广场。人们在喷泉广场，仿佛置身于自然创意的自然山水间，浓厚的人工色彩被自然的元素所消化，城市的嘈杂、拥挤被音乐和流水所代替。

(2)作为局部主题。水景又成为广场局部空间领域内的主体，成为该局部空间的主题。

(3)起辅助、点缀作用。通过水体来引导或传达某种信息。

一般先根据实际情况，确定水体在整个广场空间环境中的作用和地位后再进行设计，这样才能达到预期效果。

第四节　广场地面铺装景观设计

地面铺装可以给人以非常强烈的感觉，这是由人的视觉规律所决定的。人们使用处于同一水平位置的双眼观看，其视野是一个不规则的圆锥形，大的左右为65°，向上为45°，向下为45°，所以水平视野比垂直视野要大得多，向下的视野比向上的视野要大得多。而人们在行走过程中，向上的视野更为减少，人们总是注视着眼前的地面、人和物及建筑底部。所以，广场地面的铺装设计以及地面上的一切建筑小品设计都非常重要。

地面不仅为人们提供活动的场所，而且对空间的构成有很多作用，既可以有助于限定空间、标志空间、增强识别性，也可以通过展面处理给人以尺度感，通过图案将地面上的人、树、设施与建筑联系起来，以构成整体的美感，又可以通过地面的处理来使室内外空间与实体相互渗透。如由米开朗琪罗设计的罗马市政广场，广场地面图案十分壮观，成功地强化和衬托了主题。而矶崎新在日本筑波科学城中心广场设计中也引用了该地面图案，不过稍作变换，由于忽略了历史的意义，在文化表现上给人以虚假的感觉。

一、地面铺装的方式

1. 硬质铺装

由于硬质地面是广场类开放空间形象的直接体现，故在“休闲广场”的构成要素中占有重要的位置。

(1)景观硬质地面铺装的基本功能。景观硬质地面铺装，在景观环境中具有不可忽视的重要作用，具有多重功能，既在交通规划、安全管理方面发挥重要作用，又在改善城市环境领域显示独特魅力的装饰特性。图 5-14 所示为某地硬质铺装示意图。

1)导向功能。景观硬质地面铺装就像指示牌一样，会使人能按照

图 5-14 某地硬质铺装示意图

景观设计者的意愿、路线和角度来观赏景物。尤其是当地面铺装成带状或某种线性图案时，便能给游人指明行走的方向，如果是使地面线型改变也可影响游览感受及行走的速度和节奏。

2)分割空间功能。景观设计中常用硬质地面铺装把整个景观区域分隔成各种不同功能的景区，创造出不同的空间景观。又通过硬质铺装把各个不同的景区联系成一个整体，并延伸到各个不同的相对独立的景观空间。

3)造景功能。硬质地面铺装在满足实用功能的同时，还能够创造出优美的地面景观。其本身造型过程中所具有的曲线、质感、色彩、尺度、纹样等特点能够创造出不同的视觉趣味，给人以美的享受，同时，也可以起到表达意境、烘托主题气氛的作用。

(2)景观硬质铺装设计的应用原则。当今景观硬质铺装设计中必然要具备满足人们的使用功能需求和精神方面的需求，同时具备可持续发展的生态性，才能实现人们对景观环境美的深层次追求的愿望。

1)坚持人性化的设计原则。人类在户外的行为规律是景观硬质铺装设计的根本依据，所以，营造符合人体舒适度和充满个性、亲切感而令人愉快的道路空间是被需求的。归根结底就是要看它在多大程度上满足了人类户外环境活动的需要，是否符合人类的户外行为需求和审美需求。所以，结合考虑功能特点的前提下，在满足不同气候的适应性等特点的同时兼顾材料的质感、色彩等美感特性，以及与环境协调等因素情况下营造出来的景观硬质铺装，包含了诸如安乐、平静、情趣等使行人的走路变得更加轻松的因素，才是真正从人性化角度出发来设计景观硬质铺装。

2)突出城市特色的原则。小城镇景观硬质铺装设计应突出小城镇自身的形象特征，因为各自有不同的历史背景，不同的地形和气候，居民有不同的观念和生活习惯，在小城镇景观的整体形象建设时，应充分体现小城镇的这种特色，而景观硬质铺装联系着小城镇主要的公共活动空间和城市主干道，因此是反映小城镇特有风貌和文化内涵，展现小城镇个性和气质，体现居民的精神素养和独特地域文化的一面旗帜，同时，还显示出小城镇的经济实力、商业的繁荣、文化和科技事业的综合水平。

3)整体性原则。小城镇建设不可能经过统一规划，一次完成。由于各种条件因素的制约，大多数的建筑按不同的时间顺序兴建，这就要求构成群体环境的各要素以大局为重，相互照应，突出整体特色。在景观硬质铺装设计过程中，应从城市形象整体出发，不仅要对道路本身的断面进行研究，而且要更多地去研究街道的其他界面，使城市形象和景观硬质铺装设计相协调。

4)生态功能优先的原则。在生态功能优先的前提下，采用适宜的技术措施，优化景观硬质铺装的材料与结构体系，充分挖掘铺装的生态潜能和环境效益，维持包括小城镇景观地面铺装在内的城市自然生态系统的良性循环。使景观硬质铺装在实现城市生态环境可持续发展的要求下，与绿化配置、水体布局等要素的多方面结合，体现环境的综合效应，发挥最佳的生态环境的功能和作用是我们在设计中要坚持的原则。

2. 软质铺装

软质地面铺装不仅能够净化空气、美化环境，在一定程度上也可以为使用者提供活动场所，形成一个舒适放松的家庭空间。在休闲广场中,软质铺装即是指主要由草坪、沙土等自然材料由人工或自然的方式形成的地面铺装。图 5-15 为某地软质铺装示意图。

图 5-15　某地软质铺装示意图

二、地面铺装的图案处理

对地面铺装的图案处理可分为以下几种。

1. 规范图案重复使用

采用某一标准图案,重复使用。这种方法,有时可取得一定的艺术效果,其中方格网式的图案是最简单的使用,这种设计虽然施工方便,造价较低,但在面积较大的广场中亦会产生单调感。这时可适当插入其他图案,或用小的重复图案再组织起较大的图案,使铺装图案较丰富些。

2. 整体图案设计

整体图案设计是指把整个广场作为一个整体来进行整体性图案设计。在广场中,将铺装设计成一个大的整体图案,将取得较佳的艺术效果,并易于统一广场的各要素和广场空间感的求得。如美国新奥尔良意大利广场中同心圆式的整体构图,使广场极为完整,又烘托了主题。

3. 广场边缘的铺装处理

广场空间与其他空间的边界处理是很重要的。在设计中，广场与其他地界如人行道的交界处，应有较明显区分，这样可使广场空间更为完整，人们亦对广场图案产生认同感；反之，如果广场边缘不清，尤其是广场与道路相邻时，将会给人产生到底是道路还是广场的混乱与模糊感。

4. 广场铺装图案的多样化

人的审美快感来自于对某种介于乏味和杂乱之间的图案的欣赏，单调的图案难以吸引人们的注意力，过于复杂的图案则会使我们的知觉系统负荷过重而停止对其进行观赏。因而广场铺装图案应该多样化一些，给人以更大的美感。同时，追求过多的图案变化也是不可取的，会使人眼花缭乱而产生视觉疲倦，降低了注意与兴趣。

最后，合理选择和组合铺装材料也是保证广场地面效果的主要因素之一。

第五节　环境雕塑设计

雕塑相对于建筑与景观园林艺术而言是前卫性的艺术，不论是其采用的材料、表现手法、阐述的理念，还是新技术的夸张运用，其自由度在某种程度上讲是没有限定的。尤其是作为城市景观建设重要元素的环境雕塑，由于其突破了作为纯艺术领域的属性限定而成为一种环境语言，并走到公众的日常生活环境中，使得必然成为大众视线汇聚的焦点。

一、雕塑的分类

1. 按表现手法上划分

雕塑按表现手法上划分写实风格雕塑和抽象风格雕塑。

(1)写实风格雕塑。写实风格雕塑是通过塑造和真实人物非常相似的造型来达到纪念意义，如图 5-16 和图 5-17 所示。写实风格雕塑应特别注意形象和比例的认真推敲，不经仔细推敲和设计的雕塑作品不仅不能给环境带来美感，反而会破坏环境。

图 5-16　某镇写实雕塑

图 5-17　某镇广场的民兵雕塑

(2)抽象风格雕塑。抽象风格雕塑与写实风格相反,其主要采用虚拟、夸张、隐喻等设计方法表达设计意图,好的抽象雕塑作品往往引起人们的无限遐思,如图 5-18 所示。

图 5-18　抽象雕塑

2. 按雕塑的空间形式划分

按雕塑的空间形式分为圆雕、浮雕两种。

(1)圆雕(图 5-19)。圆雕作品又称立体雕,是指非压缩的,可以多方位、多角度欣赏的三维立体雕塑。圆雕是艺术在雕件上的整体表现,观赏者可以从不同角度看到物体的各个侧面。它要求雕刻者从前、后、左、右、上、中、下全方位进行雕刻。圆雕的主要特征如下。

图 5-19　砂岩圆雕

1)圆雕的手法与形式也多种多样,有写实性的与装饰性的,也有具体的与抽象的,户内与户外的,架上的与大型城雕,着色的与非着色的等。

2)雕塑内容与题材也是丰富多彩,可以是人物,也可以是动物,甚至是静物;材质上更是多彩多姿,有石质、木质、金属、泥塑、纺织物、纸张、植物、橡胶等。多角度观赏及触摸是圆雕的特点,它具有高、宽、深三度空间,是雕塑艺术的主体形式。

3)在公共空间中,圆雕也是最能主导和揭示空间气氛的公共艺术,它可以借助于艺术的象征性、隐喻性和永恒性来表现不同的艺术观念和人类情感。其艺术语言和艺术表现基本上可以代表城市雕塑的主流。

(2)浮雕。浮雕主要是依靠形体的凹凸起伏来表现物体的立体感。在塑造空间感方面,浮雕比绘画更直接一些;而与圆雕相比,浮雕又趋于平面化。

1)浮雕种类。常用的浮雕有铁板浮雕和砂岩浮雕两种。

①铁板浮雕(图 5-20)。铁板浮雕是利用铁板的特性和原色,在 1 mm 厚的板材上敲打出凹凸不平的浮雕效果,经过抛磨、烧色等手段处理,使作品产生黑白相间或兼有色彩点缀的素描般的视觉效果。铁板的金属质感,尤其是雕塑语言所表达的独有的特殊肌理,是其他任何材质都无法比拟的。铁板浮雕是我国民间传统工艺中的金属雕刻艺术与西方绘画、雕刻艺术融会贯通、提炼结合后一种新的雕刻艺术流派。

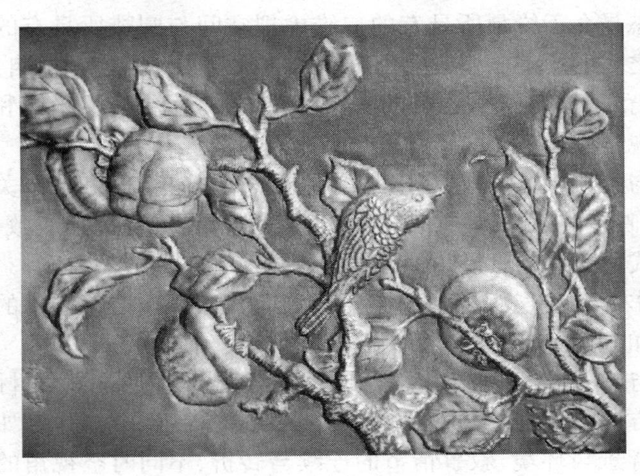

图 5-20　铁板浮雕

②砂岩浮雕(图 5-21)。砂岩浮雕是一种沉积岩,砂岩浮雕由矿质砂土颗粒凝聚结晶所构成,是由石粒经过水冲蚀沉淀于河床上,经千百年的堆积变得坚固而成。

图 5-21　砂岩浮雕

2)浮雕的特征。

①浮雕相对圆雕的突出特征是经形体压缩处理后的二维或平面特性。浮雕与圆雕的不同之处,在于其相对的平面性与立体性。它的空间形态是介于绘画所具有的二维虚拟空间与圆雕所具有的三维实体空间之间的所谓压缩空间。压缩空间限定了浮雕空间的自由发展,在平面背景的依托下,圆雕的实体感减弱了,而更多地采纳和利用绘画及透视学中的虚拟与错觉来达到表现目的。

②与圆雕相比,浮雕多按照绘画原则来处理空间和形体关系。但是,在反映审美意象这一中心追求上,浮雕和圆雕是完全一致,不同的手法形式所显示的只是某种外表特征。

③作为雕塑艺术的种类之一,浮雕首先表现出雕塑艺术的一般特征,即它的审美效果不但诉诸视觉而且涉及触觉。

④与此同时,浮雕又能很好地发挥绘画艺术在构图、题材和空间处理等方面的优势,表现圆雕所不能表现的内容和对象,譬如事件和人物的背景与环境、叙事情节的连续与转折、不同时空视角的自由切换、复杂多样事物的穿插和重叠等。

二、雕塑在广场中的作用

1. 广场属性与广场主题

并非每个广场都有明确的主题，但从总体而言有主题的广场占较大的比例，如青岛五四广场（图 5-22）、大连虎滩广场（图 5-23）等。而广场的主题选择往往是以其属性作为思考的依据。广场属性主要指：

图 5-22　青岛五四广场

图 5-23　大连虎滩广场

(1)文脉性:指从纵向角度反映城市历史、文化传承和城市特色。

(2)环境性:有广义和狭义两方面,广义涉及城市范围或地区范围;狭义则只涉及区域或工程项目的领域。内容侧重于地理位置与特点、地形地貌以及局部的地势或建筑(自然)环境等。

(3)地域性:主要指本地区的文化、气候、风情风俗等的特色。

2. 雕塑是塑造主题广场的重要手段

广场的主题表达可有多种形式,如日本名古屋市中心公园广场是以喷水结合天然岩石来表现,广州小北“花圈”交通岛则以石景传达,但雕塑还是最为常用的主题塑造方式。“雕塑自身主体的艺术特性决定了深层人类精神能够在雕塑实体上获得自由存在,并强烈地向环境定向输入这种精神,具有强大的意化、情化、美化环境功能。”雕塑较之于建筑、小品的这一特性使其在升华广场主题,提高广场文化品位,创造有特色之广场空间等方面成为高效便捷的重要方式。而与其他造型艺术形式相比,其三维性又使它能够单独作为广场空间架构的要素,以独立的空间成员角色与其他空间伙伴对话。

3. 广场雕塑与广场空间构图

雕塑在广场空间构图中所扮演的角色和发挥的效用是它与广场进行空间对话的重要方式,也是其联系广场空间的逻辑纽带,更是雕塑自身的三维特性的空间价值体现。

(1)雕塑位于广场主要轴线上的重要地段或广场几何中心,以较大的尺寸(古典广场雕塑常以较高的基座衬托)形成控制广场空间的主要焦点,使广场成为一个核心突出、脉络鲜明的空间体。这种构图手法多用于较为庄重严肃的城市中心广场,市政厅广场或是纪念性广场。我国以前的政治性集会广场也常用这种手法。

如意大利罗马的卡比多里奥广场(图 5-24)。广场还没修建的时候,卡比多山上的建筑秩序“极度地无组织”。广场兴建的第一个行动就是在原有的不规则场子中安放这座雕像。依照教皇的命令,米开朗琪罗被迫把这座马卡斯·奥里利厄斯骑马像从拉特兰诺迁到卡比多里奥广场。米开朗琪罗通过整体考虑决定了雕塑的位置,并为其设计了一个基座。完成塑像的安置后,又修建了新的阶梯。一个纵向的空间秩序便在元老院(以前是旧皇宫)、骑马像和阶梯间建立起来了。然后对中央的元老院和其左边的档案馆进行立面改造。最后以这纵轴为对称轴在元老院的右面修建了博物馆。这样,便得到人们今天所见的立面风格协调之梯形广场空间。

图 5-24 意大利罗马的卡比多里奥广场

另外,在梯形的广场地面的中部以铺地图案营造了一个椭圆形的区域。这个椭圆区的心点正好是骑马像(图 5-25)的位置。十二角的星形连接着呈网状扩散的花纹,把塑像簇拥在正中,铺地图案的加入使雕塑作为广场视觉场之中心的魅力大大加强了。

同时文艺复兴时期的另一广场佳作——佛罗伦萨的亚南泽塔广场也以类似的构图方式安排一座骑马像和两座小喷泉作为广场的焦点。亚南泽塔广场是一个东南西北向长方形广场,广场纵轴的中点偏西处矗立着菲迪南一世青铜骑马像。铜像背后,左右对称地布置着两个小喷水池,喷水池的连线正好和广场南侧的育婴堂入口成一直线,构成广场横向的辅轴并垂直于纵向的主轴。这样,平面成三角形构图的骑马像和两座小喷泉形成鼎足之势建立起庄重而又活跃的广场中心景观。

沈阳中山广场(图 5-26)的正中间,坐东朝西安置着一组约 20 m

图 5-25 骑马像

图 5-26 沈阳中山广场

高、20 m 长的大型群雕——《毛泽东思想万岁》。群雕构图呈阶梯状自东向西渐高，西头最高处是呈挥手向前、给全国人民指引方向姿势的 10 m 高毛泽东像，毛泽东像基座的前方和左右两侧是由五十八个人物组成的大型群雕，叙述着中国革命的重大历史事件。这是“文革”

期间中国人民高昂政治热情的体现，是一个时代的见证。现在它以其巨大体量、众多人物所带来的视觉冲击力继续向周围散发着艺术的气息和历史的余韵，成为广场空间及这一地段的景观标志。为表现庄重严肃的政治主题，群雕的纵轴与广场的东西向的直径重合。

(2)雕塑位于广场边缘有以下三种情况。

1)以数座雕塑构成广场的一个侧界面，既使广场空间有开敞的远景效果，同时又保持封闭感。罗马卡比多里奥广场前沿阶梯左右两侧的栏杆上，对称立着三对大理石像。由于视线受到了石像的略微阻隔，人们可以接收到“这是广场边界”的信号，但视野并没受到太大的封闭，照样可以饱览山下的景色。石像的尺寸安排也很巧妙，“三对石像越靠近中央的越高越大、越复杂，使构图集中，轴线突出”，加强了广场的空间结构感。而这样的尺寸变化对它们发挥围合广场的作用也极为有益，中央入口是人们的必经之路，高大的雕像可以更好地遮挡人们视线，同时也让人有门户的感受；而越往两边，越接近高大的建筑物，借着建筑的厚势，雕像的尺寸不用那么大就可以起到同样的心理阻隔作用且不会与建筑产生视觉的对抗。

2)把雕塑安置在广场与建筑间的周边位置，避开主要的交通且有利于创造较宽而集中的活动空间。这样就使雕塑的数量可大量增加，而不会阻碍交通与视线，并有可能使每座雕像都有一个良好的背景。广场周边主要建筑物入口的装饰性圆雕的布置也属于这种类型。

3)以广场建筑立面上的浮雕或建筑结构雕塑的形式出现。这种手法在西方古典建筑中很常见。雕塑是属于建筑的部件，也是广场艺术景观的不可缺少的组成部分。

另外，有一特殊的例子，就是青岛五四广场主雕“五月的风”的构图布置(图 5-22)。“五月的风”是一座 30 m 高颜色鲜红的旋风状抽象雕塑，位于五四广场主轴的南端，背海而立，与广场北端的市政府大楼遥相呼应。这红色旋风既是表达广场主题的最触目焦点，又是标示着广场之南面尽头的醒目句号，而且无论是白天还是黑夜(有夜间光环境配合)都给海湾相邻地段带来强烈的主题魅力。五四广场是青岛最主要的城市空间，也是我国为数不多的高质量城市空间之一。

(3)雕塑在广场入口处布局,对空间起着围合和导向作用。如果空间进深较大,这类雕塑不宜作主雕;如果空间较浅则可能会突出主建筑。

被拿破仑誉为欧洲最美丽客厅的威尼斯圣马可广场的临海入口处有一对带雕塑的石柱,标示出广场的入口,也是整个广场的空间标志之一。石柱分东西而立,西侧的柱顶上立着圣托达罗像,圣托达罗是威尼斯最初的保护神。东侧柱顶上是一只展翅欲飞的青铜狮,飞狮左前方抓扶着一本圣书,上面用拉丁文写着:“我的圣徒马可你在那里安息吧!”马可是耶稣的门徒,《圣经》中《马可福音》的作者,威尼斯人为纪念他而建此广场。这抱有《马可福音》的飞狮便是威尼斯的城徽。在广场旗杆的顶部,钟塔塔身,以及圣马可教堂的尖券上都有飞狮的身影,飞狮使不同的建筑空间拥有共同的造型元素,加强了广场各部分空间的联系。

毛主席纪念堂前左右对称安置着两组群雕,在它们之间形成了一个小型的入口广场(图 5-27)。由于群雕对人们的视线起着收束的作用,因而可使参观者更强烈地感受到纪念堂建筑的宏伟肃穆。

图 5-27　毛主席纪念堂群雕形成的小广场

(4)在“L”形广场(群)的拐角处(与喷水池一起)设置雕塑,形成两部分广场的共有空间焦点,加强它们之间的联系。当雕塑与广场拐角处的建筑物角线较接近的时候,可从视觉上起到“软化”其墙壁外角线的作用,并与之一起充当空间的转轴。

佛罗伦萨的统治广场是一个自然形成的“L”形广场,在广场的拐角上紧邻宫墙外角有一个宽阔的喷水池,池中央立着白色大理石海神像,海神像基座和水池边上还布置着一些青铜铸造的小塑像作陪衬,形成广场的重要景观。海神像的垂直的形象与其背后高耸的建筑角部的线条呼应,这两者合在一起如同是这空间的转轴。雕像造成了有趣的视错觉,因为它的明亮的色和自然的形使人的视线集中,并有助于缓和美弟奇宫墙角高而锐利的线条,如图 5-28 所示。

图 5-28　佛罗伦萨的统治广场

(5)把广场主体雕塑看成前景,把其余的空间环境看作背影时,应使雕塑有鲜明突出的视觉地位,并在与环境的交互映衬中相得益彰。

亨利·摩尔喜欢把作品放在自然环境中,而在各种自然的背景里，他认为"天空是最无懈可击的雕塑背景"。城市广场的设计史中也有这种妙用天空作为广场雕塑作品背景的例子。法国巴黎调和广场在初建之时是把路易十五骑马像安放在正中的，在设计北面一对古典主义建筑物时，考虑到路易十五骑马像的观赏条件，使在广场南端的人看过去，铜像仍然在建筑物女儿墙之上。因此，从广场上任何一个位置，都可看到铜像在广阔的天空中驰骋。要不是在法国资产阶级革命后把它拆除，换成方尖碑，我们今天还可欣赏到这景致。能以天空为背景布置广场雕塑当然最为理想，但是必须要求广场有较大的空间，而且周围建筑物也不能太高。

三、广场雕塑本体规律

1. 广场雕塑的语言特性

一般来说，雕塑可分为两大类：一类是"架上雕塑，"即展览会雕塑，另外一类是"环境雕塑"。架上雕塑属于纯艺术的探索和表现范畴，其主题、手法、材料等均有最大的发挥自由，甚至有时展览场地也是经过刻意布置服从用品效果需要的。调动一切造型因素，以创造性的三维形体开拓人类视觉新世界和思维新领域是其追求的价值目标。

环境雕塑"本质上应是一种占有空间并对空间起调节作用的物质实体"。"雕塑的空间形式如何主要取决于这尊雕塑在某一特定环境空间里所应起的作用如何，环境空间的移异变更，雕塑的样态也相应需要作某种改变。空间形式一方面对环境空间的功能具备很强的适应性。另一方面，处在共享空间下的雕塑与环境是一种关系的存在，一种互为形式的存在，因而各自对于对方来说又是主动的，调节作用就是这种关系的建立"。环境雕塑的价值一定要在其所处的特定环境中才能实现并且受到环境整体质量的影响。对其所在环境的空间质量优化程度是评判其价值的首要标准。在此前提下，架上雕塑的价值目标也是其追求的重要方面。

人类生存的环境可分为自然环境与人工环境两大类，而以建筑物、城市为标志的人工环境又可大致分为室内环境与户外环境。城市广场只是诸多的建筑外环境中的一种，开放性和公众参与性是其典型特征。以这点而言,从公共艺术的角度对广场雕塑这种特殊的空间造型作研究,相信是比较合适的。

“公共艺术”是近年来提出的一个概念,指公共开放空间中的艺术创作与相应的环境设计。所谓公共空间就是指具有开放、公开特质的,由公众参与和认同的公共性空间。作为城市中重要的公众活动空间的广场,其中的雕塑相对于架上雕塑就被赋予了不少特殊的创作要求:

(1)广场雕塑要尽可能地体现广场所在或所代表的公共区域精神上与视觉上的性格指向。这是对作品主题的文化取向与精神深度的总要求。“区域”可以是一个城市,一个社区,又或是一座大型建筑,一个建筑群,构思作品前雕塑家都应对其人员构成、公众心理、地域文化、物产、气候等综合因素充分了解,找到有代表性而又深刻独到的角度,然后在造型中尽量体现出这些认识。

(2)广场雕塑作品要具备与公众交流的性质。即除了与观众精神上沟通的艺术品共性外,还要从形式和造型上加强作品的可及性、参与性,甚至可触摸和攀缘。这种彻底的开放精神正是公众艺术区别于架上作品的一大特色。

以休憩、娱乐、商业等活动为主要功能的广场尤其适合而且需要这类平易近人、亲切可爱的作品。如丹麦哥本哈根中心火车站前公园广场(图 5-29)。

(3)力求把新思想、新形式、新材料运用于雕塑作品,创造广场空间的活力美、时代美。这一点对现代广场空间艺术生命力的创造是非常重要的。尤其是新材料的运用往往可以触发新形式、新观念的萌生。在美国的百分比公共艺术计划中,艺术品选用材料的新颖性和加工方式的原创性是评审是否通过该艺术方案的重要参考。这点值得我国有关部门与人士大力借鉴。

(4)注意雕塑语言的通俗性、避免雕塑家个人艺术语言探索在广场雕塑作品中带来曲高和寡大众难以接受的境况。创造是艺术家的神圣天职与价值体现。艺术创作包含对传统的承继,也包含着个人的创意。一代艺术创作中被人们认同与接受的东西,形成了艺术作品的公共性。而个人创意中未被广泛接受的部分以及艺术家试验形态的

图 5-29　丹麦哥本哈根中心火车站前公园广场

那些部分，虽然生动、新颖，虽然经常属于视觉语言的开拓，但在大众面前常常“曲高和寡”，难以进入大众的审美层次，更谈不上实现公共艺术的审美的创作动机。然而艺术家总是希望自己的独特创造让更多的观众接受，公共艺术本身也客观上需要新鲜血液的加入。今天“曲高和寡的东西”可能明天就变得通俗易懂。怎样解决这“曲高”与“易懂”的矛盾，对于每一个从事广场雕塑、从事公共艺术的人来说都是极大的挑战。真正地关心大众的生活，关心大众的文化需要、心理需求，不要关起门来、孤芳自赏，努力探索、不断尝试，也许会有助于提高人们解决矛盾的能力与技巧。

2. 广场空间中的纪念性雕塑

纪念性雕塑与广场空间的紧密结合可以说是西方广场建设的传统内容之一，最早可追溯至古罗马时代。我国的广场很大比例上也是沿袭西方国家广场的做法，以对人或事的纪念作为广场空间焦点的主题，即使广场空间并非以纪念功能为主。如沈阳火车站的苏军解放纪念碑(图 5-30)是在城市交通广场或车站广场等空间中的纪念性雕塑体。即便如此，纪念性雕塑在我国的城市空间中所占的绝对数量还是很少，还有许多值得纪念的人与事应该用雕塑的形式来表现。

图 5-30　沈阳火车站的苏军解放纪念碑

四、广场雕塑的设计要点及发展趋势

1. 雕塑设计要点

随着时代的进步和社会文明的发展，现代雕塑向着大众化、生活化、人性化、多功能和多样化的方向发展，成了时代、社会、文化和艺术的综合体，赋予了广场空间精神内涵，提高了环境的文化品位和质量，它已成为广场空间环境的重要组成内容之一。

(1)雕塑是供人们进行多方位视觉观赏的空间造型艺术。雕像的形象是否能直接地从背景中显露出来，进入人们的眼帘，将影响到人们的观赏效果。如果背景混杂或受到遮蔽，雕塑便失去了识别性和象征性的特点。

(2)雕塑总是置于一定的广场空间环境中，雕塑与环境的尺度对比会影响到雕塑的艺术效果。雕塑置于狭窄地段时，尺度过大显得拥塞，破坏了总体环境氛围；放在空旷地段尺度不足会显得荒疏，削弱了雕塑在广场空间中的地位。雕塑通常通过具体形象或象征手法表达一定主题，如果不与特定的环境发生一定的对话则不易唤起普遍的认同，容易造成形单影孤。同时，雕塑在与环境协调时，也可以对环境进行重新围合、组构和再创造，形成一种新的空间氛围。

(3)一般来说,一座雕塑总有主视面和次要观赏面,不可能16个方位角都具有同质的形态,但在设计时应尽可能地为人们多方位观察提供良好的造型。

总之,一件完美的雕塑作品,不仅依靠自身的形态使广场有了明显的识别性,增添了广场的活力和凝聚力,而且对整体空间环境起到了烘托、控制作用。

2. 我国广场雕塑的发展趋势

改革开放以来,特别是20世纪80年代晚期之后,我国的城市雕塑、广场雕塑在量上有了巨大的飞跃,在质上也有长足的进步。尤其是近几年,广州、青岛、沈阳等城市的广场空间中又出现了一些深具地方特色和文化内涵的优秀作品。

广州雕塑公园"古城辉煌"广场的雕塑主题紧扣南越古国之文明,尤其是主雕"力士托印",以象征手法表现古南越政权的建立,追溯羊城历史,颂扬灿烂悠久的岭南文化,激励今人,雕塑语言奔放有力,给观赏者以强烈的视觉冲击(图5-31)。

图5-31　广州雕塑公园

沈阳市中心广场亦以金灿灿的20 m高图腾式主雕——"太阳鸟"象征城市渊长的历史和辉煌的未来。此雕塑造型来自七千二百余年前、新石期时代新乐部落的图腾，是1978年在沈阳出土的。广场以此造型追溯沈阳市文明之源，城市之端，并名之以“太阳鸟”(图5-32)，表达今人对光明前途的憧憬。另外，青岛市府广场表现青岛市五四运动之发端的空间立意，也是通过30 m高的抽象雕塑“五月的风”得到别有韵味的表达。

图5-32　沈阳中心广场的太阳鸟雕塑

第六节　建筑小品设施设计

一、建筑小品设施设计原则

(1)建筑小品设计，首先应与整体空间环境相协调，在选题、造型、位置、尺度、色彩上均要纳入广场环境的天平上加以权衡。既要以广场为依托，又要有鲜明的形象，能从背景中突出来。

(2)小品应体现生活性、趣味性、观赏性，不必追求庄重、严谨、对称的格调，使人感到轻松、自然为快。

(3)小品设计宜求精，不宜求多，要讲求体宜、适度。

为此，在广场空间环境中，必须设置街灯，或有此类功能的设施。在设计上要注意在白天和夜晚时，街灯的景观不同，在夜间必须考虑街灯发光部的形态，以及多数的街灯发光部形成的连续性景观，在白天则必须考虑发光部的支座部分形态与周围景观的协调对比关系。

二、建筑小品设施设计内容与方法

现代环境小品的设计，应当突破传统工业时代纯粹功能形式模式的束缚，而与现代多元文化的诸多观念发生关联，大胆结合功能性设施如照明设施、座椅、标志牌、垃圾箱、地下通风口等功能构造设施，创造动人的科技性、艺术性、历史文化性小品，环境设计小品可以是模拟和模仿生活的人物、情景，以及室内外环境等。

(1)公用电话亭的设计。出于现代社会对于网络与通信要求的考虑，根据不同功能空间人流活动密度的不同，电话亭的设置数量与间隔要区别对待。在市民广场的主入口两侧各设置一组电话亭，在广场的其他主要出口处，则布置一组电话亭。

(2)灯具的设计。灯具的设计在考虑照度合理的情况下，力求在高、中、低地等几个层次的设计上体现设备的先进性以及灯具形式的高科技文化特色，灯杆的色彩以黑、白、银灰等色调为主。

通过设置以路灯、草坪灯为主的普通照明和用以勾勒建筑轮廓、绿化、喷泉、小品的泛光灯、彩色射灯和彩灯，并设置灯光控制，以满足特殊场景气象的需要。图 5-33 所示为各种类型的广场灯。

(a)

图 5-33 各种类型的广场灯(一)

(a)广场景观灯

(b)

(c) (d)

图 5-33 各种类型的广场灯(二)

(b)紫色的广场地灯;(c)广场地埋灯;(d)草坪灯

(3)垃圾箱的设计。垃圾箱的设计按照环保功能,实行分类垃圾的措施,对生活垃圾、放射与不可回收污染性垃圾以及可回收垃圾进行分类设置,采用醒目的色彩与标注的办法,切实在设计上保证分类垃圾的实施。图 5-34 所示为各种造型的垃圾箱。

图 5-34　各种造型的垃圾箱

(a)实木垃圾箱;(b)水泥树皮垃圾箱;(c)金属垃圾箱;(d)新型垃圾箱;
(e)简洁造型垃圾箱;(f)悬挂式垃圾箱;(g)不锈钢垃圾箱;(h)分类垃圾箱

(4)休憩座椅的设计。休憩座椅的设计应考虑以下三个方面的形式。

1)单纯的座椅功能以及审美形式设计。

2)与绿化结合的座椅形式设计,如:座凳结合种植池。

3）与雕塑和小品结合的座椅形式设计，如：与灯箱结合的座凳。

（5）标识指示系统的设计。标识系统应该达到标识清晰醒目、造型简洁美观的要求，并且体现21世纪高科技时代的文化特色与审美趋势。标识指示系统应包括方向指示（图5-35）、公共电话指示（图5-36）、公厕指示（图5-37）、安全通道指示（图5-38）、无障碍通道指示（图5-39）、植物科普通铭牌（图5-40）等内容。

图5-35　方向指示牌

图5-36　公共电话指示

图5-37　公厕指示

图 5-38　安全通道指示

图 5-39　无障碍通道指示

图 5-40　植物科普通铭牌

第六章　历史文化街区的保护与发展

第一节　概　述

一、历史文化街区的意义

经省、自治区、直辖市人民政府核定公布应予重点保护的历史地段，称为历史文化街区。历史文化街区可以是古代某时期历史风貌的存留，如扬州的东关街(图 6-1)；可以是地方或民族特色的体现，如嘉兴的月河区历史街区(图 6-2)；也可以是体现因历史原因而带来的外国的或混合式的风格，如广州骑楼街(图 6-3)。

图 6-1　扬州的东关街

图 6-2　嘉兴的月河区历史街区

图 6-3　广州骑楼街

历史文化街区重在保护外观的整体风貌。不但要保护构成历史风貌的文物古迹、历史建筑，还要保存构成整体风貌的所有要素，如道路、街巷、院墙、小桥、溪流、驳岸乃至古树等。

二、历史文化街区具备条件

(1)有比较完整的历史风貌。

(2)构成历史风貌的历史建筑和历史环境要素基本上是历史存留

的原物。

(3)历史文化街区用地面积不小于 1 hm^2。

(4)历史文化街区内文物古迹和历史建筑的用地面积宜达到保护区内建筑总用地的60%以上。

三、历史文化街区的设立

设立历史文化街区，由所在地县级以上地方人民政府提出申请，经省、自治区建设主管部门和直辖市人民政府城乡规划主管部门会同同级文物主管部门组织有关部门、专家进行论证，提出审查意见，报省、自治区、直辖市人民政府批准公布，并报国务院建设行政主管部门和国务院文物主管部门备案。

国务院建设行政主管部门会同国务院文物主管部门可以选择具有重大历史、艺术、科学价值的历史文化街区，公布为中国历史文化街区。申报历史文化街区，应当提交所申报的历史文化街区的下列材料。

(1)历史沿革、街区特色和历史文化价值的说明。

(2)传统格局和历史风貌的现状。

(3)核心保护范围和建设控制地带。

(4)街区内各级文物保护单位、历史建筑的清单。

(5)历史文化街区保护规划。

(6)保护要求和保护整治工作情况。

四、历史文化街区的现状问题

历史文化街区通常存在着设施老化、建筑结构衰败、居住人口流失、社会活动趋于消亡等问题，因此，街区功能的振兴和充实是街区保护的重要内容之一。应根据历史街区的历史特色，以及在城市生活中的功能作用，合理地把握街区的功能与性质。目前国内外街区保护实践中一般有功能保持与功能变更两种方式。

(1)由于剧烈的社会变革，历史文化街区的许多历史建筑的产权发生了变化，长期缺乏有效的维护和保养，传统木结构建筑如果缺乏维护和保养，保存的时间有限，要维持其基本使用功能很困难，有的甚至已经成了危房，却得不到维修。历史文化街区的有些部位已经挤进了新建的现代建筑，风格的统一性和景观的连续性遭到了破坏。并且由于人们生产生活方式、交通方式的改变，历史文化街区传统商业、手工业渐渐衰退，被商业大潮逐渐淹没，得不到足够的重视。历史文化街区有被边缘化的趋势。

(2)历史文化街区现有建筑和基础设施不能满足居民改善生活条件与提高生活质量的要求，建筑使用功能的不完善造成乱搭乱建等损害历史建筑及其传统风貌的现象不断增多，又反过来造成环境质量的低下，一些居民迁居别处。有的历史建筑长期闲置，历史文化街区更新改造后，原居民多被迁出散落他处，回迁的比例较低，导致历史文化街区的传统的非物质文化遗产的灭失。历史文化街区有空心化的倾向。

(3)由于小城镇规模的扩张，开发力度的加大，以及房地产价格的上涨，传统城区地皮的日益减少，历史文化街区越来越受到了开发商的青睐，取得这些土地以"旧城改造"的名义进行房地产开发而获利的事情时有发生。历史文化街区有被蚕化的危险。

第二节　历史文化街区保护

一、历史文化街区保护原则

1. 原真性的原则

对原真性的评价主要从设计、材料、工艺、环境四个方面考察，传统民居还要考虑外观和功能的统一性。历史街区的保护要强调整体性和发展性的统一。为保证具体实施的可操作性，可根据建筑与环境的价值、质量、特点等因素，分层次采取维修、改建、新建等不同处理方法。历史街区的保护应建立在对整体传统风貌系统规划的基础上，据此划定重点保护区、建设控制区和环境协调区，从而使保护中有发展，实现保护进程的有机更新。

2. 稳定社会结构和优化城市功能相结合的原则

保护历史街区不仅仅要保护原有的空间环境、文化环境、视觉环境，还应保护原有的社会结构等所谓历史文脉，又符合改善人居环境的现实需要。为此，必须加强对传统居住形态的研究，创造出新的改良模式，使之既维持历史传统风貌，又充分发挥其优良居住模式、组织形态和生活方式的使用功能，从而实现保护和使用的和谐共存。

3. 保护原状与“有机更新”相结合的原则

历史街区应尽量维护原有肌理。在历史街区内，不能轻率地大规模拆建，必须整体规划，有机更新，滚动建设。历史街区的整体保护规划可借用“主景”和“背景”的关系来研究处理，即可把巨大的纪念性建筑视为“主景”，把传统民居等历史环境视为“背景”。过去的保护多着眼于“主景”，现在还应同时注重对“背景”的保护。

4. 长期系统整治的原则

整治是指对构成历史街区的建筑、环境以及其他相关因素进行整理、修缮与调整的行为和过程。历史街区的整治是一个不断完善、不断深入的过程，整治过的环境随着社会、经济、文化等的发展，又会出现新的问题、新的矛盾，还要继续去解决，因此，整治是永久持续的。历史街区的整治不是推倒重来，建仿古一条街，更不应是大拆大建的整旧变新，而应是一种以逐步恢复街区历史传统风貌为目的，渐进式的整旧更新行为。

二、历史文化街区保护方式

1. 原状保护类

原状保护类街区，是指保护区内的建筑大多具有文物价值。这里说的价值，既包括文物价值，又包括历史意义、时代特征、地方色彩等物化形态价值。保护区内不仅不得随意添建和改建建筑物，还要逐步整饬周边环境，后来新建的且不协调的建筑应逐步拆除。

2. 整体风貌保护类

整体风貌保护类街区是指街区整体具有历史风貌特征，其中相当多的建筑在形制、风格上有保存价值。这类历史街区应以保护建筑的外观风格、整体风貌为主，进行结构调整、装修改造和局部重建；街区的整体整治必须依照“整修”和“造旧”的总体思路，逐步从外到里、从大到小、从点到面形成风格一体的街区景观。

3. 整体风貌和部分原状保护类

整体风貌和部分原状保护类街区是指街区在整体上具有历史风貌，其中部分建筑还具有文物价值。这类历史街区，要重点保护有文物价值的建筑和街巷布局及风貌。没有文物价值的建筑应拆除，新建、改建必须在形式、风格、高度、体量、色调上与原街区历史风貌相吻合；对布局不合理、形式风格不协调的建筑要逐步拆除或改造，“建新如古”，可择址适当建仿古街或仿古城；棚户改造区内的古建筑和特色民居可原物易地重建。

三、历史文化街区保护规划

1. 历史文化街区保护规划要点

(1)历史文化街区保护规划应确定保护的目标和原则，严格保护该街区历史风貌，维持保护区的整体空间尺度，对保护区内的街巷和外围景观具体的保护要求。

(2)历史文化街区保护规划应按详细规划深度要求，划定保护界线并分别提出建(构)筑物和历史环境要素维修、改善与整治的规定，调整用地性质，制定建筑高度控制规定，进行重要节点的整治规划设计，拟定实施管理措施。

(3)历史文化街区增建设施的外观、绿化布局与植物配置应符合历史风貌的要求。

(4)历史文化街区保护规划应包括改善居民生活环境、保持街区活力的内容。

2. 历史文化街区保护规划内容

(1)街区历史文化价值概述。

(2)保护原则和详细确定保护内容。

(3)确定保护范围，划定核心保护范围和建设控制地带界限，制定相应的保护控制措施。

(4)确定保护范围内各类建筑物、构筑物和环境要素的分类保护整治要求。

(5)改善居住环境、基础设施和公共服务设施的方案。

(6)保持地区活力,延续传统文化的方案。

(7)有效实施保护规划的政策措施。

3. 历史文化街区保护规划实施

(1)保护规划实施原则。历史文化街区保护规划批准后,所在市、县人民政府应当依据保护规划,有计划、有步骤地对历史文化街区核心保护范围进行维修和整治,改善基础设施、公共设施和居住环境。对保护规划确定保护的濒危建筑物、构筑物和保护设施,应当及时组织抢修和整治。

(2)核心保护范围保护管理。在历史文化街区核心保护范围内进行建设活动,应当符合历史文化街区保护规划和下列规定。

1)不得擅自改变街区空间格局和建筑原有的立面、色彩。

2)除确需建造的建筑附属设施外,不得进行新建、扩建活动,对现有建筑进行改建时,应当保持或者恢复其历史文化风貌。

3)不得擅自新建、扩建道路,对现有道路进行改建时,应当保持或者恢复其原有的道路格局和景观特征。

4)不得新建工业企业,现有妨碍历史文化街区保护的工业企业应当有计划迁移。

四、历史文化街区的保护内容与方法

1. 街区建筑的保护

绝大多数历史街区中的建筑保护都必须结合居民生活的改善进行,才能保证街区始终保持因人的活动存在而充满真正的内在活力。

2. 街道格局的保护

历史街区的内部道路的格局通常具有该地段乃至整修城市的个性。

3. 建筑高度与尺度的控制

历史街区的建筑高度与尺度的整体协调是保护的重点之一。从历史看，沿街建筑的高度有不断增加的趋势，一方面，新的高大建筑破坏取代了历史街区的空间中占统治地位的纪念性或宗教性建筑的统领的作用；另一方面破坏了原有的街道空间的尺度与比例。因此，高度的控制是协调历史街区建筑风貌的重要手段。

4. 基础设施的改造

改善保护区的生活基础设施的条件，增加服务设施，保护现代生活的需要，包括供水、供电、排水、垃圾清理、道路修整以及供气或取暖等市政基础设施，同时，开辟必要的儿童游戏场地、增加绿化等，改善居民的居住环境，使居民可以安居乐业，继续在故居中生活下去、生活得更好。

5. 街区功能、性质的调整

(1)保持原有街区功能并加以强化。商业性质历史街区多数保持了原有功能并加以强化。这类街区如安徽市屯溪老街(图 6-4)、平遥古城南大街(图 6-5)等。

图 6-4　安徽市屯溪老街

(2)调整与转换街区功能。赋予历史街区有新的功能要求，正确地把握功能的转换是保护的基点。

6. 历史街区的保护区划定

根据历史街区不同地段的不同特征进行划分，并制定相应的整治

图 6-5　平遥古城南大街

要求、整治方式，是保护工作得以顺利进展的关键，现根据不同情况，划分为几个层次，提出各自不同要求。

如平江历史街区（图 6-6）位于苏州古城东北角，是目前苏州古城内保存较为完整、具有典型苏州传统格局、水乡风貌特色和文物古迹相对集中的、以居住为主的街区，是保护苏州古城风貌的重要地区之一。

图 6-6　苏州平江历史街区

该历史街区反映了明清历史时期的特征，有较完善的历史环境、事件，保护强调外部整体环境风貌。内容上，不仅要保护物质形体，还要保护历史文化内涵，如民风民俗、传统商业、手工业；空间上，不仅要保护历史街区本身，还要保护周围一定范围内的景观环境，以及绿化、水体等划定保护范围。

第三节　历史文化街区的建筑风貌保护

建筑是构成历史街区风貌的主体，本着保护街区环境和空间格局的原则，充分考虑现状和可操作性，规划对历史文化街区内所有建筑详细调查和评估后，将历史文化街区的所有建筑分为优秀历史建筑、一般历史建筑和一般建筑、新建建筑四大类，并分别提出相应的保护与整治模式，积极探索多样的建筑风貌保护方法。

一、优秀历史建筑

历史建筑是指在文物古迹范畴之外，有一定历史、科学、艺术价值的，反映城市历史风貌和地方特色的建筑物。历史街区中的大部分建筑是历史建筑，尽管其在价值判定上没有文物古迹那样高，但是历史建筑的数量和规模、布局和形式，对构成历史街区的整体风貌具有主导作用。

对历史建筑，要坚持“最大程度的保护，最低程度的限制”的原则，即首先要积极保护，不能弃置不理，更不允许大规模地成片拆除。同时，历史建筑的保护要求不可能也不必要严格遵照文物古迹，历史建筑数量众多，类型丰富，现状复杂，应该根据其价值与现状实施不同级别的保护措施，以宽容的态度探索多样实效的保护方法，这对文物古迹的修缮也必将有所裨益。优秀历史建筑由于其历史文化价值相对比较高，是文物古迹的后备资源，对这些建筑的保护范围与要求原则上应当参照文物古迹进行。

二、一般历史建筑

一般历史建筑面广、量大，年久失修，根据其建筑构件毁损的情况又可分为以下两种修缮方式。

(1)镶嵌式修缮,即小规模修缮,只对毁损的建筑部分进行原样补缺,这类建筑的现状结构质量较好。

(2)脱胎式修缮,即建筑的结构体系毁损严重,为了保持建筑屋顶、墙体等外部风貌,就采用新的结构体系,如以钢结构代替原有毁损的木结构体系,这样也可以使传统建筑的室内空间不受原有柱网的限制而改成大空间。

三、一般建筑

对街区内除历史建筑外的所有一般建筑,根据其风貌特征可分为以下三种措施。

(1)与历史风貌协调的一般建筑,应予以合理保留。这类建筑数量不多。

(2)与历史风貌不协调的一般建筑,近期内不具备拆除的条件,则予以立面改造、平顶改坡顶、降层等整饬措施,大部分一般建筑都属于此种情况。由于拆除成本大,对这类建筑实际上是采取了"死缓"的策略,通过整饬措施降低其对环境风貌的负面影响,待以后机会成熟再予以更新。

(3)与历史风貌不协调的一般建筑,且具备拆除的条件,则予以拆除。这类建筑数量控制较少,且往往要与地块的功能置换相联系,其对环境风貌的改善具有相当效果。

四、新建建筑

对于规划拆除的建筑,大部分情况要重新建造。历史环境中的新建建筑总是一个需要不断探索和具有挑战性的课题。规划中对新建建筑尝试两种不同的风貌保护理念。

(1)采取新建建筑与传统风貌形似的方式,即以现代的材料去建造传统形式的建筑,如采用钢筋混凝土框架、花格木门窗等。

(2)采取新建建筑与传统风貌神似的方式,即以现代的材料和形式去营建建筑,表面上看与传统建筑是有所区别的,但是在空间布局、高度体重、比例尺度、色彩等方面是与历史环境相协调的。这类建筑需要建筑师对历史环境的深刻理解和把握，也需要社会以一种宽容的态度来对待，作为一种有益探索，规划中鼓励在街区中点缀建设这类有时代精神和环境修养的新建建筑。

第七章　小城镇街道和广场设计实例

第一节　历史文化街区规划设计实例

一、荆州市三义街历史文化街区保护规划设计

1. 三义街历史文化街区概况

荆州市地处湖北省中南部，位于江汉平原腹地，东连武汉，西接三峡，南跨长江，北临汉水，是连东西、跨南北的交通要道和物资集散地，是国家公布的第一批历史文化名城，鄂中南地区的经济纽带，长江中游枢纽港口城市，国家轻纺工业基地，素有文化之邦、鱼米之乡和旅游胜地的称誉。

荆州历史文化底蕴深厚，具有两千多年悠久历史的荆州地域文化，全面展示了其在以码头、古代军事文化为源头，三国文化为核心，宗教文化为典型，蕴厚延绵的巨大历史成就。

(1)规划背景。三义街取意刘、关、张桃园三结义。历史上，大北门是城北的主要通道，直通荆襄古道。三义街曾经是城北的重要商品集散地，当时街道上店铺颇多，主要经营粮食、木器家具、陶瓷、饭庄、茶馆等，是农村土特产与城镇手工艺器具进行交易的市集，曾经有过相当长的繁荣期。随着城市的发展，土地功能的置换，人口的迁移，北门片区的经济地位逐渐被城市交通更为便利的区块所取代，三义街的商业功能也逐渐衰退，目前以经营日杂货和农产品的个体摊位为主。

三义街历史文化街区是荆州古城内保存最为完整的重要区域之一，对三义街进行整治、规划，对保护荆州历史文化遗产，延续城市历史文脉，打造城市特色品牌，提升城市竞争力具有积极的战略意义。

(2)上位层次规划及相关要求。

1)总体规划的要求。

①规划首先从城市总体规划和历史文化名城保护规划的宏观层面对三义街历史文化街区进行研究。

②《荆州市城市总体规划(2008)》提出三义街历史文化街区风貌保护,应以三义街传统风貌街巷两侧的传统民居院落的保护修缮和街区内传统街巷空间环境的整治改善为主,包括对北大门——拱极门、北门城楼——朝宗楼、荆州古城墙等文物建筑的修缮及文物周边环境的整治。

2)名城保护规划要求。《荆州历史文化名城保护规划》指出历史文化街区保护整治规划以保护为主,合理开发利用。规划应根据文物保护规划的要求,重点保护城墙、大北门、朝宗楼等文物古迹,对其进行日常保养、防护加固等修缮。保护街道的传统空间格局和空间尺度,对两侧传统民居院落进行维修、改善,在不改变外观特征的前提下,进行加固和保护性复原活动,调整、完善内部布局设施。保护护城河等现状水体,防治水体污染,改善生态环境。

对三义街及旁支街巷中现存的大树、古井等历史环境要素也应妥善保护,结合街道铺地,沿街界面、传统院落空间以及环境设施的整治,完善基础设施。将居住、餐饮、娱乐、购物、展览等活动有机结合,使这片街区成为环境适宜且能体现荆州古城传统民居特色的历史文化街区。

中远期考虑街区整体的保护性维修与内部居住条件的改善,进一步提升街区文化品质,将这一片建设为荆州古城内以幽静的生态旅游和浓厚的古城文化巧妙结合的历史文化街区。

(3)现状概况。三义街位于荆州古城内的西北角,北抵古城墙,南临荆北路,西靠北湖,东接洗马池。周围分布铁女寺、开元观、文庙、玄妙观等众多古建筑。

1)土地使用现状。三义街现状用地以居住为主,临街主要为商铺,同时规划范围内还有荆州区文化宫、市钢窗厂、市电大荆州区分校、荆州区教委印刷厂等,其用地功能较为混杂,商铺经营项目缺乏特色,档次较低。三义街现状用地平衡表见表 7-1。

表 7-1　现状用地平衡表

序号	代号		用地名称	面积/hm²	百分比/(%)
1	R		居住用地	6.7	37.47
其中		R11	一类居住用地	0.9	—
		R41	四类居住用地	4.56	—
		C/R	商住用地	1.24	—
2	C		公共设施用地	1.13	6.32
其中		C21	商业用地	0.24	—
		C32	文化艺术团体用地	0.42	—
		C51	医疗卫生用地	0.02	—
		C6	中等专业学校	0.45	—
3	G12		街头绿地	2.03	11.35
4	M1		一类工业用地	0.91	5.09
5	U		市政公用设施用地	0.05	0.28
6	C7		文物古迹用地	0.47	2.63
7	S1		道路广场用地	2.7	15.10
8	E1		水域	3.89	21.76
9	规划总用地面积			17.88	100

2)道路交通现状。三义街历史文化街区内部道路现状以三义街为主,辅以王家巷、观音庵巷。由于多为历史街巷,其道路狭窄,难以满足消防要求,同时停车场地缺乏,应从历史街区的角度出发综合考虑其道路交通。

3)空间格局现状。三义街的街巷大致保持着原有的形态,与护城河、古城墙、城楼构成了河—墙—楼—街—巷的空间格局。其整体空间格局保存完整,是目前荆州古城内唯一保存尚属完好的、具有历史风貌的、十分珍贵的历史街区。

4)历史遗存保存状况。三义街历史文化街区内保存有一定数量能体现荆州传统民居特色的院落民居,且建筑风貌、结构保存较好,具有较高的历史价值和艺术价值。街道两侧的小巷格局完整,尺度宜人。三义街至今保留有青石板铺地。

位于规划范围内的大北门(拱极门)是荆州古城墙原有的6座城门中最具代表性的一座。拱极门,明代称拱辰门,又称柳门,俗称大北门,清代改用现名。据《江陵县志》记载,此门连接通往京师的大道,古时仕宦迁官调职,官员送行时常经此门,并习惯折柳相赠,故名柳门。拱极门由城台与箭台组成,门洞系五券五伏尖券顶做法,城台前设瓮城,呈椭圆形。位于大北门上的正楼——朝宗楼是如今保存最为完好的城楼。楼高2层,全高约11 m,屹立于9 m的城台之上,显得宏伟壮观。梁架结构采用抬梁式与穿斗式结合的方式,屋顶为重檐歇山式。用材、结构、工艺都具有浓厚的湖北古建筑特征。

5)建筑现状。三义街老屋的布局与风格。三义街的老屋大多数是晚清及民国建筑,以荆楚地方民居建筑为主,具有浓厚的荆州传统风貌特征。绝大多数房屋都采用前店后宅式的砖木结构,建筑多为一进,由于年代久远、产权关系、缺乏立法等因素,三义街许多历史建筑和传统民居已遭到严重破坏。加之新建、改造等因素,历史街区的传统风貌受到较大的影响。

①建筑年代分析。

a. 核心保护区建筑年代指标表(表7-2)。

表7-2　核心保护区建筑年代指标表

建筑年代	基底面积/m^2	比例/(%)
清末	4 359	34.15
50～80年代	5 657	44.32
80年代后	2 748	21.53
总面积	12 764	100

b. 建设控制地带建筑年代指标表(表 7-3)。

表 7-3 建设控制地带建筑年代指标表

建筑年代	基底面积/m^2	比例/(%)
50～80 年代	11 761	31.46
80 年代后	25 623	68.54
总面积	37 384	100

②建筑风貌评价。

a. 核心保护区风貌评价指标表(表 7-4)。

表 7-4 核心保护区风貌评价指标表

风貌类型	基底面积/m^2	比例/(%)
一类风貌	2 452	19.5
二类风貌	7 258	57.7
三类风貌	2 748	22.8
总面积	12 458	100

b. 建设控制地带风貌评价指标表(表 7-5)。

表 7-5 建设控制地带风貌评价指标表

风貌类型	基底面积/m^2	比例/(%)
二类风貌	11 476	30.1
三类风貌	26 652	66.9
总面积	38 128	100

③建筑类型评价。核心保护区建筑类型指标见表 7-6。

表 7-6 核心保护区建筑类型指标表

建筑类型	基底面积/m²	比例/(%)
木结构	2 452	19.5
砖木结构	7 121	56.6
砖结构	782	6.5
砖混结构	2 221	17.7
总面积	12 576	100

④建筑质量评价。

a. 核心保护区建筑质量评价表(表 7-7)。

表 7-7 核心保护区建筑质量评价表

风貌类型	基底面积/m²	比例/(%)
砖木结构	2 102	5.5
砖结构	14 591	38.5
砖混结构	21 239	56.0
总面积	37 932	100

b. 建设控制地带建筑量评价表(表 7-8)。

表 7-8 建设控制地带建筑量评价表

质量分类	建筑面积/m²	比例/(%)
质量较好	2 674	17.0
质量一般	3 740	23.8
质量较差	9 308	59.2
总面积	15 722	100

(5)本次规划要解决的问题。

1)为历史街区保护工作提供管理上的直接依据和具体办法。

2)进一步加强文物建筑和历史建筑的保护和适度利用,明确建筑保护与整治模式的具体措施。

3)在加强历史街区保护的前提下,促进历史街区的功能复兴,重现街区活力。

4)改善历史街区居民生活环境,完善相关配套设施。

5)妥善解决保护区市政工程管线的改善途径;加强消防等防灾规划,降低安全隐患。

6)加强重建地块的规划管制,避免出现新的不协调建筑,维护完整的历史街区风貌。

7)提出典型建筑改造方案和街景立面设计,增强可操作性。

2. 规划依据、原则与目标

(1)规划依据。

1)《中华人民共和国城乡规划法》(2007 年 10 月 28 日第十届全国人民代表大会常务委员会第三十次会议通过)。

2)《城市居住区规划设计规范》(GB 50180—1993)(2002 年版)。

3)《荆州市城市总体规划(修编)》。

4)《荆州市历史文化名城保护规划》。

5)国家其他有关法律、法规、技术标准与规范。

在全面保护三义街历史文化街区风貌的前提下,发挥历史街区的潜在优势,突出特色,充分利用现存的历史遗产、人文资源,综合发展旅游事业,发展城市经济,彻底改善居住环境,提高居民生活水准。

通过本次规划,促进三义街历史文化街区的保护更新和协调发展,统筹安排各项开发建设项目,为改造更新提供技术指导。

(2)规划原则。

1)文化内涵导向原则。充分挖掘三义街历史文化街区和荆州的传统民俗文化,建立民间文化保护机构,全面提升三义街历史文化街区的文化吸引力。

2)地域特色原真性保护原则。对传统建筑的修复以及新建建筑的设计,应建立在对本地建筑文化严谨调查的基础上,充分体现地域文化真实而独特魅力。

3)保护与发展互动原则。在对历史街区的物质性遗产保护的同时,应充分利用对本地区非物质文化遗产的研究,并积极进行文化产业的挖掘,对传统建筑进行积极有效的保护性利用,在一定程度发掘历史遗产的社会经济价值。

(3)规划目标。以"文化富市"发展战略为指导,以总体规划、名城保护规划等上位层次规划为依据,在全面保护历史街区的基础上,充分挖掘荆州地区深厚的历史文化资源(包括物质与非物质文化遗产),整理改善片区功能结构、道路交通、旅游线路、基础设施、景观体系。规划确定三义街历史文化街区是以生活居住、旅游观光、商业服务、文化经营为主要职能,集中体现荆州市历史文化内涵、传统人文风貌与传统商业特色风貌的历史文化街区。

本次规划主要保护三义街历史文化街区的晚清街巷格局,荆楚地方民居的传统特色以及传统商业文化为主的非物质遗产,充分体现三义街历史文化街区的两大文化特征。

1)传统商业文化:通过保护三义街两侧的传统商业建筑来体现三义街历史街区传统商业的文化内涵。

2)民俗地方文化:通过对北入口区的民俗展览观的开发展示来体现荆州丰富多彩民风民俗。

(4)规划重点。

1)将原本不成系统的历史建筑通过步行系统的建设联成整体。主要发展旅游商业、传统工艺、习俗展示、街区历史文化体验等服务项目和产业。

2)梳理原有的交通脉络与肌理,完善历史街区交通体系,合理组织车行与步行系统、消防系统,在街区外围设置相应停车场。

3)恢复历史街区中的若干历史建筑,并予以相应的功能,增强历史街区的活力。

4)逐步调整、拆除街区内部及其周边影响风貌的建筑,建设完善的市政配套及相关服务设施,结合洗马池遗址、古城墙、城楼、护城河等外部环境，打造舒适、宜人的集居住、商业、文化休闲于一体的历史街区。

3. 保护框架规划

保护框架制定的目的是在概括提炼三义街历史文化街区风貌特色和文化的基础上，通过加强对街区整体历史文化环境、重点历史地段保护，整体地保护三义街历史文化街区的物质形态和文化内涵，提升三义街历史文化街区文化内涵和旅游价值。

(1)保护框架的构成要素。三义街历史文化街区保护框架的构成要素由人工环境和人文环境两部分组成(表 7-9)。需要针对各自的特点进行相应的保护。

表 7-9　三义街历史文化街区保护要素构成表

人工环境	街巷格局	主要街道成鱼骨状，街巷普遍较窄
	历史建筑	清末及民国时期众多保存较好的民居
	特色构筑	青石板路面、老井
人文环境	节庆习俗	元旦(农历正月初一，阳历为春节)、立春、上九、元宵节、清明节、端阳、中秋节、重阳节；五月十三，俗称关公磨刀日；六月六日“龙晒节”；七月七日为乞巧节；七月十五日俗称中元节；腊月八日俗称腊八；社日即土地会；正月上半月，荆州每条街巷都竞相玩灯；正月初五为米生日
	特色美食	杂烩头子、皮条鳝鱼、铁扒鸡、龙凤配、樱桃元子、菊花柴鱼、什锦饭、早堂面、细豌子泡糯米、米元子等
	历史人物	刘备、关羽、张飞
	历史传说	桃园三结义
	文化戏曲	荆河戏、汉剧、京剧等

(2)保护框架的空间构成。根据三义街历史文化街区的价值及其环境要素构成，可以将三义街历史文化街区的空间框架划分为“一街

两巷、一楼多点”。

1)“一街”是指三义街传统风貌街。

2)“两巷”是指西侧的王家巷和东侧的观音庵巷。

3)“一楼”是指作为三义街抵景,位于拱极门上的朝宗楼。

4)“多点”是指分布于保护范围内的优秀历史建筑、保存完好的两处古井、大树和洗马池遗址。

4. 保护等级与范围

(1)历史街区分级保护。根据现状特征以及国家对历史街区保护的相关规定,在本次规划中,将三义街历史文化街区的保护范围划分为两个层次:历史文化街区核心保护区和建设控制地带,按照不同的保护层次,实施不同的保护要求。

1)保护范围。三义街历史文化街区核心保护区是指从沿三义街两侧传统民居集中的区域。本次规划历史文化街区核心保护区面积为 2.0 hm^2。

建设控制地带范围为核心保护区外围部分,包括北端的护城河的一半,南端的荆州区文化宫、荆州市钢窗厂,西侧的三国文化街,东侧的洗马池遗址。本次规划建设控制地带面积为 15.88 hm^2。

本次规划总面积为 17.88 hm^2。

2)保护要求。对于三义街历史文化街区核心保护区,要求确保此范围以内的建筑物、街巷及环境不受破坏,如需改动必须严格按照保护规划执行并经过城市规划主管部门审定批准。各种修建需在城镇建设部门及文物部门等有关部门严格监督下进行,其建设活动应以维修、整理、修复及内部更新为主。其建设内容应服从对历史街区的保护要求,其外观造型、体量、色彩、高度都应与保护对象相适应,较大的建筑活动和环境变化应由城市规划主管部门组织专家评审会通过,方可执行。对任何不符合上述要求的新旧建筑必须搬迁和拆除,近期拆除有困难的都应改造其外观和色彩,以达到环境的统一,远期应搬迁和拆除。

①街巷应保持原有的空间尺度,原有电线杆、有线电视天线等有碍观瞻之物应逐步转入地下或移位;街道小品(如果皮箱、公厕、标

牌、广告、招牌、路灯等）应有地方传统特色，不宜采用现代城市做法。

②街巷两侧建筑功能应以传统民居和传统商业建筑为主，鼓励发展传统商铺、恢复老字号和产商结合的手工作坊，建筑的门、窗、墙体、屋顶等形式应符合风貌要求，色彩控制为黑、白、灰及红褐色、原木色。

③传统民居选择相对完整地段成片加以维修恢复，保持原有空间形式与建筑格局，古井、古树及反映居民生活的特色庭院，应予以保留并清理恢复，不符合风貌要求的建筑应予以改造或拆除。

④对本区内保留的传统民居建筑应加强维修，建筑色彩应取黑、白、灰、红褐色等荆州传统民居的色彩加以统一控制，建筑装饰、建筑形式应采用民居形式的坡顶青瓦翘檐式，建筑门、窗、墙体、屋顶及其他细部必须严格按规划管理确定的荆州传统民居特色细部做法执行。

建筑物高度控制为不超过 2 层，局部 3～4 层。

对于建设控制地带，在此范围内的新建建筑或更新改造建筑，必须服从“体量小、色调淡雅，不高、不洋、不密、多留绿化带”的原则。其建筑形式要求不破坏历史街区风貌的前提下，可适当放宽，该保护范围内的一切建设活动均应经规划部门批准、审核后方能进行。对于建设控制地带，新建建筑应鼓励低层，原则上不超过 3 层，街坊内部建筑高度应严格按照“高度控制规划图”执行，禁止不符合上述要求的任何新的建设行为，对不符合要求的已有建筑，应停止其建设活动，并在适当的条件下予以改造。

(2)建筑风貌保护。建筑是构成历史街区风貌的主体，本着保护街区环境和空间格局的原则，充分考虑现状和可操作性，规划对三义街历史文化街区内所有建筑详细调查和评估，并提出相应的保护与整治模式，积极探索多样的建筑风貌保护方法。

5. 土地利用规划

三义街历史文化街区现状用地布局主要存在有以下问题：区内用地性质较为混杂，并且布局杂乱，未能体现三义街历史文化街区核心功能;区内居住用地等级低,人居环境差;区内集中为旅游服务的商业用地和娱乐用地较少,交通组织混乱,停车位明显不足;公共空间缺乏,不利于旅游线路组织和创造良好的游览环境。通过本次规划,结合整体保护与适度利用的原则,有必要对三义街历史文化街区用地功能进行适度的调整。

(1)用地调整原则。

1)保护原则——即保护三义街历史文化街区的空间格局、街巷尺度、历史建筑等历史文化构成要素,延续老街历史文化环境。

2)发展原则——即贯彻历史街区的可持续发展战略,发挥传统的历史文化环境在现阶段的现实积极意义,同时,改善居民的生活质量和环境品质。

3)效益原则——积极开辟和利用三义街历史文化街新、老景点,发展旅游事业,振兴荆州的经济,实现社会、环境、经济和文化效益的统一发展。

(2)用地调整规划措施。

1)重点调整三义街两侧的用地布局。将原有低水平、无特色的沿街商业转化为传统商业、传统文化、博物展览、餐饮服务用地,结合历史街区各主要出入口,增加停车点及停车面积。在重建地段选择适当地点设置公共厕所、报刊亭、垃圾收集点等各类公共设施,完善历史街区的公建配套。

2)利用原有居住用地间的部分弃置地和拆除部分质量与风貌都较差的建筑,规划绿地及休憩广场用地,全方位改善自然、生态环境与居民、游客的生活、游览环境。

3)结合工程管线规划,增加了市政公用设施的用地,从而为改善居民生活水平提供了用地上的保障。

4)规划的居住用地与公建用地可相互兼容。用地中现有的传统建筑虽可改变建筑的使用性质,但应保持和恢复建筑原有的外观、立面和布局;对重建地块的新建建筑,其用地功能的转换不应影响建筑风格、建筑布局与周边环境的协调统一。表7-10为三义街规划用地平衡表。

表 7-10　三义街规划用地平衡表

序号	代号	用地名称	面积/hm²	比例/(%)
1	R	居住用地	5.53	30.93
其中	R11	一类居住用地	3.60	20.14
	C/R	商住用地	1.93	10.79
2	C	公共设施用地	2.66	14.88
其中	C21	商业用地	1.26	7.06
	C24	服务业用地	0.38	2.12
	C25	旅馆业用地	0.85	4.75
	C34	图书展览用地	0.17	0.95
3	G1	公共绿地	4.74	26.51
其中	G11	公园用地	4.54	25.39
	G12	街头绿地	0.20	1.12
4	S	道路广场用地	4.17	23.32
其中	S1	道路用地	4.16	23.27
	S31	机动车停车场用地	0.1	0.56
5	E1	水域	0.78	4.36
6	规划建设用地总面积		17.88	100

6. 规划功能结构、分区

(1)规划结构。三义街历史文化街区规划结构主要根据保护范围的划分、用地功能的调整结合历史街区的合理开发与利用而确定。

三义街历史文化街区规划结构为“一心两轴六区”。

1)“一心”为北入口处的公共服务中心；

2)“两轴”为三义街传统商业轴和规划的休闲娱乐轴；

3)“六区”为传统文化产品展示区、民俗展览区、特色商业区、传统居住区、特色餐饮区、传统园林区。

①传统文化产品展示区：以传统文化为载体，经营旅游品、特色纪

念品，如古董、传统建筑饰构件、古家具、刺绣、土特产等。

②传统居住区：以传统民居为载体，保留居民生活情景，为游客带来亲切感，避免纯商业氛围引起的喧嚣。

③民俗展览馆：展现荆州市人民传统生活习俗，传统工艺作坊。

民居式客栈：以传统民居样式为载体，为游客带来不同的居住体验。

④特色商业区：以本地文化为依托开发的礼品、饰品为依托，打造特色商业区。

⑤特色餐饮区：以荆州地区特色美食为主，打造特色餐饮区。

⑥传统园林区：以洗马池遗址为载体，打造传统园林区，供市民及游人休憩娱乐。

(2)规划布局及分区。三义街历史文化街区规划布局按照核心保护区、建设控制地带采用相应的布局策略。在核心保护区主要以整治为主，并考虑植入适当的功能。这些功能包括居住、旅游观光、小型展览、旅馆、餐馆娱乐、戏曲茶艺等。在建设控制地带则考虑适度的开发，包括主题商住、文化娱乐、商业及旅游接待。表 7-11 为综合技术经济指标一览表。

表 7-11 综合技术经济指标一览表

编号	项目名称	指标
1	规划总用地	178 800 m²
2	总建筑面积	97 396 m²
其中	保留建筑	24 596 m²
	新建建筑	72 800 m²
3	建筑密度	50.9%
4	容积率	0.54
5	绿地率	25.8%

7. 公共服务设施规划

规划对原有建筑外部空间功能进行梳理打通，构成多级网状的外部交往空间,形成主要街道→巷道→内部场地→私人院落的空间结构。

规划安排一处街区服务中心、一处诊所、一处小型戏剧社(茶社)。同时加强垃圾箱、信息栏、书报亭、公共厕所等公共设施的统一管理和标准化设置。

三义街作为主要旅游服务性质的商业街道,必须保证一定的为居民日常生活服务的商业设施。

8. 道路交通规划

(1)对外交通规划。街区外围,荆北路、内环路作为历史街区的主要对外联系干道,应充分保证历史街区的对外旅游交通和公共交通可达性。

(2)内部交通规划。

1)历史街区内的传统街巷保持原有的尺度、比例和格局。

2)规划三义街、西湖街为传统居住步行街,洗马池路为景观道路,除消防等应急车辆外,其他车辆不准进入。

3)王家巷、观音庵巷等规划的次要步行道,作为居民出行通道,禁止机动车辆出入。

(3)静态交通规划。为避免机动交通对三义街历史街区风貌和环境的影响,规划在三义街外围设置机动车停车场,对机动车辆进行有效截流,限制机动车进入三义街历史街区,具体如下:在三义街外围共设三处机动车停车场,两处地面停车场分别位于三国文化街北端入口处和在洗马池路西侧,一处地下停车场位于洗马池路与荆北路交汇处东侧;另设置两处临时车位,分别位于三国文化街南入口及洗马池路与荆北路交汇处东侧。

(4)道路保护整治模式。对于完整保持了传统风貌的街巷要以修缮路面为主,保持街巷尺度和两侧建筑的高度,如三义街应予以修缮保护。

对于街区内的主要传统风貌街巷,路面铺砌的原有风貌已经不存,但尺度和格局都保存较好的,应根据当地的传统做法进行适当的恢复和改善整治。

根据街区内部和外部的交通状况,可以适当拓宽部分街巷。

9. 市政设施规划

(1)给水排水规划依据。

1)《城市排水工程规划规范》(GB 50318—2000)。

2)《城市给水工程规划规范》(GB 50282—1998)。

3)《室外排水设计规范》(GB 50014—2006)。

6)《城镇污水处理厂污染物排放标准》(GB 18918—2002)。

7)《地表水环境质量标准》(GB 3838—2002)。

(2)给水工程。

1)现状概况。规划区内荆北路、三义街及三国文化街等给水管网已形成;区内枝状给水支管亦已形成。

2)给水规划。规划指标及设计参数。

①居住用地:5.53 hm^2,用水量标准 150 $m^3/(hm^2 \cdot d)$;

②其他公共设施用地:1.4 hm^2,用水量标准 80 $m^3/(hm^2 \cdot d)$;

③商业用地:1.26 hm^2,用水量标准 50 $m^3/(hm^2 \cdot d)$;

④道路广场用地:4.17 hm^2,用水量标准 20 $m^3/(hm^2 \cdot d)$;

⑤绿化用地:4.74 hm^2,用水量标准 10 $m^3/(hm^2 \cdot d)$;

⑥水域用地:0.78 hm^2。

总用地:17.88 hm^2。

3)给水规划。

给水量预测约 1 112.5 吨/日。表 7-12 为给水量预测表。

表 7-12 给水量预测表

用地性质	块面积/hm^2	用水量预测/[$m^3/(hm^2 \cdot d)$]	用水量/m^3
居住用地	5.53	150	829.5
其他公共设施用地	1.4	80	112
商业用地	1.26	50	63
道路广场用地	4.17	20	83.4
公共绿地	4.74	10	24.6
水域	0.78	—	—
合 计	17.88	—	1 112.5

4)给水管网布局。沿道路布设消火栓，间距不大于 120 m。给水管网成环网布置，给水干管沿区内干道布置，管径在 $DN100 \sim DN200$，管网末梢压力应不小于 0.28 MPa。

(3)排水规划。

1)现状概况。

①排水体制：雨、污合流制。

②排水系统：片区内的排水系统已经形成，为雨、污合流制，分片：三国文化街排水管网已形成，污水经过生化化粪池处理后排至三国公园现状水域，雨水直接进入三国公园水体；规划区内其余地块雨、污水部分排至荆北路以及内环道现状合流管道，洗马池附近地块雨、污水通过地面径流和管道排入现状水体。

片区内无渍水现象。

2)污水规划。

①污水量预测。污水量按总用水量的 80%计，约 890 吨/日。

②片区的污水基本为生活污水须经化粪池处理，排入内环道进入截污干管。污水排放应符合《污水综合排放标准》(GB 8978—1996)。

3)雨水规划。

①规划指标及参数。

暴雨强度公式：$q=684.7(1+0.854\lg P)/t^{0.526}$

设计降雨重现期 $P=1$ 年，地面径流系数 0.6。t 为降雨时间(min)。

②管网布置。

沿城市道路布置排水干管，分地块支管接入。

③雨水流量。

总汇水面积：17.10 hm^2(不含水体面积)，雨水流量 890 L/s。

4)排水管网规划。三国文化街于 2004 年形成较完善的排水管网体系，污水经过生化化粪池处理后排至三国公园现状水域，雨水直接进入三国公园水体；规划区内其余地块雨、污水通过规划排水管道收集后排至内环道截污干管，进入草市污水处理厂处理达标后排放。

(4)电力工程规划。

1)规划依据。

①《城市电力规划规范》(GB 50293—1999);

②《城市电力网规划设计导则》;

③《荆州市城市总体规划》。

2)用电负荷预测。采用负荷密度法对本区用电负荷进行预测,各地块根据用地性质、负荷特征,并结合荆州市同类建设用地用电水平采用以下负荷指标。

①居住用地用电:400 kW/Ha;

②公共设施用地用电:600 kW/Ha;

③道路广场用地用电:40 kW/Ha;

④绿地用电:10 kW/Ha;

同时系数 0.7。

本区总计算负荷约为 2 900 kW。

3)变电站规划。本区区域现供电由现状 110 kV 南门变供电。

随着本区的开发建设,用电负荷的不断增长,规划将现状 110 kV 南门变增容为 2×40 MVA;110 kV 南门变电源利用现状 110 kV 南湖变、龙潭变至南门变的二回 110 kV 线路,二回 110 kV 线路在南门变构成单环网,开环运行,提高供电的可靠性。

4)10 kV 网络。本区 10 kV 网络规划为:由南门变出一回 10 kV 线路沿郢都路西侧向北敷设至三义街,然后沿洗马路东侧向北敷设至内环路。

5)380/220 V 网络。本区内 380/220 V 低压配电线路以变电台区或箱变为单元采用放射式配电方式,低压供电半径不超过 250 m。

6)线路敷设方式。本区内 10 kV 线路规划采用电缆沿道路侧敷设。

(5)电信工程规划。

1)弱电用户量预测。依据《荆州市城市总体规划》指标,居住类用地按每 50 m^2 设一部固定电话,一个有线电视端口,一个网络端口;公共服务类用地按每 60 m^2 设一部固定电话,一个有线电视端口,一个网络端口;预测本区固定电话用户约为 1 800 门,有线电视用户约为

1 800 户，网络用户约为 1 800 端口。

2)电信网络规划。规划本区由现状荆南电信交换局出线覆盖。

3)局所规划。本区内邮政服务设施按服务半径 1.0 公里布置，由现状荆北路邮政局覆盖。

4)弱电地下管网规划。规划荆北路北侧单侧布置 12 孔；规划三义街西侧和洗马街西侧单侧布置 6 孔。

5)移动通信规划。本区移动通信用户远期将达到 1 万门，规划在本区内建设 3～4 个 3G 移动通信基站。

6)规划技术原则。

①馈线电缆采用交接配线法，交接箱采用落地式布置在道路的两侧。

②主干道上单侧布置 12 孔，分支道路上单侧布置 6 孔或 3 孔。

③各主次道路按 100 m 间隔设置公用电话。

④规划在本区内布置的各类通信电缆、光缆采用管道沿道路侧埋地敷设。

10. 空间景观规划

(1)历史街区内部空间景观规划。为保护三义街以传统居住街坊和传统商业街道为特色的历史街区空间景观特色，规划加强其居住街坊和商业街道相结合的街区特征，构筑历史街区的开放空间系统和标志景观系统。

整个历史街区的风貌景观规划为三类：传统商业建筑风貌区、传统民居建筑风貌区、传统园林风貌展示区。三义街沿街以传统商业建筑为主，两侧为传统民居；传统园林风貌展示区指三义街东侧的洗马池遗址公园。

保护强化三义街的传统商业景观特色和传统居住景观特色，规划三义街为传统商业景观轴；强化洗马池路道路绿化和沿路铭牌的文化内涵，规划王家巷为街区发展景观轴；保护各街巷空间格局和传统风貌特色，强化南北向景观渗透关系。

强化历史街区的入口标志空间，保护街区内部的标志性景观。在三义街历史街区主入口，即三义街与内环路交汇处，设置入口牌坊，利用三义街两侧建筑围合成入口广场，以雕塑、绿化、铭牌等形式记述三义街的发展历程；在三义街历史街区南入口处设置市井广场，以铺地、绿化、浮雕等形式展现荆州市民俗文化。

此外，在历史街区中利用建筑退让间距、街巷空地塑造公共开放空间，形成以街区→轴线→节点→小型开放空间为主体的多级空间景观体系。

(2)历史街区外部空间景观规划。美化城市滨水景观、提高城市品位、改善人居环境，达到全面提升城市生态效益的目的；充分发掘景观资源为创造丰富多彩而又安全实用的滨水景观服务；配合三义街历史街区和古城墙、城楼的资源优势，完善景区的基础设施。

11. 建筑保护与整治模式

建筑的保护与更新模式规划是本着保护三义街历史街区风貌和传统空间格局的要求，充分考虑现状和可操作性的原则，按建筑的等级分类及其质量、风貌等的综合调查评估，对历史文化街区内的建(构)筑物提出以下措施。

(1)修护：针对优秀历史建筑，对其进行不改变外观特征和内部结构格局的修理维护，其使用性质的改变需报上级政府部门组织的专家评审通过方能进行。

(2)改善：对一般历史建筑和历史环境要素进行不改变其外观特征的维护、改建活动。

(3)整修：针对一般建筑中与历史风貌有冲突的建构筑物和环境要素进行的改建活动。

(4)暂留：针对质量较好，但与古镇风貌冲突很大且不处于核心风貌保护区的紫线范围内的一般建筑，由于经济社会原因而暂时无法更新拆除的，暂时保留，建议远期更新拆除。

(5)拆除：针对风貌极差、质量极差的一般建筑，或该建筑原址曾经有重要的古迹遗址，则根据规划需要将其拆除，进行新的建设活动或对古遗迹进行复建，或开辟为绿化及开敞空间。

对优秀历史建筑、一般历史建筑、一般建筑、障碍建筑等相对应的保护和整治措施分别见表 7-13～表 7-15。

表 7-13　各类建筑相应保护与整治措施

类型	优秀历史建筑	一般历史建筑	一般建筑	障碍建筑
保护与整治方式	修护	改善	整修	暂留、拆除

表 7-14　核心保护区范围内的保护与整治模式

保护与整治模式	修护	改善	整修	拆除	总面积
基底面积/m^2	2 552	5 503	831	9 308	12 592
比例/(%)	20.3	43.7	6.6	29.4	100

表 7-15　建设控制地带范围内的保护与整治模式

保护与整治模式	改善	整修	拆除	暂留	总面积
基底面积/m^2	8 293	501	25 754	3 558	38 106
比例/(%)	21.8	1.3	67.6	9.3	100

12. 重点地段整治与设计

(1)西湖广场。西湖广场景区总面积 1 000 m^2,设计充分利用西湖街两侧建筑入口处的退让空间和西湖街的步行空间进行设计,广场中心处置群雕,雕塑以三义街传统的商业活动为载体,采用不同色彩和材质的铺地划分广场空间,通过四周的绿化景观进行围合并向两侧建筑过渡,与西湖街沿线的不同主题景观构成完整的景观序列。

(2)洗马池公园。洗马池公园位于三义街东侧,总面积 28 900 m^2。结合洗马池遗址为人们提供一个集休闲、娱乐、健身为一体的生态公园。以自然式游步道环通,湖岸湿润滩地种有多种水生植物,并在沿岸点缀颜色鲜艳姿态优美的树木,营造出摇曳多姿的水岸景观。

(3)游客中心、入口广场景区。游客中心、入口广场总用地面积 1 250 m^2。

游客中心采用荆州市传统建筑风格,形成半围合的院落景观,通过建筑高度、体量的组合营造丰富的空间层次，并以半圆形空间强化入口景观，以反映荆州民俗生活的塑像强化广场主题，增强该区域的可识别性。入口广场结合树池、灯柱、地面铺装等，完成三义街与内环路之间的起承转合。轴线两侧辅以古朴的文化展示墙，讲述三义街的故事和荆州古城的传说。建筑内部构造满足现代功能需求，集信息咨询、住宿、餐饮、会议、演示、休闲、停车为一体，为游客提供良好、舒适的游憩空间。

(4)市井万象。

市井万象位于三义街南入口处，总面积 320 m^2（东侧 220 m^2，西侧 100 m^2），以民俗铜塑和造型别致的地面铺装展示古城的悠久文化历史，与游人产生互动，形成自然活泼的空间围合。树池式座凳点缀其中，使游人在流连于街头巷尾之时享有舒适的休憩空间。

13. 立面整治

规划针对三义街的沿街建筑现状，进行适当整治，以保护和恢复其原有的历史风貌。

(1)建筑立面综合评价。通过对沿街建筑立面现状的调查可以看出，三义街沿街建筑立面历史风貌有不同程度的改变。根据保存的完整程度，建筑立面可分为四个等级。

1)可以恢复原貌的。指建筑立面形式完整、建筑质量较好但建筑局部有损坏、改造的历史建筑，通过对建筑保留历史构建的分析和研究，可将历史构件残缺部分通过模仿补全。

2)需作想象复原的。指建筑质量较好，但建筑立面形式已有较大程度的改变，已无法恢复到原样的历史建筑，需通过对相邻建筑立面和建筑自身结构的分析，对建筑立面进行重新设计、复原。

3)需改造更新的。指建筑质量较好，但建筑立面不符合历史街区风貌特征却暂时不能拆除的现代建筑，需要对其里面进行重新设计和改造，或通过种植树木、建设院墙等工程措施对建筑立面进行遮掩。

4)需拆除或重建的。指建筑形式在整体上严重破坏历史街区风貌或建筑质量极差的建筑，需要拆除并更根据功能需求，改造为公共开放空间或重新设计建造与历史街区相协调的新建筑。

(2)整治措施。为使规划工作具有实践上的可操作性,整治规划落实到沿三义街的每一建筑立面。将立面分解成屋顶、墙体、门窗、细部装饰等要素,进行如下的现状评价和整治措施的细分。

1)门的整治措施(表 7-16)。

表 7-16　门的整治措施

质量和风貌	整治措施
风貌很好,即具有地方传统特色、传统构件及典型细部装饰,采用地方传统材料(如传统木趟门、门仔等),符合风貌保护要求的,且质量均很好或较好	完全保存或仅略加修缮,并进行日常维护及定时修理
风貌尚好,即具有传统尺度、比例、材料和色彩,保留有一定的传统构件和细部痕迹,符合风貌保护要求;或其风貌很好但质量一般或较差,如结构松动、表面破损、色彩脱落,局部被破坏等	考虑整体风貌协调要求,根据现存框架、构件痕迹,尽量进行原样修复;也可根据实际情况,按风貌要求,重新设计
风貌尚好或一般,但质量较差,如门扇残缺、构件损坏很严重,几乎不能再使用的	保留框架,重修
风貌一般,即其形式、材料、色彩等做了较大的改变(如钢卷帘门、铁门、玻璃门等),已不具有地方传统特征,不能体现地方传统特色,但由于其质量比较好,位于非重点地段、部位,对建筑立面及周围环境风貌影响较小的	近期保留暂不拆除,或进行局部整饰,使之与传统风貌协调;远期可考虑改造或更新
风貌较差,即其形式、材料、色彩已被任意改动,不具有地方传统特征,完全不符合风貌要求,且位于重点保护地段,严重影响建筑立面形式和周围环境风貌的	按照风貌要求局部改造或全面更新设计

2)窗的整治措施(表 7-17)。

表 7-17　窗的整治措施

质量和风貌	整治措施
采用地方传统的材料（如木材、石材等），具有地方传统特色的构件、细部与装饰，其窗线、窗楣、窗台等部位线脚、花饰保存较好，符合风貌保护要求，能很好地体现地方传统建筑特征，且窗体质量完好或大部分完好	完全保存或仅略加修缮，并进行日常维护及定时修理
风貌尚好，即具有地方传统窗户的比例、尺度及材料，符合风貌保护要求，但质量稍差，如结构有些松动；表面、装饰细部、构件等局部破损；色彩脱落等	按照风貌保护要求，框架保留，进行结构加固，修缮破旧部分，补刷油漆
风貌尚好或一般，但窗体质量破坏严重，结构破坏，大部分构件破损，几乎不能再利用	考虑整体风貌协调要求，根据现存框架、构件痕迹，尽量进行原样修复；也可根据实际情况，按风貌要求，重新设计
窗体形式、材料、尺度比例及开启方式已作较大改动，不能反映地方传统特色，整体不符合风貌要求，但其质量较好且位于非重点地段，对建筑整体立面和周围环境风貌影响不大	近期保留暂不拆除，或进行局部整饬，使之与传统风貌协调；远期可考虑改造或更新
风貌较差，即其形式、材料、色彩等均不具有地方传统特征（如铝合金、大玻璃窗等），完全不符合风貌要求，且位于重点保护地段，严重破坏建筑整体立面和周围环境风貌	拆除，按照风貌保护协调要求，对窗体全面进行更新设计

3）墙体的整治措施（表 7-18）。

表 7-18　墙体的整治措施

质量和风貌	整治措施
风貌尚好，即具有一定的地方传统特色、构件及细部，符合风貌保护要求的，但质量稍差，墙体部分破损，或局部已被改动，表面粉刷层、色彩脱落，结构松动等	完全保存或仅略加修缮，并进行日常维护及定时修理

续表

质量和风貌	整治措施
风貌尚好，即具有一定的地方传统特色、构件及细部，符合风貌保护要求的，但质量稍差，墙体部分破损，或局部已被改动，表面粉刷层、色彩脱落，结构松动等	框架不动，结构进行加固；按照风貌保护要求，尽量按原样修缮破旧部分，补刷油漆、涂料
风貌尚好或一般，但墙体质量很差，破坏十分严重，如墙体倾斜、出现裂缝；部分被拆除更改等	考虑整体风貌协调要求，保留结构框架，并根据现存构件细部痕迹，尽量进行原样修复；也可根据实际情况，按风貌要求，重新设计
风貌一般，墙体形式、材料、色彩等已被重修改动，不具有地方传统特征，不能体现地方传统特色，但由于其建造时间较近，质量比较好，且位于非重点地段，对周围环境风貌影响较小	近期保留暂不拆除，进行局部整饬，增加立面装饰，使之协调；远期可考虑改造或更新
风貌较差，即其形式、材料、色彩不具有地方传统特征，完全不符合风貌要求，且位于重点保护地段，严重影响周围环境风貌的	保留建筑结构框架，墙体重新设计

4)屋顶的整治措施(表 7-19)。

表 7-19　屋顶的整治措施

质量和风貌	整治措施
保存较好，具有传统及地方特色的坡屋顶及檐口、女儿墙及其他类型的符合风貌保护要求的屋顶	完全保存或仅略加修缮，并进行日常维护及定时修理
具有传统或地方特色的屋顶，但已有部分破损，如少量瓦片松散、檐口局部破损，部分构件损坏等	框架不动，结构进行加固；按照风貌保护要求，尽量按原样修缮破旧部分
破坏严重几乎不能利用，如檐口、屋脊大部分破损，屋面陷漏的，结构松散	考虑整体风貌协调要求，保留结构框架，并根据现存构件细部痕迹，尽量进行原样修复；也可根据实际情况，按风貌要求，重新设计

续表

质量和风貌	整治措施
风貌一般的现代结构屋顶（如平屋顶），不具有地方传统特征，不能体现地方传统特色，但由于其建造时间较近，质量比较好，且位于非重点地段，对周围环境风貌影响较小	近期保留，或进行局部整饬协调；远期可考虑改造或更新
风貌一般、质量较差、损坏严重难以使用的屋顶，或严重影响风貌的现代结构屋顶	拆除，按照风貌保护协调要求，对屋顶重新进行设计

5)柱饰及特色构件等的整治措施（表 7-20）。

表 7-20　柱饰及特色构件等的整治措施

质量和风貌	整治措施
风貌与质量均很好或较好，具有传统尺度、传统构件及典型细部，符合风貌保护要求的	完全保存或仅略加修缮
风貌较好，保留有一定传统尺度、传统构件及典型细部，符合风貌保护要求，但已有部分破损，质量稍差的	修缮破旧部分，按照风貌保护要求加以油漆或补涂涂料
风貌较好，质量较差，结构框架已有较大松动；或被任意改动的，原有风貌形式、空间尺度被破坏	考虑整体风貌协调要求，保留结构框架，并根据现存构件细部痕迹，尽量进行原样修复；也可根据实际情况，按风貌要求，重新设计
风貌一般，不能体现地方传统特色，但由于其建造时间较近，质量比较好，较难拆除，且位于非重点地段，对周围环境风貌影响较小	近期保留，或进行局部整饬协调；远期可考虑改造或更新
完全不符合风貌要求，破坏了传统的空间和尺度	拆除，按照风貌保护协调要求，更新材料、形式或重新进行设计

14. 建设时序规划

(1)建设时序规划原则。为了协调三义街历史文化街区保护与居民生活及旅游发展的关系，需要遵循“全面规划，分期实施，保护先行，旅游跟进”的原则，有步骤、分阶段地进行历史街区的历史保护实施和居民生活及旅游设施建设。

分期建设共分为三个阶段：近期建设（至 2010 年末），中期建设（至 2015 年），远期建设（至 2020 年）。

(2)建设内容。

1)近期建设内容。近期建设的主要内容：三义街历史文化街区核心保护区区内基础设施（道路、给水、排水、电力、通信、消防、市政小品、公厕）的全面建设和改造；对街区内的优秀历史建筑保护单位按文物保护单位的要求建立保护机制；完成南北两侧主入口牌楼的建设。

2)中期建设内容。中期建设的主要内容：对核心保护区的历史建筑进行全面的保护与修缮；对历史街区保护区范围内的传统居住建筑进行改善，提高居民的居住生活质量；各街巷入口节点的建设；完善街区内的绿化建设和公共服务设施的建设。

3)远期建设内容。远期建设的主要内容：对历史街区建设控制地带内的建筑进行风貌协调和整治；对建设控制地带范围内和历史街区保护区范围内的大型障碍建筑进行整治改造；历史街区的居住及配套设施的全面改善；对整个历史街区保护和居民生活及旅游发展的整体系统完善。

15. 规划实施的政策建议

规划的实施作为历史文化街区保护与整治的重要一环，离不开政府的政策和资金支持。合理的政策引导不仅是历史街区规划的实施和管理能够顺利进行的保证，还有助于将有限的资金投入到保护的重点上，并吸引更多的人力、物力、财力投入到历史街区的保护和发展上来。

(1)建立完善的历史街区改造管理机制，切实保护历史风貌。

1)建立强有力的协调管理机构——三义街历史街区保护建设管理委员会。成立三义街历史街区保护建设管理委员会，负责领导、指导历史街区的保护改造工作，制定相关的法规和重大政策措施，审批保护改造的规划设计方案，协调解决保护改造中的矛盾和困难。办公室负责委员会的日常管理工作，并根据项目运作需要，及时组织召开项目联席会议，协调解决项目运作困难。

2)建立专业的技术监管机构——历史街区保护改造专家咨询顾问委员会。由历史、文化、规划等方面的专家组成风貌区保护改造专家咨询顾问委员会，为历史街区的保护改造工作提供技术支撑。保护区的规划设计方案、保护改造的重大技术措施必须先通过专家委员会的审查，才能提交历史街区保护建设管理委员会审批。

(2)健全历史建筑管理档案，严格规划控制管理。三义街历史建筑的基础档案存在着技术资料不全、信息不完整、档案管理不完善等问题，不仅给研究工作造成困难，也阻碍了保护和利用工作的顺利进行，对日常维护修缮的管理也难以全面覆盖，造成了很多历史建筑的原真性被埋没或篡改。因此，健全三义街历史建筑的技术档案资料迫在眉睫。制定严格规划控制条件，对开发商为寻求利益最大化而要求的突破规划要坚决抵制。

(3)健全住房保障体系，妥善解决拆迁矛盾。

1)建立拆迁协调激励机制。如何建立针对动迁工作的激励机制，是新形势下房屋动迁运作机制中的重要问题。以市场化和扶贫济困为原则，一方面以根据被拆迁房屋的区位、用途、建筑面积等因素，以房地产评估价确定其价值量，保护被拆迁人的财产权，减少拆迁人与被拆迁人之间的矛盾；另一方面充分考虑弱势群体的基本生活需要，采用社会援助、社会疏导和社会调节等社会保障手段，有效化解群体利益冲突，促进社会公平公正并构建社会主义和谐社会。

2)拆迁补偿安置标准的开放式决策。补偿安置是城市房屋拆迁中的核心问题，合理的补偿标准有利于拆迁工作的推进，有利于各方面的认同并营造良好的社会氛围。而要制定各方面都能认同的拆迁补偿安置标准和拆迁方案，首先需要建立起一套科学规范、合法合理的决策程序，以确保各方面利益不受损坏，确保公正公平和公开透明。邀集社区居民和社会团体认识、邀集评估专家、律师等社会公信人士，以及社区干部、相关政府部门、开发商、动迁实施单位等一起参加，在政策的原则性意见指导下，结合实际情况，达成共识。这样的决策程序是一种“市场＋政策＋社会参与”的过程，是一个各方面都易于接受的公共决策，程序的合理性在一定程度上将带来决策结果的合理性和可接受性。

3)建立拆迁安置配套房源供应体系。完善的住房社会保障体系的建立是拆迁安置的有力保障。现行的住房供应体系包括商品房、经济适用房以及廉租房等。为妥善安置街区原住居民，应建立拆迁安置型住房需求与房地产市场、公共住房建设之间的联动机制：从宏观层面实现城郊联动发展战略；从房地产市场角度实现动迁补偿安置与房地产市场的良性互动；从住房保障角度动迁帮困基金，实现政府的社会调剂职能等。

(4)探索盈利新模式，实现多途径资金平衡。

1)建立历史街区保护专项基金。由于历史风貌区的保护改造，需要政府大量优惠政策及专项资金的支持，为了更好地保护历史建筑，需要建立全面管理风貌区改造的专项资金。一方面为政府提供基础设施改造的资金；另一方面提供企业及个人改造所需的小额贷款等。其资金来源包括。

①市和区、县财政预算安排的资金；

②境内外单位、个人和其他组织的捐赠；

③公有优秀历史建筑转让、出租的收益；

④其他依法筹集的资金。

历史文化风貌保护专项基金由风貌区保护建设管理委员会和财政部门共同管理。专项资金拨付必须经过严格的预算和审批，必须建立完善的预算规则和审批程序。

2)发掘新盈利模式，提升区位价值。历史街区改造往往面临着保护的限制因素，不仅不能进行大体量的开发，同时，需要对保护建筑投入大量的资金来进行维护修缮，因此，很多开发商因为找不到满意的投资回报而放弃。其实一些看似难以盈利的项目，可以在保持老建筑外观的基础上，对其内部功能进行改造，通过与高附加值产业的结合，如创意产业、旅游产业等，以文化来提升区位价值达到盈利，实现自我平衡的目的。

3)落实有效的外部平衡机制。对于自身很难实现资金平衡的项目,需要政府建立有效的外部平衡机制。

①对从事风貌区保护改造的投资与实施主体给予一定的税费优惠等多方面的政策,为融资活动创造有利条件,鼓励与支持开发商投入到历史街区的保护性开发之中;

②对单位及个人提供补助与小额贷款,鼓励其对历史建筑在经过规划审批的条件下进行自我的更新与改造;

③对不能自我平衡的保护改造项目,要研究确定区外平衡的资源和方式,落实平衡措施,如果是以风貌区外的土地收益进行平衡,则要落实土地的位置、数量以及取得土地收益的方式。

(5)制定政策与条例,保障规划的实施。

1)建立税收优惠政策。对参与历史街区保护改造项目的投资企业,在历史建筑改造、利用、腾退土地开发、房屋拆迁和安置各个环节,需要缴纳的土地出让金、行政规费、经营服务性收费、地方税收等各种税费,进行一定程度的减免。

2)历史建筑保护政策。加强历史建筑保护的专业管理,健全对历史建筑保护的要求,明确历史建筑保护责任主体、资金来源,强化历史建筑保护的投入。制订《历史建筑使用管理细则》。明确历史建筑改造、修缮、改变使用用途的管理部门、审批流程等,明确历史建筑档案管理、保护技术规范以及历史建筑的改造、修缮须委托专业的设计和施工单位,并严格遵照保护图则和技术规范,主管部门须加强设计施工方案及资质审查。

3)资金平衡政策。通过税费减免、财政返还或补贴、土地平衡等多种途径实现项目的资金平衡。设立历史街区保护专项基金,土地出让金收入、直管公有历史风貌建筑产权转移的收益、财政收入返还、各级财政补贴等,纳入专户管理,用于项目的综合平衡。通过以上途径仍然难以实现资金平衡的,政府应根据项目的资金需求缺口,在历史街区外提供土地用于资金平衡。并根据项目的改造进度需要,落实年度土地供应规模和位置。

二、烟台近代滨海历史街区保护与改造实例

历史街区作为一座城市的特殊地带，是城市的重要组成部分和城市历史文化的重要载体，在保护城市历史，尤其是保护城市的肌理，延续城市的文化方面具有不可替代的价值和作用。但是，大多数的历史街区都位于城市的中心位置，一些建筑和整体环境保存尚好的街区；还能跟上城市发展的步伐，而很多街区由于房屋破败、建筑密度过大，基础设施差等原因，使其在居住、交通等方面与城市现代化的要求差距较大，如不及时改造，将跟不上城市发展的步伐，这类街区的去留与保护开发成为城市更新中颇具争议的敏感问题，如何在科学发展观的指导下，通过合理的产业置换和功能更新，实现对历史街区的保护和可持续发展，对历史文化的传承具有重要意义。

1. 历史街区的认知、保护和更新

1933 年 8 月通过的《雅典宪章》最早提到“历史街区”的概念：“对有历史价值的建筑和街区，均应妥为保存，不可加以破坏。”1987 年的《华盛顿宪章》提出“历史城区”的概念：“论大小，包括城市、镇、历史中心区和居住区，也包括其自然和人造的环境。……它们不仅可以作为历史的见证，而且体现了城镇传统文化的价值。”我国于 1986 年正式提出“历史街区”的概念：“作为历史文化名城，不仅要看城市的历史，及其保存的文物古迹，还要看其现代格局和风貌是否保留着历史特色，并具有一定代表城市传统风貌的街区。”1997 年 8 月由建设部转发的《黄山市屯溪老街的保护管理办法》标示着我国历史街区保护制度的确立。但随后的房地产市场的兴起和旧城建设开发的高潮，对历史街区带来了很大的冲击和破坏，即使是保存下来的一些景区，也因为旅游的升温，被用来当作旅游资源，失去了传统的历史韵味，如何在保护与更新中寻求平衡点成为城市管理的棘手问题。

2. 烟台滨海近代历史景区的背景

烟台地处山东半岛东部，有着悠久的历史，是省级历史文化名城，是明清时期的海防重镇，因烟台山上的“狼烟墩台”而得名。在近代史上，既是我国最早的通商口岸之一，又是近代北方民族工商业的

重要发源地，具有较高的历史文化价值，尤其是在烟台山及其东侧的滨海地带，以及向南的朝阳街一带，留下了大量的近代历史建筑，有反映明清时期海防军事重镇特点的炮台、烽火台等军事设施，有大马路、广仁路、十字街、朝阳街商埠区等历史街区，还有一些分散的文化古迹：俄国领事馆旧址、张裕公司旧址、英国大沽洋行住宅、原海军情报机关办公楼、大马路天主教堂、生明电灯公司办公楼等。整个景区反映了烟台市的近代历史，同时也是现代烟台的窗口。但改造前的该地段路面状况较差，交通拥挤，建筑良莠不齐，部分历史建筑质量较差，而且大量的历史建筑被国家机关或个人使用，没有公共功能，又搭建了很多的质量很差的临时建筑，缺少绿化系统和市政设施，因为有很多的木结构老建筑，消防也存在很大的隐患(图 7-1)。随着城市的发展，对这一地段进行改造的要求越来越高。烟台市政府于 2004 年决定对该区域进行大规模的整治，对历史街区进行保护性改造。

图 7-1　待改造的旧城区

3. 烟台近代滨海景区改造更新规划的定位

我国近代在沿江沿海地区留下了大量具有殖民地色彩的中西合璧的历史建筑和街区，多位于城市中心区的位置，像上海的外滩一带。这些区域具有自然与人工的双重景观，是城市最具活力的区域，具有较高的旅游资源，烟台的滨海近代景观就是处于这样一种境况，总占地 40.6 hm^2，用地北侧是市中心的生活岸线和新建的滨海北路，西北为烟台山，西南为朝阳街商埠区，东侧为第一海水浴场，向南与城市主干道南大街、北马路相接，周边紧临金海湾酒店、虹口宾馆、虹口大酒店、假日酒店等星级宾馆，是城市中心的黄金地段，也是烟台市发展市区内旅游的重要地段，因此，规划提出了对景区进行旅游开发和商业开发建设相结合的定位构思，主要包括两个部分。

(1)对历史街区的再开发利用和城市广场的建设，充分挖掘旅游资源，建成以游览为主的观光景区。

(2)南部老城城区拆迁进行城市开发建设，这两部分在地理位置与空间关系及设计构思上融为一体。

4. 对历史街区及重要文物古迹点的保护

历史街区的改造关键在于对历史建筑的保护是否成功，街区原有的习俗和风味能否得到真正的延续。

(1)朝阳街的保护。在保护朝阳街原有路网格局、优秀近代建筑和街道空间尺度的基础上，进行更新改造，形成体现烟台近代历史特色的综合商埠区。向南拓宽并打通招德街至胜利街，疏解朝阳街街区的交通。将朝阳街、海岸路西段(东太平洋至海关街)辟为半步行商业街。在南入口处开辟小型广场。设置入口标志及介绍朝阳街历史的碑刻等，强化入口空间，展示历史文化。搬迁保护范围的工业企业，增加商业服务设施用地。保护范围内零星插建的多层办公、住宅，逐步整治或拆除。

(2)张裕公司原址的保护。按张裕酿酒公司旧址复原改造，对地下酒窖池进行加固，地上建筑恢复到建厂初期原貌，恢复厂区大门、照壁(图 7-2)。旧址复原后作为张裕酒文化陈列馆。加强室外环境建设，拆除新建办公楼、张裕大酒店等建筑，厂区内绿化建设以葡萄种植为主题，反映张裕葡萄酿酒公司的特点，并与规划海滨广场相结合，使旧址复原后成为海滨广场的重要的景观建筑和游览场所。

图 7-2　张裕公司大门

(3)近代港口历史文化区的保护。近代港口的保护，充分保护其历史原貌，对港口设施及相关建筑进行修缮。结合重点建筑的修缮，建成海港历史博物馆。加强海港及相关建筑周围的绿化建设，形成展示海港历史的游览区。结合近代港口的整治，开辟游艇码头，开发海上娱乐项目。

(4)俄国领事旧址等历史建筑的保护。对俄国领事馆旧址及水产学校内保留的优秀近代建筑进行修缮，结合海滨广场的建设，使历史建筑周围近代建筑与海滨广场融为一体(图 7-3)。

(5)广仁路、十字街历史街区的保护。将破旧的后期搭建建筑拆除，保留具有历史价值的近代建筑，按原风格进行修葺，完善各种地下市政设施，建成与海滨广场相融合的步行街区(图 7-4、图 7-5)。

图 7-3　俄国领事旧址保护

图 7-4　广仁路步行街

图 7-5　十字街历史街区

5. 滨海景区的旅游开发

根据烟台的历史人文特征及本地段所处位置的特殊性，由旅游主题串起烟台的地方文化、近代烟台开埠的港口风貌以及现代烟台这三种不同时期的人文景观。现有的地段中已经集中了两个文化建筑：张裕酒文化博物馆与烟台市美术馆。在规划中也将对这一优势加以引导和强化，使得该区域最终建成为市民及外来旅游者服务的、具有人文艺术特色的中心。

旅游的整体构思主要由滨海大道与大马路构成大致东西向的框架，解放路、十字街形成整体的南北向框架，这些道路与道路的景观形成了整个结构中的框架。原有的“十字街”拓展为双街，作为联系南北两区的观光走廊，强化了十字街作为商业街的特点，将游览参观与旅游购物结合起来。根据保留的近代建筑的分布情况，以及原有的各类型旅游资源相对较集中的情况，规划对旅游项目进行整理，大体形成了如下的几个旅游区：滨海观光区、近代风情区、文化休闲区和商业贸易区。各区域除主要框架道路相连接外，还有小的道路相连，使得各个空间之间互相渗透、灵活相通。一些文化历史建筑，如酒文化博物馆、美术馆，以及一些公共设施或景观小品作为散布的带有文化气息的“点”，使得整体结构中形成了“用线带面、用线串点”的点、线、面结合的空间特色。人行系统保留原有小街和胡同肌理，保留原有的城市脉络以唤起人们记忆，强化广场的文化特质(图 7-6)。

图 7-6　原有小街和胡同保护

(1)滨海观光区。主要由滨海大道与大道两边的景观区域结成。沿海布置的是狭长的步行游览区，天然的地形结合人工绿化、雕塑及城市沿道小品，构成了一条宁静而又充满生机的步道，广场引出的入海平台，改善了滨海大道海岸线平直而产生的单调感，并为游人提供了眺望烟台山以及观赏黄海波涛的视角(图 7-7)。

(2)近代风情区。近代风情区包括广仁路、十字街以及以国际葡萄酒城徽纪念碑为中心，以张裕酒文化博物馆为主体的酒文化广场形成近代功能区，保留的近代建筑多集中为这一区。除了原有各国风格

图 7-7　历史建筑生明电灯公司办公楼与现代广场的交融

各异的建筑以外，还将融入现代文化生活、地方传统手工艺、小吃、纪念商品等内容，形成这一带最具特色的风俗文化街，也将成为旅游者市民重要的购物区域(图 7-8)。除去保留原有广仁路的街道形态和大部分的近代建筑，同时补建少量新建筑，并整合原有建筑，围合出一定的建筑间庭院，使广仁路这一路段形成一条完整的近代建筑风情走廊。功能设定上以饮食娱乐、咖啡、酒吧为主。十字街新建购物中心，营建步行购物街气氛。

(3)现代休闲文化区。景区的东部是以音乐厅和露天剧场为中心的现代休闲文化区。这一区保留的建筑不多，有利于组织绿化、娱乐区、露天演出场地和水系等，市民可以在此自由地休息、观演。这一区比较文化广场区将更多地呈现出轻松、活跃的动态空间的特征。

(4)商业贸易区。用地南部的城市旧平房拆迁后，建成现代的大型购物中心与 CBD，也包含了近代风情区所具有的一些商业功能。这个区域借助现有地理位置的优势，可望实现较高的经济效益。从目前

图 7-8　改造后的十字街历史街区

已建成的运营情况看，景区还应当借鉴上海新天地的改造经验，增加商业功能，以聚集人流，增强整个景区的活力。

6. 结语

通过对景区的保护与改造建设，城市在保护好文物古迹、优秀近代建筑的同时，很好地处理了保护与建设、保护与发展的关系，给城市建设留下了更大的发展空间，使历史文化保护与现代城市建设相协调。现在的滨海景区，已成为烟台市新的对外形象窗口。

三、陕西省西安市东关南街整治改造规划设计实例

1. 概况

东关南街位于陕西省西安市东郊碑林区，南起咸宁西路，北至东关正街，其西边为环城东路。明代是东关的主要街道之一，清代称为南大街，是传统的中药材集散地。新中国成立后改称东关南街，1966年改为挺进街，1972年恢复市药材仓库和批发部等，2005年重新拓宽

改造，是东关商业集中的街道。整条街道以商业餐饮服务业为主，周边与兴庆公园、西安交通大学、西安理工大学、东门、西安事变纪念馆相邻，是一处沉淀了上千年中华文化的历史宝地。

2. 现状概况

(1)土地利用。街道两侧用地结构不合理，布局凌乱，主要体现在以下几个方面：街道两侧大多为居住用地，有兴庆熙园、佳铭、卧龙巷、古迹岭等多个住宅小区，沿街多为商业和办公建筑，其商业服务基本满足；街道两侧没有开放性空间，缺乏供居民使用的公共服务设施；没有集中地街头绿地，绿化面积少且单一，不能满足居民生活需求；没有足够的停车用地，致使车辆在车道旁和人行道上停泊，给交通带来很大不便。

(2)道路交通。东关南街是连接咸宁西路和东关正街的主要干道，整条街道全长 912.1 m，两侧大多数为居住用地，沿街多位商业用地。经 2006 年改造后，道路采用沥青路面，其断面车行道为 16 m，两侧人行道各宽 4.5 m，宽度不统一，有多种形式。车流量不大，但由于缺乏足够的停车位，致使车辆停泊在车道旁，且整条街面丁字路口多，有多处机动车出入口，故导致交通不畅。人行道本不宽敞，且多处被道旁商业小吃店所占用，导致市民行走多有不便。小巷道路狭窄，路面坑洼不平，铺装年久已损。公交车少，市民出行多有不便。

(3)建筑质量。东关南街两侧建筑大多质量较好，沿街多为商住混合体，有一小部分建筑，质量较差，需改造。周边居住小区大多为新建高层住宅，质量好，立面形式也较为丰富。街巷内多为底层破旧建筑，历时已久，大多需拆除重建，部分需整治改造。经现状调查统计：质量好予以保留的建筑占总建筑的 70%，质量一般需进行整治改造的占 25%，质量差需拆除重建的占 5%。

(4)环境卫生。整个街道环境不佳，卫生条件较差。主要表现在以下几个方面：居民生活区缺乏固定的垃圾收集箱，致使垃圾堆置在街巷之中，严重影响市民生活；没有专门的污水排放管道，迫使污水只能被倒入雨水收集口，夏季室外温度升高，街道上便弥漫着一股“臭烘烘”的气味，严重影响市民生活质量；街面上随处可见碎屑，给人一种零落不整洁的感觉；街巷内诸如旅馆、小餐馆等商业服务建筑陈旧，设施不全，环境脏、乱、差；街道旁的小食品店服务设施不齐全，致使人们在人行道上进行餐饮活动，一方面对人们健康饮食不利；另一方面影响市容，有待提升改造。

(5)街道立面。东关南街建筑立面天际轮廓线清晰，建筑高低错落有致，街巷口打破其连续性，少了一些封闭感，多了一些活泼感。但沿街建筑立面风格单一，形式色调零落，缺乏统一的风格和基调。部分建筑年久失修，立面破旧，严重影响街道整体景观。路西枣园巷以北建筑占用人行道，一方面影响街道交通；另一方面使得沿街立面缺乏整体性。

(6)街道小品。街道小品陈旧、形式单调，风格没有特色，缺少文化地域元素。小品布置上也没有很好地体现出人性化，诸如在无障碍设施、道旁座椅等设计上考虑欠妥，具体表现在以下几个方面：垃圾箱、公交站牌、指示牌、路灯等设施陈旧，脏乱不堪，影响道路城市景观效果；公交站牌旁一般都设有垃圾箱和路灯，影响市民等车，且无供市民等车可用的休息座椅；道路两旁无供市民休息的座椅；指示牌摆放混乱，且造型无地域特色；报刊亭等公共设施数量太少，不能满足市民日常需求；道路上的标识性牌仅仅满足了它的标识作用，而没有考虑到景观需求，其位置摆放也没有一定的规则，给人一种混乱的意象。

(7)绿化景观。街道绿化不足，视觉景观不良，主要体现在以下几个方面：没有集中的街头绿；道旁行道树树种过于单一；街道两侧缺少可观赏性植物。

(8)东关南街现状综合评价。

1)该街商业自古发达，现已有上千年的历史，文化积淀深厚，内有卧龙巷、古迹岭等多处颇具文化历史韵味的遗迹。

2)道路断面不统一，车辆路旁随便停放，交通易造成堵塞。

3)街道两侧用地布局不合理，结构零落。

4)整个街道环境不佳，卫生条件较差。

5)建筑立面天际轮廓线清晰，高低错落有致，有活泼感。但缺乏统一的风格和基调。

6)街道小品陈旧、形式单调,风格没有特色,缺少文化地域元素。

7)街道绿化不足,视觉效果不佳。

3. 整治改造规划

(1)街道定位——信步闲庭、美食中心、文脉印迹。东关南街历史悠久,文化积淀深厚,商业自古发达。这次整治改造规划的目的就是为了突显街道特色,重新给街道定位。

1)信步闲庭:该街区现新建兴庆熙园、卧龙巷、古迹岭、佳铭、大宇等多个住宅小区。为此,街道应该为居民提供一个集散步、休闲、游憩、购物、娱乐等于一体的优良环境,如同信步闲庭,恰似听水花园。

2)美食中心:街道原有多处餐饮居住,只是比较分散,缺乏整合。在该规划中,将把靠近东关正街的区段打造成为一段集各种特色美食于一体的美食街,一方面吸进东关正街人流;另一方面为居民服务。另外,由于卧龙巷东接兴庆公园西门,巷道人流量大、有活力,故将该巷打造成为一条集各种小吃于一体的夜市小吃街。

3)文脉印迹:该街有两处颇具文化韵味的地名——古迹岭和卧龙巷。溯其由来,颇有历史渊源,现述如下。

①古迹岭:东关南街现被称作古迹岭的片区,在唐代被叫作"狗脊岭",因为那一带地形特别,沿东西方向地势明显高起,好似一条狗的脊梁,因此而得名。据陕师大西北历史环境与经济社会发展研究中心李令福教授介绍,关于"狗脊岭"这个名称,在新旧《唐书》及《资治通鉴》中都有提及。后来,在古人经年累月的称呼中,大概是觉得"狗脊岭"太难听,于是将它根据谐音雅化,才写成了现在看上去很有文化色彩的"古迹岭"三个字。这条"岭",查阅《明清西安词典》可知,正是龙首原隆起的一条支脉。西北大学历史系退休教师张永禄教授介绍,这条支脉大致位于长安城六道高坡的第四坡道,根据新中国成立后的考古测量显示,当时古迹岭的海拔在 415 m,高出周边十来米。作为龙首原隆起的一条支脉,在一千多年前,古迹岭为自然脊岭地带,岭呈西南向东北走势,隆起的岭地东起今兴庆宫公园西侧,西至西安城东南

角,长约 550 m,宽 200 m。

②卧龙巷:唐代时,今天卧龙巷这个位置横跨了胜业坊和隆庆坊两个坊里,本来是普通的老百姓居住之地。到了武则天大足元年(公元 701 年),临淄郡王李隆基和他的兄弟宁王宪、申王、岐王范、薛王业等来到长安,被赐宅居住在隆庆坊一带,也就形成了后来历史上有名的“五王子宅”。后来,李隆基被立为太子。先天元年(公元 712 年),李隆基即帝位。隆庆坊避讳改名为兴庆坊。而李隆基登基前的王宅所在地理所当然成为“龙潜”之地,这一带便开始有了“龙”的说法。其他诸王也纷纷献出府宅搬离。开元二年(公元 714 年),李隆基开始在兴庆坊修建兴庆宫。开元十四年(公元 726 年),兴庆宫又进行了一次扩建,向西占去了胜业坊的东半部,至此,今卧龙巷一带完全包括进扩建后的兴庆宫之中,临近水域面积 18 万 m^2 的兴庆池。兴庆池原名隆庆池,本是隆庆坊中一块低洼之地,下雨积水而成池,后引龙首渠水灌入,池水日丰。在我国古代,与皇帝有关的地方从来不乏龙的传说,相传兴庆池曾云气缭绕,有黄龙出现,故又称“龙池”。开元十六年(728 年),李隆基正式搬入兴庆宫居住,常与杨贵妃在园中赏景娱乐,那一带也成为开元天宝年间的政治活动中心。

综上所述,该街道承载着几千年的文化沉淀,被定位为文脉印迹,一点也不为过。

(2)设计理念。在设计理念上应以以人为本为原则,以彰显地方特色,反映时代精神,构筑富有特色的城市形象为目的,对其空间进行形态与环境设计并对其结构功能进行合理布局。

(3)改造原则。

1)生态低碳——在全球环境不断恶化的今天,我们在城市建设和改造的过程中,必须尊重自然规律,以人与自然和谐相处为一切建设原则,以打造生态低碳生存环境为终极目标。

2)节约实用——现今资源不断匮乏,可持续发展观念变得越来越重要,一切环境建设都应以实用、节约为原则。

3)以人为本——社会的发展离不开人,是人在建设,也是为了人在建设,切不可为了建设而建设。

4)传承历史——一切文明都是文化的沉淀,离开历史谈文化,就如同镜中花、水中月。所以,在城市建设过程中,应当传承和弘扬传统文化美德。

5)立足未来——城市是发展的,尤其现在的中国城市更是日新月异,所以,应该以动态的眼光看城市建设,以应对城市发展过程中的弹性变化。

6)多改少拆——在街道改造过程中,应该合理地制定改造措施,尽可能做到节约。

(4)改造措施。

1)道路:重新进行断面形式和宽度设计,使之给人以统一感。

2)绿化:选择不同树种,灌木、乔木、地被次第配置种植。

3)街道立面:结合街道定位,统一建筑风格,合理进行改造。建筑质量好、立面整洁的予以保留,陈旧的进行美化,年久失修、风格老套的进行重新设计。

4)环境卫生:在不同位置布置不同类型的垃圾箱。

5)交通:增设立体停车场,减少沿街机动车出入口。

6)市政设施:增设报刊亭、电话亭、公交站点等候厅等。

7)开放空间:建设广场,为居民提供休闲游乐场所。

8)街道小品:对垃圾箱、标识牌、路灯等进行重新设计。

(5)土地利用规划。

1)土地利用:东关南街道路两侧以二类居住用地为主,同时,配有各类市政设施、商业金融、行政办公等用地。各类用地布局合理齐全,结构明晰,并在古迹岭巷道空地旁规划一广场,供居民休闲娱乐。原有的部分建筑过于陈旧破烂,需拆除重新规划设计。

2)结构布局:整个结构规划为三段、五区、七节点。五区:商住区、创业市场区、生活区、住宅区和南部入口的行政办公区;三段主题:美食、商业服务、行政办公;七节点:北门户、美食街雕塑、立体停车、卧龙巷雕塑、古迹岭遗址、龙脊广场、南门户。

(6)功能区规划。

1)美食街段:该段主要以美食为主题,该地段需要创造人性化的空间，入口节点设计以鲜明的具有中国特色的标识。

2)商业服务街段：该段位于东关南街中，主要为内部居住所服务，沿街为商铺、餐饮，建筑风格以灰色调为主，体现西安古朴的特色。

3)行政办公段：该段处于整条大街的南端，大街入口的行政广场为市民提供了一块休憩活动场所，建筑采用现代简洁的风格。

(7)景观节点设计。

1)北门户：东关南街的门户空间，该节点设计主要结合美食街段的特色，以形象的标识结合艺术空间设计。

2)美食街雕塑：是美食街段与商业服务街交汇节点，意在分隔两段街区，并起过渡引导作用。

3)立体停车：内部立体停车场空间。

4)卧龙巷雕塑：东关南街文化要素的一部分，以符号承载文化。

5)古迹岭遗址：该段为古迹岭遗址的保留段，节点设计以牌坊结合部分文化建筑为主。

6)龙脊广场：为居民提供游憩休闲场所。

7)南门户：主要体现东关南街东部现代感的行政办公气息，具有现代的雕塑感。

(8)广场设计。

1)广场名：龙脊广场。因该街有一条小巷名曰卧龙巷，曾是唐玄宗李隆基称帝前的住所，故取“隆基”谐音。其次，由于该广场位于古迹岭和卧龙巷之间，且两条巷道皆历经千年沧桑，故“龙脊”二字也有“龙迹”之意。广场立意联系历史，在广场中心设有标志型的龙雕塑，在历史铭苑设有历史纪念雕塑墙。

2)广场位置：该广场位于东关南街与古迹岭形成的“丁”字路口处，其两侧分别为古迹岭和卧龙巷支路。

3)广场面积：7 000 m^2 = 70 m×100 m。

4)广场设计理念：为居民提供休闲游憩场所；彰显街道文化；提高人居适宜度。

5)广场结构：本广场规划结构为两轴、两中心、三入口、五片区。该广场一方面为周边居民提供休憩娱乐场所；另一方面为其旁边幼儿园提供方便。并且还有美化道路，缓解交通压力的作用。

4. 总平面布置

总平面布置秉着以人为本、低碳生态、节约适用、美观大方的设计理念，通过对现状诸多问题分析，对其分布凌乱的土地进行整合，对结构功能进行重新规划，使之分区明晰、结构合理；通过对古迹岭、卧龙巷等颇具历史文化资源的挖掘与利用，使街区在现代主义气息中彰显文化底蕴；充分利用街道旁空地进行广场等开放空间的设计，为居民提供休闲游憩环境；在平面布置上，街道被规划为三段功能区——美食段、商业段和办公段，五个片区——商住区、创业市场区、生活区、住宅区和南部入口的行政办公区。另外，为了提升街道形象，使之更有地域特色和文化氛围，还设计了颇具特色的卧龙巷和古迹岭雕塑以及龙脊广场等多个节点。

5. 立面设计

沿街两侧建筑整体上采用现代风格，旨在表现时代特有的气息。整条街在保持统一风格的基础上，根据不同功能街段，在建筑色彩、材质等元素上略有变化。整街分美食、商业服务和行政办公三个区段，其各段建筑风格也略有变化，分别给人以热闹、繁华、宁静的感觉。整条街以西安特有的灰色为主色调，再辅以红色作为对比，以期达到古朴简洁的风格。

(1)风格定位：据资料记载，东关南街距今已有上千年的历史，自古至今，该街皆以商业服务著称。因此，该街采用现代主义风格以彰显商业为主。

(2)天际轮廓线：沿街两侧建筑高低错落有致，开场封闭适宜，沿街行走，常给人以眼前豁然开朗的舒畅感。

(3)建筑色彩：在以灰色为主、红色为辅的大基调下，根据其各街段功能的不同，其建筑色彩也略有变化，在同一中求对比：美食街色彩较为丰富；商业街多以灰色为主调，再辅以色彩丰富的广告牌以烘托商业氛围；办公段主要以灰白色为主色调，体现宁静简洁的风格。

6. 道路交通设计

(1)道路断面：原有道路断面形式不一，为了使之具有统一感，特将该街干道规划设计为两种断面形式，分别为 A 断面(24＝4.0＋6.5＋3.0＋6.5＋4.0)和 B 断面(24＝4.0＋3.0＋10.0＋3.0＋4.0)。

(2)交通：原街道由于缺乏停车场，致使车辆在车道、人行道上随意停放，严重影响道路通畅性。因此，特在该街北段设计立体停车场以解决交通问题。

7. 街道家具设计

街道家具小品分为标识牌、广告牌、垃圾桶、电话亭、报刊亭、公共候车站铺装、路灯等几类，整个家具小品的设计原则主要有：小品设计与该街的文化内涵相呼应，把历史文脉渗透到小品家具的设计中，使其成为古今文化的连接枢纽；小品家具的改造要以解决现状存在的问题为首要目的，以以人为本为核心，在设计过程中体现人性化；在尺度、材质、色彩上要寻求统一；在把握历史文脉的同时，要尽可能地表现现代气息。

(1)标识牌。主要分为两大类，即特殊的和一般的。特殊标识牌主要用以彰显该街文化气息，有卧龙巷、古迹岭标识牌等。其余的标识牌风格基本统一，主要表现现代商业气息。

1)卧龙巷标识牌。卧龙巷历史悠久。早在唐朝时，李隆基登基前曾在此处居住，故其名有“龙潜”此地之意。因此，该指示牌设计主要就是结合古典、彰显文化。

2)古迹岭标识牌。古迹岭原属龙首山脉的一部分，曾高出地面十余米，因形像狗脊而得名“狗脊岭”，后雅化而成古迹岭。故该设计也暗含历史韵味，简单的牌坊设计，以群岭为背景，再辅以简单的文字加以说明，古典风韵、得体大方。

3)一般标识牌。一般的标识牌风格相似、体型相当，根据街段功能不同在色彩上略有差异。设计主要体现现代商业氛围，其色彩明亮鲜艳，其形简洁大方，并与其他小品相得益彰。

(2)路灯设计。

1)路灯。路灯设计颇具特色，灯柱采用古典风格，柱框架为黑色，中间为白色底，其上辅以诗词。而灯的设计则采用现代风格，以期在古典与现代间找到结合点。

2)街头座椅。由于石材和金属受气温影响大,冬天很冷,夏天很热,均不宜用于街道坐凳,而木材相比较而言更符合人生理需求。因此,街道座凳皆用木质材料,其色彩为暗红色,给人以温馨感。

(3)市政设施。

1)垃圾桶:垃圾桶是一条街的环境保卫神,直接关系到这条街的环境质量等各方面的问题,所以此次设计的垃圾桶,主要以白色和橘色为主,颜色鲜亮干净,简洁大方。

2)报刊亭:主要有两种,一种是咸宁路与东关南街的接口处,其形酷似地铁头的报刊亭,该设计主要是为迎合未来的发展,据资料了解,此处正在规划地铁出入口的建设;另一种报刊亭设计完全采用现代简洁新颖的风格,旨在改变原有设施杂乱无章、破旧脏乱的现实面貌,体现多功能、体现现代,以期与街道旁建筑取得统一。

3)公交站等候休息厅:该亭设计主要从人性化的角度出发,站牌与人的休憩相结合,候车厅除座位外,还带有一个挑檐,可以供人遮阳避雨。

4)电话亭:电话亭充分体现现代的气息,与公交站牌选用统一材质和色调,在差异中寻求统一。

5)洗手池:洗手池的设计是一个大胆的尝试,因为该街有美食段的规划,为给市民进餐前提供净手方便,故在此段设置洗手池方便市民使用。另一种是在幼儿园周边设计洗手池,形似卡通,尺度适宜幼儿使用,其目的主要是引起小朋友注意,使之养成经常洗手的良好习惯。

6)铺装:铺装主要分为三大类——主干道为柏油马路,人行道为规整的方格型铺装,另外,广场内有碎石和鹅卵石铺装。

8. 绿化设计

道路中间绿化带长 800 m,宽度 2 m。行道树有五角枫、银杏、合欢树和栾树等,其行间距 9～12 m。中间绿化带自下往上有地被植物、灌木和乔木,其种类分别如下:地被植物——三叶草,灌木——大叶黄杨、蜡梅、连翘、紫叶小檗、小叶女贞,乔木——桂花树、白玉兰、紫薇。

第二节　小城镇街道与广场规划设计实例

一、宁波市镇海区骆驼街道南二路街景规划设计

1. 用地概况

南二路位于骆驼街道中心区，是连接街道中心区与西片工业区、东片住宅区的东西向主干路，长度约为 3 550 m，规划道路红线宽度 36 m，现已建成 8 m 的车行道。本次规划范围为南二路两侧支路及河流范围以内的区域，总用地面积约 140 hm^2。

规划范围内用地以农田为主，有五条河道穿过本路段，有以下主要建筑物：骆驼中心小学，占地 2.4 hm^2，建筑面积 8 350 m^2；积静幼儿园，占地 0.45 hm^2，建筑面积 1 860 m^2；南二路与杭甬路交叉口西南侧地块有一别墅区，占地 14.4 hm^2；骆驼中心小学左右两侧各有一个多层居住区，左侧居住区占地约 2.4 hm^2，右侧骆驼孝思房住宅小区占地 5.9 hm^2。其他建筑多为三层以下民房，建筑质量较差。此外，在孝思房住宅小区东南角是镇海公交五公司停车场，占地约 3 100 m^2，在路段东面还有宽约 500 m 的高压线走廊，自西北往东南穿越南二路。

2. 规划目标

根据《骆驼—贵驷组合城镇总体规划》，南二路将建成一条能代表骆驼街道形象，体现骆驼地方风貌特色，融行政办公、商贸金融、文体娱乐和休闲于一体的综合功能主干道。本次规划设计提出以下目标。

(1)紧凑有效的用地布局。南二路位于骆驼街道的中心区，土地经济效益最高，总体规划又要求建成融综合功能的最佳集聚点。因此，用地非常珍贵，再则平原土地资源紧缺，更应合理规划好南二路两侧的用地，做到统筹安排建设项目，紧凑有效组合布局，发挥土地资源的最大效益，为进一步开发建设提供科学依据。

(2)营造优美的景观效果。采用传统与现代相结合以现代为主的处理手法，充分利用现状水系、地形、地貌特征，尊重和延续宁绍地区水乡特色和风貌，巧妙运用建筑、小品、家具、灯具和绿化、广场融成一

体，塑造优美的空间景观序列，产生步移景异的视觉效果，体现现代江南小城镇的特色风貌。

(3)创建舒适的生活空间。依据美国心理学家马斯洛关于人的五个层次需要的理论，注重研究居民的活动规律和消费特点，以现代人的行为活动为中心，从多样的生活规律和视觉需要出发，创造市民可以安全、舒适、自由地购物、休憩、活动的公共空间和商业空间，以此诱发城市魅力的构成空间，成为市民向往的集聚中心。

(4)高度重视的环境设计。将生态学观念引进环境设计。把南二路的景观规划作为一个生态系统来研究，将土地、水系、空气、阳光等自然形式和建筑、小品、家具、灯具等人为形式作为一个整体环境来研究，使自然环境与人工环境最大限度地结合，维护生态平衡。

3. 规划设计依据与原则

(1)规划依据。

1)《骆驼—贵驷组合城镇总体规划》(2000—2020 年)。

2)骆驼街道办事处组织的数次讨论会意见汇总。

3)1：1 000 地形图及基础资料。

4)国家和宁波市有关法规、规范。

(2)规划原则。

1)以人为本，为市民公众服务，精心塑造街道、广场等空间，加强景观设计。

2)重点处理好行政办公、商贸金融、休闲娱乐的关系和原有两个镇区之间的衔接与协调。

3)充分利用现有水系、绿地，综合考虑功能与环境，注重街道景观艺术效果，提高生活质量、环境质量。

4)组织好南二路自身以及与之交接道路交叉口的交通，处理好车流和行人的相互关系，解决好中心区的交通矛盾，做到人车分行。

5)树立全局观念，承前启后，从镇海区域整体高度规划和协调南二路的景观风格与特色。

4. 规划构思

综上南二路规划的目标和原则，依据城市设计和空间设计的理论和方法，对南二路两侧的用地布局、市民广场、节点建筑、开敞绿地、临街商住建筑等多种因素的综合协调研究，从城市意象、行为场所、环境心理等方面创造扩散性和外部化的开敞空间，以及内聚力和收敛性的封闭空间，从而形成有序、和谐、共存的城市公共空间。

根据需要对总体规划确定的道路两侧用地性质作适当调整，以市民广场和开敞绿地形成开敞公共空间结点，以行政文体中心及各主要道路交叉口的建筑构成组合建筑结点，通过街景立面和造型的控制、环境的塑造，形成一个土地利用率高、景观环境优美、空间尺度宜人、形象品位高的综合性街道。

(1)用地结构、布局。

1)用地结构。三个公建区块：保留骆驼中心小学和积静幼儿园，并在积静幼儿园右侧布置文体性公建形成文教中心；围绕市民广场，以行政办公大楼为主体，形成整个街区中心；在耕渔路与三支路之间道路两侧地段全部设置为公建，作为贵泗地段居住小区级服务中心。

四个居住区块：杭甬路与一支路之间居住区块、一支路与市心路之间居住区块、市心路与高压走廊之间居住区块及耕渔路以东居住区块。

三个绿化区块：市民广场南面用地结合水系形成公园绿地，世纪大道与生态走廊之间留出一块公共绿地，将高压走廊下用地规划为花卉苗木基地，营造生态开敞空间。

2)用地布局：以南北向主、次干道为界将南二路分为四个区段进行布局。第一区段自杭甬路口至市心路。保留骆驼中心小学和积静幼儿园；保留南二路与杭甬路交叉口西南侧地块内的别墅区并进行扩建；保留骆驼中心小学左右两侧的居住区；在杭甬路口布置公建，自杭甬路口骆驼中心小学和积静幼儿园路段临街设置商住楼；整治和绿化区段内的两条河流，形成绿色开敞空间。第二区段自市心路至世纪大道，该区段西部规划市民广场，结合市民广场在其周边设置行政大楼、影剧院、广电大楼等建筑。广场对面以两条交叉的河流为依托布置集中绿地。同时对地段内的河道进行整治并绿化。第三区段自世纪大道至二支路，将世纪大道与南二路交叉口西北角临高压走廊地块规划为公共绿地，将高压走廊下用地规划为花卉、苗木基地。第四区段自二支路口到南二路最东端，将二支路与耕渔路之间道路两侧地段全部设置为公建，作为贵泗地段居住小区级服务中心。其他用地均规划为住宅。

(2)开发强度。

1)目标。控制各地块的开发强度，保证各地块建筑的体量以优化街道轮廓及公共空间形态。

2)准则。各地块的开发强度以容积率、层数和绿地率表示，容积率、层数为上限，绿地率为下限。要求除居住地块外，其余地块的容积率控制在2%以上。住宅建筑层数除少量点式住宅为8层外，其余均控制在6层以下。新建居住区绿地率控制在35%以上，保留居住区控制在30%以上。

容积率必须调整时需经规划主管部门同意，且变化不超过10%。地块控制指标见表7-21。

表7-21　地块控制指标

地块编号	用地性质	用地面积/hm^2	容积率/(%)	建筑密度
1	R2－C2	3.01	1.77	0.31
2	R2	1.67	1.54	0.26
3	R2	5.2	0.8	0.2
4	R2	5.22	1.44	0.25
5	R2－C1	4.82	1.43	0.29
6	R2－C2	2.91	1.48	0.33
7	R2	2.93	1.33	0.22
8	R2－C2	6.37	1.38	0.27
9	R2	4.05	1.38	0.23
10	R1－C2	3.35	0.79	0.22
11	R2	3.75	1.39	0.25

续表

地块编号	用地性质	用地面积/hm²	容积率/(%)	建筑密度
12	R2－C6	3.59	1.48	0.28
13	R2	4.48	1.33	0.22
14	R2	3.8	1.45	0.24
15	R2－C2	2.82	1.35	0.22
16	R2	6.4	1.6	0.24
17	R2－C2	4.25	1.71	0.31
18	R2	3.23	1.57	0.26

5. 建筑退线控制

(1)目标。建立建筑和建筑、建筑和空间之间的相互关系,维护人的视线和行为的连续性,保证街道的整体景观。

(2)准则。建筑退线控制以退线和压线率两个数值控制。其中退线分 3 m、5 m 和 10 m 三种,其中 3 m 为特色退线,即底层或两层需设廊道,压线率以建筑街边缘图表示。南二路两侧建筑后退 10 m,临街设置商铺的地段以铺地为主,其余地段以临街绿化为主。

沿河道退线需考虑满足最高洪水位要求,一般 5～8 m,局部地段可根据需要拓宽,允许建设少量建筑小品,如亭、平台等,必须保证充分的沿河绿化空间。

6. 空间设计

按照人的视觉感受,街道高(层高)宽(街宽)比控制在 1∶1～1∶2 左右为适宜尺度,能体现街道空间互相包容的匀称性。本次规划除部分地段街道的高宽比略小于 1∶1 或大于 1∶2 以外,大都在 1∶1～1∶2 以内,临街商住楼以 4～6 层为主。结点公建采用现代建筑风格,以体现现代化都市形象。从镇海区域考虑,南二路临界住宅建筑采用统一的坡屋顶欧式立面处理的近代建筑风格。

建筑色彩宜淡雅、明快,墙面以白色、黄色为主基调。屋顶和阳台、雨篷、立柱、挑梁及其他构架适当点缀色彩较为鲜艳热烈的暖色格调，使整体建筑群既协调融和又点缀重点，活跃空间环境。

7. 景观分析

以行政中心、市民广场及各主要交叉路口公建为景观序列的主、次视觉中心，以制约人的心理和视觉，从而形成不同的景观节点。南二路西端入口公建为景观序幕，通过商住楼和一支路口公建的承继，在行政中心和市民广场地段形成南二路整体景观的主高潮，再通过东侧商住楼的延续，在世纪大道路口形成次高潮，继续向东在高压走廊下产生一个突变效应，开敞绿地起到绿肺呼吸的作用，随着景观向东延续，在耕渔路交叉口由一组公建和沿街的马头墙住宅作为景观序列的结束。

(1)景观节点。一个主要景观节点：以市民广场为核心，结合周边的行政中心等建筑群和公园形成南二路主要景观节点，并以行政大楼为重要地标建筑。

两个次要景观节点：南二路与杭甬路交叉口是本地段的主要入口，结合公建形成两个转角小广场，北面广场以绿化为主，在其中设计一个主题雕塑。南面广场以铺地为主，设计一个喷泉。并设置一个扇形柱廊将两个广场连成一体，形成门户之势，作为入口地标；在三支路与耕渔路之间设置公建，作为其周边居住区的服务中心，形成南二路尾端的景观节点。

(2)景观轴线。

1)生活性景观轴：南二路两侧设置 10 m 绿带，结合临街建筑形成景观轴。

2)交通性景观轴：在世纪大道两侧设置 50 m 绿带，结合道路绿化形成景观轴。

3)生态绿廊：宽约 500 m 的高压走廊下用地规划为本地段的生态绿廊景观轴。

4)滨水景观带：在河道两侧设置 5～8 m 的绿化带，结合河道整治，形成滨河景观网络。

8. 重要结点处理

(1)市民广场。市民广场是整个路段的主体公共空间。基本呈方形,东西长 120 m,南北宽 78 m。在其北面设置行政办公大楼,平面呈弧形,形成亲近民众、环抱民众之势,立面简洁大方,大楼北面设置配套的停车场。行政楼的东西两侧用地规划为行政中心配套的职工住宅。广场西面设置体育馆,东面设置一栋商业建筑,形成东、北、西三面围合,南面开敞的空间。

广场中央南北向设置一条 7 m 宽的叠水池,水池分三段,形成落差,增强动感,在北面设置一半圆形水池与之联结作为水景的收头。广场以叠水池为轴线呈对称放射形布置,整个布局活泼生动,绿地与铺地间隔,相映成趣。

(2)杭甬路交叉口节点。该节点是进入南二路的入口,建筑物应体现南二路形象,并与交叉口西侧现有的骆驼工业区管委会大楼和九层高的商住楼相呼应,使新旧建筑融为一体。将交叉口公建后退,在其前面留出两个转角小广场。在广场上设置扇形柱廊,形成门户之势,柱廊在空中相向延伸像展开的双臂,欢迎过往的行人、车辆进入南二路。

(3)二支路与耕渔路之间节点。该节点设置为周围居住区服务的公建,作为南二路的收尾。

(4)开敞绿地。将 500 m 宽的高压走廊下道路两侧各 30 m 的用地规划为台阶式花圃、苗圃,分三级,增强立体感。其间设置五个半圆形小广场,供市民休憩、观赏花木。这样处理既可避免高压走廊对人体心理和行为造成不良影响,又可为市民提供一瓣绿色空间,更为城市园林绿化提供了花卉、苗木。

9. 道路交通控制

(1)目标。确保机动车交通顺畅,停车方便,步行系统安全、便捷。

(2)准则。由于南二路是连接中心区与西片工业区、东片居住区的城市干道,兼有交通性和生活性双重职能。道路交通组织既要保证直行交通的速度,又要保证步行者的安全。整个路段规划有四个主要交叉路口,与南二路相交道路从西至东依次为杭甬路(红线宽度

36 m)、市心路(红线宽度 36 m)、世纪大道(红线宽度 108 m)、耕渔路(红线宽度 36 m)。通过合理组织道路横断面,采用三块板,机动车、非机动车、人流分行,并尽量减少直接通向南二路的道路交叉口,严格加强道路交叉口的交通管制,以保证南二路交通良性运行。

(3)步行交通组织。人是城市中的活动主体,道路交通组织中体现以人为本的原则,合理组织步行交通。

1)世纪大道宽达 108 m 和通过式的快速车流对行人过街造成危险和不便,而修建天桥或地道造价高,现阶段实施的可能性较小。本次规划建议采用红绿灯交通管制以保证步行者的安全,远景规划如条件许可应设置地道或过街天桥。

2)将广场、绿地、滨水景观等融入步行系统,给步行者提供休息场所、交流空间及舒适宜人的环境。

3)关心老弱病残,在市民广场、步行道等地段设置无障碍交通区,踏步、楼梯、地道等做法符合无障碍要求。

停车场设置:规划搬迁镇海五公司停车场,本路段不设置集中停车场,开辟公共建筑的地下空间作为其内部停车场,居住区设置内部停车场。

公交站点设置:利用道路绿化隔离带设置公交停靠站,从整个城区的交通规划出发,综合考虑南二路停靠站的布点,采用叉位设站方式,其错开距离约 50 m。南二路共设三组停靠站:西端入口地段、市民广场地段、耕渔路与三支路之间地段。

10. 城市家具小品

(1)目标。便生活、增加效益,并与整体空间氛围协调一致。

(2)准则。结合滨水绿地、小游园、居住区等设置一些健身、游戏器具、戏水池等供健身、游玩之用。

设置路标、候车棚、地图牌等交通设施。

结合绿化、广场设置雕塑、喷水、标志物、花台等视线聚敛物。

结合建筑、广场、绿地、铺地等设置地灯、座灯、柱灯、投射灯等照明设施。

设置废物箱、痰盂罐、公厕等卫生器具。整个路段共设置三座公厕,废物箱间距不超过 150 m。

设置留言牌、电话亭、告示牌、书报亭等。

11. 夜景照明规划

随着骆驼经济发展和社会进步,“让街道亮起来”日益成为城镇建设的发展趋势,南二路作为体现骆驼街道形象,集行政办公、商贸金融、文体娱乐、休闲于一体的综合功能主干道,其景观灯光的水准从一个侧面反映骆驼经济活跃程度、文明程度及地方文化特色。本次规划将夜景照明与街道的自然环境、文化底蕴结合,突出骆驼地方特色,将城市设计理论与照明技术结合起来,促进骆驼夜间景观质量的提高,进一步提升骆驼形象。

(1)规划设计内容。

1)设计对象:南二路沿途的建筑物、构筑物、广场、绿化、道路等。

2)设计内容:南二路沿途建筑灯光、广告设施灯光、绿化灯光、小品灯光、广场灯光、公共设施灯光等装饰性景观灯光。

(2)规划设计原则。

1)遵循景观灯光配置服务于南二路办公、商务、购物、展示、文化等功能发挥,注重灯光环境与人文结合,与自然环境融合,实现经济、社会、环境三个效益统一。

2)景观灯光整体布局合理、层次分明,在此基础上,营造景观序列中的主、次高潮点和序幕、收尾节点效果,形成总体协调,重点突出的情景。并以大面积闪亮、光电的有效组合,烘托街景的活跃气氛,体现时代特征。

3)改进灯光设施的布局、造型、支架结构,避免支架锈蚀,结构外露,影响日间的观瞻效果,遵循兼顾昼夜效果原则。

(3)景观灯光立体层次划分。结合道路两侧用地布局,形成点、线、面结合,动态伸展的夜景观系统立体层次。点是指主要道路交叉口建筑、行政中心、市民广场;线即是南二路全线;面是指南二路两侧的建筑界面。

1)点——加强南二路地标建筑的标志感与品质,优化街道节点景观。

行政中心和道路交叉口节点建筑，是南二路夜景的主要标识点，对整个骆驼街道夜景天际线的刻画具有举足轻重的作用。加强对屋顶的刻画，采用装饰效果强烈的线条勾勒沿口、尖顶及其他构件，结合泛光照明，强化建筑轮廓线，并考虑节日气氛，尤其是行政大楼的灯光达到平日、节日不同气氛。由于世纪大道路口是骆驼对外的门户，可在其节点建筑顶部安装大型霓虹灯广告牌，形成强烈的视觉冲击。

在市民广场设置动态地埋灯，将旱喷泉撒出的水珠照耀得晶莹剔透，产生“大珠小珠落玉盘”的诗情画意。

2)线——加强南二路灯光夜景的线性统一感，以联结节点景观。

设置街道树的照明，每两株一组，每组设置 5 m 高的双臂投射灯照亮树木，使南二路的上空夜景呈现连贯的绿色光带，同时，在人行道上设置地灯。

为避免对住户造成污染，对全线的临街商住楼照明以黄白光为主，以居家照明的自然内透灯为主，以轮廓灯勾画，保持优美的天际线。

允许沿街广告的设置，节点公建及临街商铺设置广告以烘托商业气氛，但须水平设置，以增加街道纵深程序感。

3)面——通过泛光照明或内光外透的方式给建筑界面提供照明。由界面灯光强化街景的对比、均衡、韵律、节奏，产生界面的视觉连续和结构秩序。

(4)南二路景观灯光的色彩运用。为使南二路街景灯光实现雅俗共赏，采用稳重的黄白泛光照明为底色，鲜艳明快的霓虹灯在节点建筑上作点缀，行政大楼照明要庄严稳重，绿化照明要清新淡雅，杭甬路口上的大型广告牌要气势磅礴，充分展现南二路的繁华，其他节点公建照明要活泼生动。

12. 绿地控制

(1)目标。创造良好的生态环境和视觉环境。

(2)准则。由点状、现状、面状绿化结合形成完整的绿化系统。

1)点状绿化：广场绿地结合对面的公园形成本地段最大的点状绿地；世纪大道右侧地块设计为公园绿地。

2)线状绿地：在南二路两侧设置 10 m 的林荫绿带，世纪大道两侧设置 50 m 绿带，形成道路景观绿带；将高压走廊下用地规划为花卉苗木基地，形成贯穿骆驼街道的生态绿廊；在河道两侧设置 5～8 m 的滨河绿带。步行道系统结合铺地，孤植大型乔木，局部地段设花坛。

3)面状绿地：各地块内部结合住宅、公建等的规划，布置量大、面广的绿地，居住区内设组团绿地和组团级集中绿地。

此外，有条件时，公建裙楼屋顶可考虑平台绿化。绿地率按各地块的绿化准则要求。

13. 水体设计

(1)目标。保护并整治规划区内所有河道，同时创造各种形态的水景观，将水乡特色体现到空间形态的每一方面。

(2)准则。保留规划区内所有河道，并将断头河流连通，形成河网。设置沿河绿地，河道均采用石驳岸。沿南二路设计三处水景：入口处转角广场设置喷泉；市民广场中央南北向设置一条叠水式汗喷泉；耕渔路进入生态绿廊入口转角处设置几何形水池。

另外，规划区水体必须保证水质，禁止任何污水排放入内，禁倒垃圾。

二、宁波市鄞州区中河街道规划

1. 总则

(1)规划目的。为贯彻落实《中华人民共和国城乡规划法》，进一步深化完善宁波市总体规划所确立的发展目标，明确本编制区未来发展方向及策略，实现突破性、可持续发展，并更好地协调各专业各部门的需求和规划管理部门的管理要求，特编制本控制性详细规划。

(2)规划依据和参考。

1)《中华人民共和国城乡规划法》(2007 年 10 月 28 日第十届全国人民代表大会常务委员会第三十次会议通过)。

2)《城市居住区规划设计规范》(GB 50180—1993)(2002 年版)。

4)《宁波市城乡规划管理技术规定》(2007 年 10 月)。

5)《宁波市城市总体规划(2004—2020 年)》。

6)各类专项(专业)规划。

7)涉及城市规划建设的其他法律法规。

8)其他相关的标准规范及规划文件等。

(3)规划范围。本次规划范围:南起鄞州大道,西至奉化江,北连鄞县大道,东接高教园区到钱湖南路。规划用地面积766.71 hm^2。

(4)规划期限。本规划确定的规划期限与《宁波市城市总体规划(2004—2020年)》保持一致,规划基准年为2009年。

(5)规划成果。本规划成果包括法定文件、技术管理文件和附件三大部分。

1)法定文件。法定文件是控制性详细规划的法定控制内容,包括法定文本和法定图件。

2)技术管理文件。技术管理文件是控制性详细规划的技术控制内容,包括技术管理文本、图纸和地块图则。

3)附件。附件是对规划内容和规划过程的必要补充和说明,包括研究报告、规划编制与修改情况说明等。

(6)法律效力。本规划经宁波市人民政府批准后生效,并自公布之日起实施。本规划由宁波市规划行政主管部门负责解释。

(7)其他规定。技术管理文件的所有内容应遵循法定文件的规定;控制性详细规划的实施应遵守《宁波市控制性详细规划管理暂行规定》。

2. 功能定位、发展目标、控制规模和规划结构

(1)功能定位。根据城市总体规划和现状分析、因素分析,确定本区的功能定位为:宁波鄞州新城区的核心区,是以行政职能、商业商务、文化休闲、生活居住作为主要功能的城市复合功能区块。

(2)发展目标。根据功能定位及用地布局,确定本区的发展目标如下。

1)高效的目标:加强基础设施的规划与建设,以充分体现现代化城市特色,满足社会需求,美化城市空间的原则,合理划分产业结构及优化新城区的结构布局,形成布局相对均衡、多层次的城市公共服务设施体系。

2)特色的目标:结合特有的自然资源,以鄞州公园为核心、以奉化江绿带为依托,精心组织景观要素,形成与自然河网空间协调共生的特色景观和最具景观价值和生态内涵的区域。并能适应市场经济的需要,为投资者开辟理想的投资环境,为规划建设管理制定灵活、有效的手段和可操作的规范。

3)生态宜居的目标:注意保护和营造良好的自然生态环境,坚持生态优先的原则,以人为本,创造环境优美的城市景观,走可持续性发展之路,建设高品位的生活宜居区,充分利用新城区生态环境的禀赋优势,做好绿地、景观、水系、建筑、街景等城市景观的有机协调,努力将新城区建设成为经济发达、文化繁荣、环境优美、宜居宜业的现代化生态新城。

(3)控制规模。本规划范围规划人口 2.35 万户、约 7.05 万人。规划城市建设用地 705.01 hm^2(不包括水域面积 61.70 hm^2),占总用地的 91.95%,人均城市建设用地约 94.00 m^2。

(4)规划结构。本区规划结构以城市道路为分隔,形成八个基层社区和一个中央绿地景观带;规划视整体为一街道社区,布置街道社区中心,呈多个点状分布;规划区政府为核心的行政文化中心和南部商务区的商务商业中心。图 7-11 所示为宁波市新城区地段规划功能结构图,图 7-12 所示为用地规划图。

3. 控制单元

(1)控制原则。控制单元提出总量控制、分量平衡、弹性开发的控制原则。通过严格控制单元建设总量,来控制整体的开发强度,而单元内各地块分量允许突破并相互平衡,由此来增加地块的开发弹性。

(2)单元划分。结合行政街道和社区界限范围、天然的地理界限如河流、城市土地利用结构、功能内在关联性、土地使用性质的同一性、主次干道围合的街坊、合理的交通分区等因素来划分控制单元。

依据上述原则,规划将东胜地段划分为 10 个控制单元,单元编号为 YZ08—01 至 YZ08—10,如图 7-13 所示为控制单元划分图。

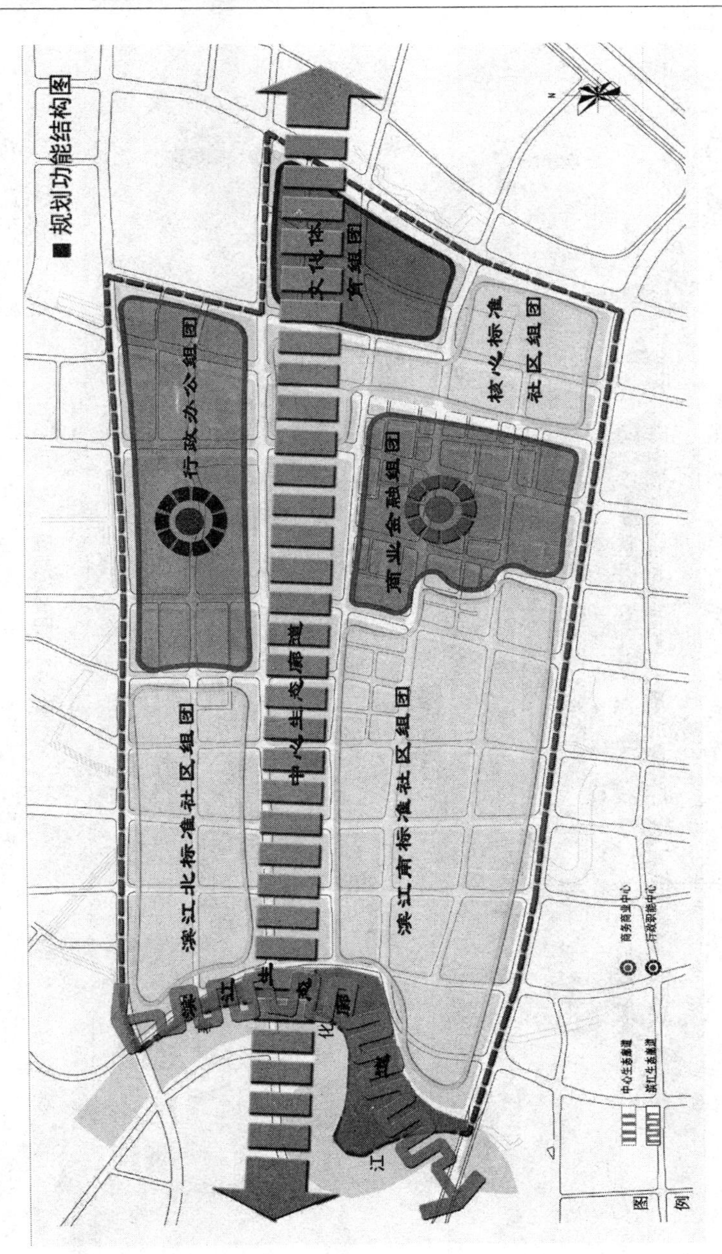

图7-11　宁波市新城区地段规划功能结构图

图7-12　用地规划图

图7-13　控制单元划分图

(3)控制内容。控制单元的强制性内容包括控制单元的主要用途、居住人口控制规模、总开发容量、公园绿地面积、配套设施控制要求等。

本编制区的总建设容量704.34万m^2,其中,保留的建设容量388.94万m^2,新建的建设容量315.34万m^2。在建设过程中,每个控制单元的控制容量不得突破。

4. 用地规划

(1)居住用地。规划居住用地187.31 hm^2,占规划建设用地的26.57%,人均居住用地26.55 m^2。其中二类居住用地152.26 hm^2,中小学用地21.17 hm^2。规划以城市道路围合空间,形成8个基层社区;新开发的居住地块应以开发中高档住宅为主。规划居住人口2.35万户,7.05万人,每个基层社区分别为3 000～12 000人不等。

(2)公共设施用地。规划公共设施按片区级公共中心一标准社区级服务中心一基层单元社区级服务平台三级配置,既层级配置相应的公共设施,又为居民就近享用各级公共设施。

规划公共设施用地167.14 hm^2,占规划建设用地的23.71%,人均公共设施用地23.64 hm^2。其中商业金融业用地87.70 hm^2,体育用地12.36 hm^2,行政办公用地33.86 hm^2,文化娱乐用地18.97 hm^2,医疗卫生用地8.61 hm^2,教育设施用地5.58 hm^2,其他公共设施用地0.06 hm^2。

规划对现状公共设施用地进行整合,集约用地。规划公共设施按市区级一街道社区级一基层社区级三级配置,增强公共设施布局结构。

重点打造南部商务区、行政职能带,强化湿地公园商业景观轴线。

以超市、菜场、街道办事处、社区服务中心等标准社区级公共服务设施为主,形成标准社区级社区服务中心。

以社区商业网点、文体活动站、社区服务站、社区居委会、社区卫生服务站、社区警务室等基层社区级公共服务设施为主,形成基层社区中心。

(3)其他用地。其他用地还包括道路广场用地、市政公用设施用地、绿地及水域。

5. 公共服务设施规划

(1)配套原则。公共服务设施，或称配套公建，根据城市社区管理和空间布局体系，城市社区配套设施遵循“分级配套，共建共享；分类实施，公益优先；因地制宜，弹性指导”的原则。

(2)配套要求。本区公共服务设施规划按配套类别进行市区级、街道社区级和基层社区级三级进行分级配置，主要包括教育、医疗卫生、文化体育、商贸服务、金融邮电、社区服务以及市政公用七项设施。

标准社区级必须配建小学、社区卫生服务中心、文化活动中心、体育建设场地、菜场、超市、社区服务中心各项设施。

基层社区级必须配建幼儿园、社区卫生服务站、文体活动站、社区服务站、社区居委会、社区警务室各项设施，有条件可以集中建设形成基层社区中心。

6. 绿地及公共开放空间规划

(1)绿地系统。规划重点打造沿奉化江沿岸沿河绿地，湿地公园、鄞州公园，并利用产业转换、河道疏通等契机增加小公园、街头绿地，提供居民就近散步、健身和休憩。规划绿地 180.35 hm^2，占规划建设用地的 25.58%。利用已经形成的鄞州公园，结合规划沿奉化江绿带、湿地公园，及沿河绿带增加滨江绿地、小公园、街头绿地形成整个片区的绿地系统，提供居民就近散步、健身和休憩。

(2)水体系统。

1)规划水域面积 61.70 hm^2。

2)规划增强基地的水网系统；加深宁波作为江南水乡的文化传统；为丰富的户外活动提供更多的机会；创造高品质的水岸生活与休闲娱乐环境；协助建立各分区的独特个性；有助城市防洪排涝。沿河空间应公共开放，形成连续的游憩绿道。

(3)公共开放空间系统。公共开放空间是城市公共活动的聚集点。本区公共开放空间主要有两个层次，开放空间廊道和重点开放空间。开放空间廊道包括游憩绿道和特色商业街；重点开放空间包括重要公共设施的开敞空间和主要公园。

1)开放空间廊道。

①行人游憩步道:通过河网、绿地系统沟通,沿河空间应公共开放,形成连续的游憩绿廊,沿奉化江宽至少 70 m 绿化带和规划区中部东西向宽 250 m 左右的湿地公园和鄞州公园,有利于组织步行系统,并连接各公园和公共服务设施,方便居民生活和健身。

②特色商业街:开发主要沿康泰中路—天童南路的商业街。

2)重点开放空间。

①文化中心:结合鄞州公园、博物馆等公共建筑,为居民提供游览、游憩、聚会等各类活动。

②商务中心:泰康中路—天童南路交叉口周边形成商业片区人流集散中心。

7. 道路交通规划

(1)道路等级。本次路网规划将路网分为快速路、主干路、次干路和支路四个等级。

1)快速路。鄞州大道、广德湖南路,规划红线宽度 44～60 m。

2)主干路。鄞县大道、首南路、宁南南路、天童南路、钱湖南路,红线宽度 37～55 m。

3)次干路。惠风路、泰康路、日丽路、滨江路、前河南路,红线宽度 28～37 m。

4)支路。本规划区域涉及 5 种不同断面支路,红线宽度分别为 12 m、16 m、22 m、24 m 和 28 m。

(2)轨道交通。根据《宁波市城市快速轨道交通控制性详细规划》,轨道交通 3 号线和 5 号线经过本区。

8. 防灾规划

(1)消防。

1)本区规划设置一处标准型普通消防站,占地约 6 704 m^2。消防用水由给水管网系统供给,并积极利用河道等天然水源,高层建筑等消防用水量大的建筑修筑人工水池确保消防用水。室外消火栓间距不大于 120 m。

2)消防车通道规划。消防车通道的主体为规划区范围内的次干道和支路，应十分重视规划区范围内次干道和支路的规划建设工作，切实保障畅通无阻，保证消防车通道通畅、安全。

3)高层建筑、大型民用建筑等场地，属于消防重点保护单位的，其规划建筑中必须严格按照消防技术规范的规定，保证城市消防的要求。

(2)抗震。

1)根据《中国地震动参数区划图》(GB 18306—2001)的规定，本规划区位于地震动参数 0.05(Ⅵ度)。

2)新建的各类建筑应按国家质量技术监督局发布的《中国地震动参数区划图》(GB 18306—2001)进行设计和施工，由市建设行政管理部门监督管理。

3)重大工程、生命线工程、易产生严重次生灾害的建设工程，其建设场地必须进行专门的地震安全性评价，并按评价结果进行抗震设防。

(3)地质灾害防治。根据《宁波市区地质灾害防治规划》(2002—2020 年)，本规划区域为地面沉降次重点防护区。

对于地面沉降次重点防护区，应控制地下水开采量，严格执行地下水开采审批制度，建立健全地下水位、地面沉降监测网络；开展工程性地面沉降监测和防治工作。

三、四川安县滨河绿带设计实例

1. 现状分析

(1)地形地貌。该用地位于安昌河阶地上，地势北高南低，起伏不大，区内最高海拔 515 m，最低海拔 503 m，地质条件较好，无滑坡、崩塌，泥石流等自然地质灾害，并在安昌河沿岸筑有防洪堤，以抵挡30 年一遇的洪水灾害。

(2)建筑现状。该用地现状建筑较少，基本为散落民居，质量较差，均可拆除。区内北部有一个变电站，以东形成一条 110 kV 的高压走廊。

(3)景观现状。该用地紧挨安昌河，区内有两条由北向南通延伸的自然沟渠和大面积的鱼塘。河对岸山体保护较好，有良好的植物，丰富的水资源以及对岸山体与植物是该区域的自然景观。

(4)交通现状。该用地紧挨安县新城行政中心，交通便利，北部现有先林大桥以及南面新修大桥横跨安昌河，直通江油、绵阳，区内有益昌路、金鸿路、文苑路、文胜路、银河大道、白鹤路以及三条新规划纵向道路与区内规划的横向干道相连形成合理便捷的交通网络。

2. 区位关系

绵阳，位于四川省西北部，总面积 2 万多平方公里，距成都 98 公里，是川西北的交通枢纽。宝成铁路贯穿市境，国道、省道纵横联网，成绵、绵广高速公路已经建成，构成便捷的交通运输网。

安县位于四川盆地西北边缘，地处龙门山脉中段，东临绵阳市、江油市，西与罗江县相邻，南连绵竹市，北接北川、汶川、茂县。县城距成都 146 公里，辖区面积 1 404 平方公里。本次规划地段水韵生态家园位于安县新县城行政中心东部滨河沿线，东起安昌河西岸，西至益昌东街，南抵泉水堰杨家河坝，北达先林大桥。

3. 规划依据

(1)《中华人民共和国城乡规划法》(2007 年 10 月 28 日第十届全国人民代表大会常务委员会第三十次会议通过)。

(2)《城市居住区规划设计规范》(GB 50180—1993)(2002 年版)。

(3)有关本规划区的规划设计资料。

(4)甲方对本规划区的开发意向。

(5)安县县志。

4. 规划区职能与规模

(1)区位分析。

1)交通优势。该用地位于城市新区规划的主要干道之间，其北面先林大桥直达江油，南中部新建一座大桥，与绵阳市将新建的成绵高速复线出入口相通，随着这个出入口的开通，该地段区位优势将得到进一步提升。

2)环境优势。规划用地东临安昌河，水体清澈，具有良好的水资源条件，除此之外，区内有两条自然沟渠贯穿南北，还有几个较大面积的鱼塘，三种类型的水资源的水质均好。河对岸山林浓密，空气清新，是极好的对景景观。这两者构成了该用地独特的山水景观特征，就是这些丰富的自然资源的优势突显了该用地与其他用地的不同特色。

(2)规划职能。安县历史悠久，资源丰富，从东晋永和三年(347年)设县，至今已一千六百三十八年。在历经千年的历史中，涌现出无数的名人骚客、全国知名人物及英雄，古有李调元、李岷琛等，今有沙汀、李开茂等。境内山、丘、坝兼有，气候温和，雨量充沛，土质肥沃，物产丰富。风景奇特、秀丽、幽静、壮观，如国家级森林公园千佛山、国家海绵地质公园省级风景名胜区白水湖、罗浮山等，具有较大的旅游前景。全县水资源丰富，是该县又一重要特点之一，其河流主要有安昌河、秀水河、苏包河和睢水河等，是四川省富水地区之一。该县如此丰富的山水自然景观及人文景观，是不多得的资源，为了让这些资源得到更好的利用和展示，水韵生态家园的打造，就是一个尝试，因此，为了满足这一功能要求。其职能分为。

1)展示城市文脉，展示历史，突出文化内涵。

2)展示自然、水文化，体现独特性、唯一性。

3)通过水资源整合，打造独具特色水韵风情特色街，塑造高品质的高档住宅区，提供自然生态的湿地公园。这一综合打造，使休闲、赏景、居住一体化，使该区域成为吸引绵阳、四川乃至全国的购房者及旅游者的最佳选择之地，成为远近闻名的综合亮点区域。

(3)总体功能。

1)高档次、高品位的居住功能。

2)集休闲、娱乐、赏景于一体的水韵风情特色街。

3)休闲娱乐的公共空间——自然生态湿地公园。

4)休闲、娱乐、观景的带形公开空间——滨河绿地。

(4)建筑风格。该区域建筑以川西民居建筑的造型元素为基本造型语言，以此形成主体风格。除此之外，考虑到与周边建筑及新区的建筑形式，局部高层建筑及娱乐性、商业性建筑，采用现代造型语言与周边环境相协调。这样既突出该区域的独特性、唯一性，又不失与环境相协调。

(5)用地规模。总用地 61.55 hm^2，其中水韵风情特色街用地 5.67 hm^2；水韵绿宅用地 30.76 hm^2；生态湿地公园 9.78 公顷；总建筑面积 699 862.00 m^2，其中水韵绿宅区建筑区建筑面积 661 942.00 m^2；水韵风情特色街区建筑区建筑面积 292 200.00 m^2；生态湿地公园区建筑区建筑面积 87 000.00 m^2。

5. 规划指导思想、原则与目标

(1)指导思想。

1)遵循保护发展相协调的原则，使城市文脉、自然生态、建筑空间有机结合。

2)坚持规划的科学性、指导性、前瞻性和可操作性原则。

3)以人为本，创造“人与环境和谐，人与植物共生，人与自然交融”的原则。

4)以山为体，水为魂，自然为脉，构筑城与山水相伴的独特的城市环境。

(2)规划原则。

1)坚持主题明确，特色鲜明，重塑环境的原则。

2)坚持宏观与微观相协调的原则，达到以点带面，重点突出的原则。

3)坚持经济效益与生态、与社会相协调，并可持续发展的原则。

(3)规划目标。

1)保护原有山水自然景观，改善、理顺、整合景观资源，以达到改善县城生态环境、美化城市的目的，体现山水城市特色。

2)通过滨河带水韵生态家园的打造，把该区域建成集休闲、娱乐、旅游、居住为一体的特色滨河区域，成为安县乃至绵阳地区展示水文化的亮点及标志，成为安县叫得响的名牌。

3)通过滨河带水韵生态家园的打造以及环境的综合治理，拉动城市经济，促进城市发展。在产生极佳的社会及经济效益中，重塑安县形象。

6. 规划原则

(1)各功能分区合理、明确、联系方便。

(2)注重环境,体现特色。

(3)局部景观与城市环境相协调,处理好局部与整体的关系。

7. 总体结构

该规划利用现有自然环境,为了改善城市面貌,提升城市品位,完善城市功能,推动城市发展,将该用地分为滨水绿宅区、水韵风情特色街、湿地生态公园区、滨河绿带四大功能区。

8. 总体布局

(1)规划目标。利用山水环境因素,整合景观资源,通过水韵风情特色街、滨河绿带以及生态湿地公园的打造。为城市提供生态、自然具有水文化的空间,提升该地块的商业价值,而三者一并打造后,将成为城市亮点及标志性区域。

(2)规划原则。

1)以用地布局为依据,整合用地的原则。

2)结合地形地貌和原有城市道路进行规划的原则。

3)体现环境与建筑和谐统一的原则。

4)合理用地,节约用地,使土地最大化利用的原则。

9. 各功能区布局

(1)滨水绿宅布局。总用地面积为 30.76 hm^2,总建筑面积为 661 942.00 m^2。

1)居住区规划原则。

①适居性原则按照人的居住生活、社会生活和生理、心理特点进行规划设计,充分考虑各类居民居住生活的不同要求,创造人性化的空间和文明的居住环境。

②生态优化原则尊重保护自然与人文环境,合理地开发和利用土地资源,节地、节能、节材,建成建筑与环境有机结合的可持续发展的居住区。

③综合效益原则合理地利用土地、资金、能源、劳力及材料,用最

小的消耗取得最大的环境、社会收益，最大限度地提高居住区规划与建设的综合效益。

④社会塑造原则在社区文化、教育、交往、保障、治安等社区服务与保障方面强化社区功能，塑造社区特征。

⑤整体性与多样性原则居住区以丰富多样的居住区形式，重塑城市物质空间，体现城市特征和城市的多样性，而且对城市的特征和城市多样性的形成是非常重要的。

2)规划特点。

①布局特点建筑采用 70、90、120、150 m^2 等户型进行布置，突破住宅条形布置的单一方式，结合景观，采取环水、临水布置的多种形式，使各户推窗见景，水景、水声环绕其间。而低、多、高层住宅建筑的相互穿插，高低错落有致，使空间丰富多变。而且这样的布置形式，有利于小区内的日照、通风和视线效果。

②建筑风格低多层建筑将提炼的民居符号，作为主要造型元素。而穿插其中的高层建筑采取现代元素进行立面设计，与周边建筑相呼应。这样的处理方式，其建筑风格既突出该区域建筑个性特征，又不失与城市整体形象相协调。

③景观特点景观设计中贯彻“以人为本”的理念，利用安昌河景观及水渠资源，紧扣生态、水文化主题，在进行组团、景观设计中贴近居民生活，注重观赏性、体验性，以亲切宜人的尺度，为住宅提供休息、交往的空间，力求创造一个高绿地率、高品位的新型住宅区。

④交通组织交通组织顺畅，人车分流，互不干扰。人流入口景观标志性强，停车采取地面、地下混合停车形式。

(2)水韵风情特色街。总用地面积：5.67 hm^2，建筑面积：29 220 m^2，总长：700 m。

1)规划原则。根据建筑及景观要求，将现有水渠流向重新组织，以此展示水文化，突出水韵风情特色。在此基础上，民居建筑风格与流动的水，构成风情街的完整街巷空间，体现它的独特性、唯一性，使之特色突出。此街的打造，将成为四川乃至全国不可多得的滨水风情特色街，成为亮点及名片。

2)规划特点。

①建筑布局。沿街建筑采取条形、错落,以及院落三种空间相结合的布置形式,使街巷空间曲折多变,趣味无穷。为了增加商业价值,除较封闭的主街外,增加了临滨河的步行道。形成街中街,街内外相结合的商业空间,使该地段商业价值成倍增加,为经营者提供了极佳的商业口岸。

②建筑风格。步行街建筑采取民居造型元素,进行立面设计。白墙、灰瓦,咖啡色的垂花、花窗、门扇等木构件,形成了古朴的立面风格,为风情街增加了文化的内涵。而高低错落的建筑群体及院落空间,丰富了河岸天际线及城市空间,使建筑与景观互为景观、融为一体,成为城市空间中的重要景观节点。

③景观特点。在景观设计中为了突出水文化这一主题,达到更新城市的目的,采取强化水轴、美化堤岸等手法,为人们提供了舒适、优雅的环境。其景观主要以水景为主,由水轴串联起主次入口节点,形成完整的水巷景观空间,除此之外,在建筑不同空间,设有观景亭、小品、座椅等设施。

(3)湿地生态公园。用地面积:9.78 hm^2,总建筑面积:8 700 m^2。

1)规划布局。结合原有水体的走向,以及功能需要,服务设施建筑自由分散的布局,为市民及游人提供相应服务。

2)建筑风格。建筑采取现代与民居形式相结合的造型风格,显得轻松活泼,与公园环境相协调。

3)景观特点。利用原有水体进行池、渠、溪的营造,使人们步入湿地公园后,感受到水的各种形态,但不管如何变化,其堤边处理尽量生态、自然。除此之外,尽量保留原场地内的植物,另外再增植一些与环境景观相协调的植物,使湿地公园更趋自然、生态,成为市民寻找的一块净土,成为休闲、娱乐的又一去处。

4)交通组织。湿地公园设有不同方向的两个出入口与城市干道相连,满足市民休闲的需求。两出入口连接内部主要道路,其小路自由蜿蜒,连接各景点及服务设施,变化有致。

10. 滨河绿带规划

用地面积：3.51 hm^2。滨河绿带区，位于该用地的沿河东面。

(1)规划原则。

1)显山露水的原则。

2)生态性原则。

3)景观与建筑和谐统一的原则。

4)植物搭配符合色相季相原则。

(2)布局特点。

1)布局流线型，构图生动，在重点地段增加景观树及花卉，以此烘托气氛。

2)蜿蜒的小路连接临河商业建筑及各观景设施，如观景亭、晨练小广场、廊等，为市民及游人提供休息、观景的场所。

3)结合绿化及城市空间，配置适当公共设施及市政设施，如活动中心、厕所、电话亭、垃圾桶、座椅以及观景平台等亲水设施。

(3)景观特点。主要采取的是“显山露水”自由不对称流线型的布置方式，各绿地空间以低矮的灌木、花木相间布置在景观节点处，并在适当位置种植一些景观树种以及设置小雕塑等来强化节点效果。在树种搭配上，要满足色相季相生态性的大效果，使绿带四季有花、四季见绿。与之配套的路面材料、河岸栏杆、座凳、路灯、电话亭、座椅造型尽量与区域内总体风格统一，更显生态型，与自然和谐统一。

(4)交通组织。

1)滨河带有四处与城市干道相连，满足市民及游人休闲、观景、娱乐、晨练等基本功能。

2)步行街有三个出入口可直达滨河路。

3)沿河小区均有人行入口开向滨河路，便捷的交通，为市民及游览步行街的游人提供快速到达滨河路的条件，使该绿带得到充分的综合利用，真正成为市民观水景、感受水文化的最佳去处。

11. 绿地景观系统规划

(1)绿地组成。

1)水韵风情特色街绿地包括广场绿地、步行街绿地与周边绿地。

2)水韵绿宅绿地包括广场绿地、组团绿地、宅前屋后绿地。

3)生态湿地公园包括景观绿地及保留绿地。

4)公共绿地包括河岸带形绿地及各城市节点绿地。

(2)绿地规划。

1)水韵风情街绿地景观规划。

①入口景观。步行街主入口广场处绿地由草坪、花卉组成,并与水景组成了完整的广场景观,使广场空间既融入城市空间中,成为城市重要节点,同时,又是步行街人流集散、市民晨练、聚会的综合空间。步行街几个次入口空间均以水系、绿地、花卉共同组景,尽管各入口各有差异,但都形成了统一景观风格。同时,这些入口空间又是城市空间中的次要节点。

②内部景观。街区内以小溪作为步行街的主要元素来营造步行街轻松、优雅、独特景观,其小溪连接各入口节点景观,形成了完整的水景空间。街内小溪与堤外安昌河遥相呼应,和谐统一,创造了一个优美、浪漫、独一无二的休闲空间娱乐。

2)水韵绿宅绿地景观规划。住宅区利用用地内丰富的水资源——水渠、水塘,进行整合,把水作为小区景观的主线进行设计,让水魂贯穿始终,形成独特的水韵景观,在各组团入口,根据其在城市节点的不同位置,营造出丰富的水景入口。除此之外,除纵向主水景外,各组团内为丰富空间设有横向水景与之穿插,变化的水景空间以及流动的安昌水交相辉映,如同音符,流淌在人们心中,使人们感受到了高档次、高品位住宅区的魅力。

3)河岸绿带景观规划。沿河留有供市民及游人休闲娱乐观景的公共绿地空间,其宽度为20～60 m;景观由草坪、花卉、景观树、小广场等元素组成,加之,自由蜿蜒的小路,将各景点相连,形成河岸的绿色走廊,在河岸绿带中的不同位置设有观景平台、晨练小广场、观景廊、亭等观景设施,为市民提供了丰富的滨河景观空间,让安昌河与河岸景观融为一体,交相辉映,形成独特滨水景观空间。在满足休闲观景的功能外,绿带中有直接通往步行街的小路。这样使景观溶入步行街之中,强化了观景、娱乐合而为一的功能,使人流聚集,商业价剧增。

4)湿地生态公园景观绿地规划。利用原有鱼池进行整合改造，保留原生态的植物及水体，适当种植一些树木、花卉，自由的小路连接各景点及服务设施，让人们在自然生态的氛围，感受到清新、优美的景观空间。

(3)景观系统规划。

1)横向主要景观轴线。

①安昌河自然水轴；

②水韵风情街水轴；

③水韵绿宅水轴；

④滨河绿轴。

2)纵向主要景观轴线。

①A 组团三纵水轴；

②B 组团一纵水轴；

③C 组团一纵水轴；

④D 组团一纵水轴；

⑤E 组团一纵水轴；

⑥步行街主入口纵水轴。

四、长春市西解放立交桥街头小游园设计实例

1. 概况

(1)场地现状。绿地位于长春市南关区西解放立交桥桥头，是景阳大路和普阳街的交会处，更是长春市外环公路的重要交通枢纽。绿地被分为三部分，且均为三角形。地势较为平坦，周围有许多高大建筑物，如写字楼、民居等。原地面曾布置有大量的草皮和模纹花坛，但因管理不善已全部枯死。

(2)场地分析。由于绿地位置特殊，属于城市系统中的街头绿地。所以，设计优先考虑生态方面。

由于绿地的周围有大量的民居和高大建筑，虽临近街道，但规划设计考虑了人的因素，以人为本，创造了一个可供城市居民游憩、娱乐

的场所。

2. 设计原则

(1)依法治绿原则。以国家和地方政府的各项相关法规、条例和行政规章为依据,根据城市发展景观建设,改善生态环境等方面的功能需要,综合考虑城市现状建设的基础条件、经济发展水平等因素,合理确定各类城市绿地的规模,特别注意与城市总体规划和土地利用总体规划的有关内容相协调。

(2)生态优先原则。高度重视环境保护和生态的可持续发展,坚持生态优先,合理布局,使经济效益、环境效益平衡发展,且与其他生态系统有机结合,满足市民日常生活的需要。

(3)因地制宜原则。从实际出发,重视利用城市内外的自然地貌特征,发挥自然条件的优越,并深入挖掘城市的历史文化内涵,结合城市总体规划布局,统筹安排绿色空间。

(4)地方特色原则。重视培育当地绿化和园林艺术风格,努力体现地方文化特色。选用地带性植物为主,制定管理的乔、灌、草、花种植比例,以乔木种植为主。

(5)与时俱进原则。结合时常经济所带来的新机遇,规划体现时代性,与城市发展的各阶段相协调,且留有余地。

3. 总体规划思想

依据设计原则,提出设计理论,对绿地进行规划设计。主要以具有不同观赏特性的植物进行景观分区,并配以具有使用功能的建筑及小品,装饰园景。灵活运用道路系统,充分发挥植物生态学特性,在城市中营造一个绿色空间,在减低环境污染的同时,提高城市居民的生活质量,使城市居民有一个亲近大自然的机会。设计力求建成一处植物景观丰富,环境自然古朴,具有浓厚人文气息的新型绿地。

4. 规划布局特点

由于地段的特殊性,设计采用混合式构园的手法,既有古典园林的精华,又有现代园林的精髓,不拘泥于传统,本着以人为本的思想,不刻意追求某种形式,师法自然。

(1)园内道路。设计运用古典园林道路的布置形式,走向布列多随地形。道路的平面和剖面多为自然的、起伏曲折的平面线和竖曲线组成。

(2)园内建筑。设计运用中国古典建筑——亭子,作为园内主景,与周围景物相呼应,且有现代园林形式的广场,充满了时代气息,古今交融,相得益彰。

(3)园内植物。大量的植物采用自然式布置,反映自然界植物群落之美,道路两旁的植物却以行道树的形式布置,使园内道路系统更加突出。

5. 景观分区

地段的实际情况,由于被分为三块,且由于设计的重点以植物造景为主,根据植物季相变化的特点将其分为三处。

(1)惜香园。以早春观花植物为主,主景为汇芳亭。

(2)凝霜园。以秋季观叶植物为主,主景为待霜亭。

(3)琼花园。以常绿针叶植物为主,主景为寒香亭。

6. 景点命名特色

(1)惜香园。春回大地,冰雪消融,春花烂漫,生机勃勃。主景"汇芳亭"有集"百花之春,百花之容"之意。春色满园,尽收眼底。正是对国家振兴东北老工业基地的政策的响应,希望北国之城长春市能够在党的英明指导下,珍惜这来之不易的时机,焕发出第二春。

(2)凝霜园。枫叶似霞,槭叶如火,天高云阔,秋高气爽。园内主景"待霜亭"取自"霜叶红于二月花",给萧瑟的秋季一种强烈的视觉冲击。且种植了可观果的植物,预示着硕果累累丰收之意。也预示着长春市作为东北土地上一块耀眼的明珠,在新的世纪里进一步的改革和创新,不断发展不断有新的收获。

(3)琼花园。北国风光,银装素裹。苍松翠柏,掩映其中。主景"寒香亭"有"寒气阵阵,香风不断"之意。白雪皑皑正是北国特有的景色。大量的种植常绿植物与此形成鲜明的对比,给色调单一的冬季增加一丝绿的新意,松柏常青的特性也预示着勤劳质朴的东北人民,不畏艰难险阻,一定会取得新的成绩。

7. 园路设计

(1)园路布局,顺势通畅。规划设计中,利用道路系统,将园内分成不同的区域,组织视线,引导游人。同时与周围的建造和花木构成有机的整体。在设计中,道路与地形巧妙地结合,采用自然式布置。园路迂回曲折,贯穿全园,线条柔缓,给人以宁静、恬静的感觉。

(2)主次分明,别具匠心。园内运用主路组织观赏路线,且有步石穿插其中连接景物,构成了一个环状系统,产生了园有限而游览无限之感。

(3)园路铺装,各具特色。

1)主要道路。采用块料地面,这种路面简朴大方,特别是拉条路面,利用条纹方向变化产生的光影效果,加强了花纹的效果,具有很好的装饰性,而且可以防滑和减少反光强度,美观、舒适。

2)次要道路——步石。在自然式草地和建筑附近的小块绿地上,用数块天然石块或木纹板形的铺块,自由组合其中。两块相邻块体的中心距离,考虑人的跨越能力。采用适当的跨度和不等距变化与自然环境协调,取得轻松活泼的效果。

8. 建筑及小品

(1)建筑。在设计中,具有代表性的建筑是有中国传统特色的亭子。其功能上满足园林游赏的要求,可点缀园林景点,构成园林之景。造型上形态多样,轻松活泼,结合各种园林环境,其特有的造型更增加了园林景致的画意。体量随意,大小自立。既可作为园林主景,也可形成园林小品。在布局上位置选择灵活,不受格局限制。

(2)小品。园林建筑装饰小品是园林环境中不可缺少的组成要素,虽以装饰园林环境为主,注重外观形象的艺术效果,但同时兼有一定的使用功能。本游园中包含的建筑小品有:园椅、园灯、果皮箱等。

1)园椅。遵循全园设计理念,园椅有自然山石的桌椅,也有数把条形长椅。可以独处,也可观赏,设置的位置在人流路线之外,以免人流干扰,妨碍交通。

2)园灯。可以装饰园内环境,又可以点缀园景,最重要的是照明功能。绚丽明亮的灯光使园内环境气象极为热闹,生动、欣欣向荣,富有生气。

3)果皮箱。出于生态环境保护的考虑,在道路的交叉处设置了果皮箱,为游人提供方便。

9. 种植设计特色

(1)季相变化,四时烂漫。运用具有观赏功能的植物,根据四季植物具有的不同的观赏特性进行布置,形成一个有连续性的植物培植系统。并用植物创造风景点,表达造园意境。

(2)中西合璧,开拓创新。园中既有中国古典园林乔、灌、草、花的结合,又有现代园林的绿篱和飘带穿插其中,大胆创新,扩大了植物原有的造景功能。

(3)因地制宜,生态优先。由于处于街头,邻近街道,所以植物的选择除具有抗逆性强的特点外,其吸尘、除污、降温、消噪等生态功能也很突出。

五、庆春广场景观环境设计

1. 概述

本广场位于杭州江干区庆春东路以北,秋涛路以东,新塘路以西,规划太平门直街以南,是规划中的江干区区级中心的核心组成部分,用地面积 3.11 hm^2。

广场中心轴线的南北两端分别为已建成的江干区区级政府和规划拟建的江干区国际会展中心大楼。本广场的建成,不但是为整个江干区乃至杭州市民提供一个良好的文化休闲、娱乐环境。同时,也是联系政府与民众、商贸与文化、运动与休闲关键性中枢与纽带,是带动整个区级中心日益繁荣,推进城区在城市化进程中迅猛发展的重要“关节”。

2. 设计依据

(1)杭州市城乡建设委员会、杭州市规划局下达的——杭建设(2001)112 号,杭规发(2001)78 号《关于“江干区区级中心”修建性详细规划设计》的批复。

(2)杭州市江干区国民经济和社会发展第十个五年计划纲要。

(3)1/1 000 红线图(市规划局)。

(4)国家颁布的城市规划法及杭州市相关的设计规范。

3. 设计指导思想

城市广场,特别是作为一个集政治、经济、文化、娱乐、休闲为一体现代化城区中的广场,应具有其独特的时空组织结构和空间发展序列,并赋予其丰富多彩的城市活动来支持与维系它的生命力。本广场设计本着面向 21 世纪高标准、高起点、统筹兼顾的原则,充分协调原有的城市肌理和自然文化资源,创造一个具有鲜明地域特征和文化内涵的高品位的开放式现代化都市广场空间。

4. 设计目标

以两条鲜明的相互正交的轴线来组织广场各个空间,将“一切以人为本”的设计理念渗入整个设计,巧妙地将绿树、清水、建筑融于一体,通过双向轴线的自然展开,将具有丰富内涵的广场各内部空间单元有机组织起来,形成一个既完整有序、和谐统一,又相互渗透的丰富而又充满生机的外部城市空间,将大尺度的广场空间划分为具有特定内涵与特质的贴近人体尺度的小型主题广场空间,打破以往概念中单一、单调、大而无物的广场设计理念,使得现代化的文明与高科技的造型手段在此得以充分运用和展现,将设计者所要表达的内涵在此得以升华。

5. 设计原则

(1)时代性原则。江干区位于杭州市东北部的钱塘江滨,是杭州市向东沿江扩展的理想地带,更是向南跨江发展的重要跳板,按照杭州市城市总体规划,新规划的江干区区级中心将是未来大都市圈的中心城区,是未来城市中心的一个重要节点,而庆春广场则是贯穿其中的核心空间,因此在设计中必须要体现其重要地位,要有充分的前瞻性、时代性和现代化的都市文明。

(2)整体性原则。

1)功能整体性。广场文化是现代都市生活中一个不可缺少的组成部分，将组成广场的各组空间赋以不同的功能主题，将广场演出、晨练纳凉、休闲品茶等公众化活动相互依托，使广场主次分明、特色突出。

①中心广场。中心广场位于两轴线交汇点，主景为旱地喷泉与主题雕塑，尺度较大，是礼仪性的室外空间，便于组织大型的较正式的城市集会活动。

②市民广场。市民广场是区政府大楼轴线到中心广场的转换与过渡空间，由柱廊、花坛、水景、小品等组成，面向城市，服务大众，是市民晨练、纳凉、自娱自乐的开放性空间。

③休闲生态广场。休闲生态广场是以大面积绿茵草地、花卉树木组成的绿色生态空间，卵石铺装的休闲步道，张拉膜结构的半封闭休息空间及儿童玩耍嬉戏的小品、器具，伴以草坪灯、背景音乐及四季花卉，构成一个幽雅、舒适、环保的绿色休闲空间。

④演艺庆典广场。演艺庆典广场位于整个广场的东北部，空间形态强烈，内容丰富，是广场中最具趣味性的场所。外张的八字形草地由平面向内缓缓下沉，从草坡向下，经小桥后拾级而上，便是中心广场区，八字形两侧地面标高处的细长水池在接近台阶处开始跌落，一直延伸到中央，然后汇合，形成丰富有趣的水景文化，在草坡上建一台阶式露天看台。水池对面为一舞台，可组织各种民间表演及娱乐，进一步完善和丰富了广场文化。

⑤环境整体性。利用层次鲜明的双向轴线，将不同功能的环境空间有机地组合在一起，错落有致的平面布局，形成了广场空间的时空连续性和韵律感，轴线交汇处大型喷泉与主题雕塑是广场视觉中心。

(3)尺度与比例的适配性原则。中心区的大尺度与景区的小尺度结合，作为江干区中心广场，创造一个富有活力的广场空间将带动整个新区的繁荣，设计中采用手法为：

1)广场空间由小到大的过渡。

2)平面布局由规则到自由的过渡。

3)地景规划由高到低的过渡。

(4)生态性原则。充分保护和利用自然，创造尽可能多的绿地和植栽是本设计的主旨之一，广场作为城市开放空间体系的主体成员，它与城市生态环境是唇齿相依的，起伏的坡地草坪给人以亲切感的花坛造型，层层跌落的水景构图，加之“声、光、电”结合的水幕喷泉，形成了一个“声情并茂”的由点、线、面相结合的立体生态环境，精心的植物配置与有意识的地形起伏，创造了一个具有鲜明文化特征的城市景观环境，利用水流的循环利用来体现“生态广场”的概念。

(5)多样性原则。将传统文化与现代化都市生活相结合，对不同主题的大小广场配以相应的空间界定，满足不同年龄、职业及不同文化层次人的不同需要。真正使广场成为人们交往、休闲、庆典、认知城市、体验城市的开放性的公共活动场所。

(6)步行化原则。拒绝喧嚣，寻找城市中的“世外桃源”是现代城市人所苦苦寻觅的生活目标，为了避免现代技术带来的“轮子”上喧嚣，重新体味自然，本广场设计以双向轴线为引导，在西侧有组织地设置地下机动车与非机动车库出入口，使整个广场形成一个以环境景观节点为序列的幽静、舒适、充满人情味的全封闭步道系统，由步道贯串起来的各主题广场则更加体现出开放性空间的人性魅力，并使公共空间具有足够的弹性，以容纳多种公众活动。

(7)立体设计原则。通过对广场功能、交通流线和广场视觉空间的认真分析，充分利用高差变化，巧妙地组织空间的过渡与转换，妥善地解决了停车、疏散和视觉景观等问题。

(8)标志性、个性化原则。努力营造具有浓郁地域文化特征的现代化标志性广场，是本次设计的重点。因此，从整体格局上作了很多个性化的处理。

1)运用对称手法，将广场与周围建筑相贯穿，充分体现作为政治文化中心的市民广场的庄严性，轴线末端为自由的空间组合，又体现了其活泼性，呼应城市各向节点。

2)紧紧围绕一个中心(中心广场)，形成文化轴、休闲轴、庆典轴，展示广场文化，与都市化情景的交融。

3)再造地景，划分广场区域，建立不同性格特征的空间意境——下沉广场，文化柱廊、娱乐广场，落水跌瀑，缓坡绿地……

4)通过喷泉、水池、跌瀑创造广场的"水"文化，喻义江干区的特殊的地域文化；运用图腾柱、雕塑、小品等手法来丰富广场的文化内容。

6. 竖向设计

为了丰富广场内部空间与有效地组织景观，对原有地块竖向标高进行适当调整，形成不同标高的多个小广场、小台地及有特色的下沉广场，土方区块内平衡，在此基础上，合理组织场地排水走向，使地面排水流畅。

7. 种植设计

(1)种植设计的原则。同"第五章第一节四、4. 种植设计的原则"。

(2)种植设计的内容。杭州地区气候温暖、雨量充沛，水体及植物资源丰富，杭州园林又以植物景观优美著称，因此，广场的植物景观设计既要体现出杭州植物景观的妩媚，又要有地方特色，还需反映当前国内新优植物品种的应用和植物景观设计新观念的表述。要形成"以人为本"的生活环境空间与场所，最为重要的就是植物生态景观群落的适当构成，它是自然化景观再现的基础。

根据杭州的气候特点，地区植物群落以常绿阔叶树为主与落叶混交林相出现，但作为广场植物景观与环境，应充分考虑其在冬日与梅雨季对阳光的需求。

8. 广场铺装景观设计

道路与广场铺装在整个环境景观设计中具有举足轻重的地位，其与植被、景点设施共同构成室外环境的三大要素。道路广场铺装材料的材质、色彩和纹理由于是被景观感受者近距离、大面积地观察，直接影响着其对整体环境所感的建立与情绪的变化。根据道路、广场各自功能属性的需要与空间层次的特点，路面铺装与广场铺装应有其各自的性格与形式。

9. 环境雕塑及小品设施设计

(1)环境雕塑设计。雕塑相对于建筑与景观园林艺术而言是门前卫性的艺术，不论是其采用的材料、表现手法、阐述的理念，还是新技术的夸张运用，其自由度在某种程度上讲是没有限定的，因此而引起的争议与共众的关注也是不可言量的。尤其是作为城市景观建设重要元素的环境雕塑，由于其突破了作为纯艺术领域的属性限定而成为一种环境语言，并走到公众的日常生活环境中，使得必然成为大众视线汇聚的焦点。

(2)环境小品设施设计。现代环境小品的设计，应当突破传统工业时代纯粹功能形式模式的束缚，而与现代多元文化的诸多观念发生关联，大胆结合功能性设施如照明设施、座椅、标志牌、垃圾箱、地下通风口等功能构造设施，创造动人的科技性、艺术性、历史文化性小品，环境设计小品可以是模拟和模仿生活的人物、情景，以及室内外环境等。

1)公用电话亭设计。出于现代社会对于网络与通信要求的考虑，根据不同功能空间人流活动密度的不同，电话亭的设置数量与间隔要区别对待。在市民广场的主入口两侧各设置一组电话亭，在广场的其他主要出口处，则布置一组电话亭。

2)灯具的设计。灯具的设计在考虑照度合理的情况下，力求在高、中、低、地等几个层次的设计上体现设备的先进性以及灯具形式的高科技文化特色，灯杆的色彩以黑、白、银灰等色调为主。

通过设置以路灯、草坪灯为主的普通照明和用以勾勒建筑轮廓、绿化、喷泉、小品的泛光灯、彩色射灯和彩灯，并设置灯光控制，以满足特殊场景气象的需要。

3)垃圾箱的设计。垃圾箱的设计按照环保功能，实行分类垃圾的措施，对生活垃圾，放射及不可回收污染性垃圾，以及可回收垃圾进行分类设置，采用醒目的色彩明与明确标注的办法，切实在设计上保证分类垃圾的实施。

4)休憩座椅的设计。

①单纯的座椅功能以及审美形式设计。

②与绿化结合的座椅形式设计，如:座凳结合种植池。

③与雕塑和小品结合的座椅形式设计，如:与灯箱结合的座凳。

5)标识指示系统的设计。标识系统应该达到标识清晰醒目、造型简洁美观的要求，并且体现21世纪高科技时代的文化特色与审美趋势。标识指示系统应包括以下几个内容：方向指示、公共电话及公厕指示、安全通道及无障碍通道指示、植物科普通铭牌、广场分区标示等。

6)商业设施。在广场地下设置了大型商场，在中心广场附近设置了小卖亭，在广场膜结构帐篷下设置了休闲咖啡茶座，以满足市民需要。

10. 技术经济指标

技术经济指标见表7-22。

表7-22　技术经济指标

规划净用地	3.11 hm²
绿化面积(包括水面)	13 068 m²
其中　绿地面积	11 640 m²
水面面积	1 428 m²
绿化率	42%
地下部分建筑面积	16 356 m²
其中　地下夹层为	2 080 m²(为自行车库)
地下汽车库	3 443 m²(可停车汽车98辆)
地下商场	3 431 m²
六级人防	4 718 m²
其他	2 684 m²

六、宜昌武宁文化广场规划设计

1. 现状分析

历史悠久的宜昌，是古代巴文化的摇篮、楚文化的发祥地。这里是伟大爱国诗人、世界文化名人——屈原以及民族文化的使者——汉明妃王昭君的故乡。这片神奇的土地，记录了无数古往今来的历史名人。古城周围山传形胜天下称奇，历朝历代三十多位赫赫有名的文学家、诗人、学者先后来过宜昌。他们无不陶醉于此，流连于斯。

2. 规划指导思想及广场定性

（1）规划指导思想。

1）创造集地方特色、传统文化和现代技术相结合的整体形象，增强居民的认同感和归属感，唤起人们建设和保护家园的参与意识。

2）创造 21 世纪现代化园林城市，促进人工环境与自然环境协调、平衡发展。

3）创造多功能交融的、满足使用者多样化选择要求的，充满生机与活力的休闲娱乐场所。

4）创建尺度适宜、环境优美、充满亲切自然氛围的城市公共空间和步行系统。

（2）广场定性。广场地处城市道路与商贸大厦、影都大厦之间，其主要性质为体现武宁人文特征，为城镇居民提供休闲、游憩、娱乐场所的城市公共空间。

3. 规划设计依据

（1）市区总体规划。

（2）广场 1∶400 地形图。

（3）区域内建筑资料。

（4）市委、市政府改建文化广场的建议。

4. 规划布局

（1）总体布局。依据用地条件，广场设计采用规则式与自然式相结合的手法，强调广场中心，整个广场设计构图简洁大方，刻意追求广场的开阔环境和文化内涵。

该文化广场由纵轴“广场入口雕塑——花境——中心广场（主题雕塑与音乐旱喷）——人工水景”；纵轴“水景——中心广场——荷花池”共构而成。雕塑喷泉相结合，寓休闲娱乐文化于一体，点缀艺术花钵、艺术灯柱等。整个广场设计具有一定的文化氛围。

游人由入口雕塑中心广场，雕塑体现城市特色，旱喷则随着音乐节奏构筑不同喷泉景观，中心广场四周设置漏空硬质铺地，不规则种植樟树，下设围合座凳。中心广场外圈外布置休闲绿地，内设花坛、叠石、卵石健康步道及座椅等。在东西两侧各有荷花池及水景布置。宜昌境内青山绿水，山水文化底蕴深厚。中心广场往北是人工瀑布的水景，活水增添灵性。其中台阶可抬高地坪，丰富立面景观效果，轴线立面组织起伏跌落，由静（植物）至动（旱喷），动静结合。

广场东侧为休闲绿地，广植灌木丛，散植（或点植）乔木，林下设座凳和座椅，为广大市民提供游憩场所。

另外，道路交通轴线与主轴线主要由铺装材质或绿化树种的不同来划分。

(2)功能分区。整个广场分为五个功能区：入口区、中心广场区、休闲区、绿化游憩区。

5. 专项规划

(1)绿化规划。

1)绿化原则。在规划中综合利用各种绿化手段，既可营造良好的空间氛围，又能体现可持续发展的生态原则。绿化设计应体现系统化思想，以点带线、以轴带面，绿化与各类场地相结合，体现人与自然协调发展的战略思想。

本次规划设计主要遵循以下原则。

①适用生态原理，种植设计与环境设计相结合。

②树种选择在功能、生态、形态方面做出合理安排。

③局部地段树种选择应体现统一性和连续性，形成大片绿荫。

④结合广场功能和特点，尽量多选择低矮花灌树种。

2)绿化规划要求。入口区以修剪灌木丛为主，结合时令花卉，形成整洁、美观的入口环境景观。晨练广场以种植大乔木——香樟为主，可蔽阴蔽日。绿化游憩区则以修剪灌木丛为主，形成色带和色块，简洁而明快，该区为绿化之重点，结合散植和丛植，形成开阔的大草坪效果。为使广场春、夏、秋、冬四时都有景观且富有变化，绿化规划应选择春鹃、夏鹃、栀子花、红叶李、杜英、苏铁等树种。

(2)道路竖向规划。文化广场地势四周高中部低，用地呈正方形，南北长约 80 m，东西宽约 84 m。根据广场地形地势特点，结合广场总体布局要求，规划竖向强化广场东西景观轴线，以达到简洁、最佳景观效果。规划由广场入口沿东西景观轴线处理成高低起伏的台地，入口位于广场西侧，下 10 级台阶是前庭铺装硬地，再上 5 级台阶布置演出舞台，中部是一个下沉中心广场，广场四周为休闲绿地、林荫广场。主游路纵坡为 3.6‰，为了便于广场雨水的排放，规划草坪地面按 5‰坡高设计，铺装硬地按 2.5‰坡高设计，旱喷池下池 0.5 m。

(3)给水规划。水源引自城市给水管网，广场内用水量主要有旱喷喷泉用水和灌溉草坪用水。喷灌用水按 3 L/m^2 次计，给水引入管管径为 DN100，管材采用给水 PVC 管。

(4)排水规划。广场排水体制为合流制，采用直径 300 mm 的排水管进行排水。其中广场硬地采用雨水口收集雨水，同时，广场旱喷检修时排水也通过雨水排水管。广场内雨水分两路排入市政排水干管。

(5)电力规划。本广场电源由 10 kV 架空电力线引出一根埋地电缆至广场附近变压器，由变压器引 380/220 V 三相四线至配电间(交接箱规格为 800 mm×600 mm×200 mm)。广场主要有管理用、照明及旱喷用的水泵用电负荷，容量较小，广场内电力线采用聚氯乙烯绝缘乙烯护套电力电缆埋地敷设。

负荷计算：预备小型舞台 10 kW，喷泉水池灯光及水泵 50 kW，各种灯具用电量 10 kW。整个广场用电负荷为 70 kW。

照明灯的外形选取尽量与景观环境相协调，使整个广场更加美观和独特。广场外沿布置现代式庭院灯，间距控制在 6 m，草坪灯间距控制在 6 m 以内，其他庭院灯间距为 15～20 m。

(6)电信规划。规划在广场入口两边各设一个磁卡电话亭，共4 门电话，管理用房设 1 门电话，广场共需 5 门电话。

通信线由广场西侧城市道路通信线引入，广场内通信线采用埋地敷设。

6. 投资估算

(1)地面工程项目(表 7-23)。

表 7-23　地面工程项目估算表

序号	工程名称	工程量	单位/元	金额/万元
1	平整场地	6 970 m^2	9.80/10 m^2	0.68
2	C20 混凝土层	3 390 m^2	40.20/m^2	13.63
3	花岗石贴面	1 583 m^2	100/m^2	15.83
4	广场砖	1 807 m^2	80/m^2	14.46
5	漏空砖	1 290 m^2	50/m^2	6.45
	小计			51.05

(2)花坛、花池项目(表 7-24)。

表 7-24　花坛、花池项目估算表

序号	工程项目名称	工程量	单位/元	金额/万元
1	花岗岩饰面花坛	260 m	100/m	2.60
2	不锈钢栏杆	50 m	360/m	1.80
	小计			4.40

(3)绿化、风景石项目(表 7-25)。

表 7-25　绿化、风景石项目估算表

序号	工程项目名称	工程量	单位/元	金额/万元
1	草坪	3 250 m^2	10/m^2	3.25
2	花木	—	—	17.56
3	风景石	20 吨	1 500/吨	3.00
	小计			23.81

(4)建筑小品项目(表 7-26)。

表 7-26　建筑小品项目估算表

序号	工程名称	工程量	单位/元	金额/万元
1	雕塑	—	—	15.00
2	藤柱	—	—	24.00
3	文化墙	—	—	2.50
4	座椅、座凳	—	—	6.00
小计				47.50

(5)给水排水估算。12 万元。

(6)电力电信估算。8 万元。

(7)总计。146.76 万元。

(8)附表。分别见附表 1、附表 2。

附表 1　用地指标一览表

用地名称	占地面积/m²	百分比/(%)
硬地铺装	3 390	50.00
园林绿地	1 890	12.88
草坪种植砖	1 290	19.03
汗泉瀑布	210	3.10
广场合计	6 780	100

附表 2　苗木一览表

树种名称	数量/株	树种规格/m
杜英	2	h2.5
香樟	6	0.12
剑麻	20	0.5
龙柏球	1 000	0.3×0.4

续表

树种名称	数量/株	树种规格/m
苏铁	2	h1.0
长红继木	8 000	0.4×0.4
春鹃	1 200	0.4×0.4
夏鹃	600	0.4×0.4
含笑	600	0.4×0.4
瓜子黄扬	12 000	0.4×0.4
金叶女贞	4 000	0.4×0.4
大叶黄杨	7	0.50×0.50
山茶	500	0.45×0.45
栀子花	3	0.40×0.40
红叶李	2	h2.5
四季鲜花	若干	

注:所有草坪均为四季青草。

附　录

附录一　中华人民共和国城乡规划法

为了加强城乡规划管理，协调城乡空间布局，改善人居环境，促进城乡经济社会全面协调可持续发展制定。由中华人民共和国第十届全国人民代表大会常务委员会第三十次会议于 2007 年 10 月 28 日通过，自 2008 年 1 月 1 日起施行。共计七章七十条。

目　录

第一章　总则
第二章　城乡规划的制定
第三章　城乡规划的实施
第四章　城乡规划的修改
第五章　监督检查
第六章　法律责任
第七章　附则

第一章　总　则

第一条　为了加强城乡规划管理，协调城乡空间布局，改善人居环境，促进城乡经济社会全面协调可持续发展，制定本法。

第二条　制定和实施城乡规划，在规划区内进行建设活动，必须遵守本法。

本法所称城乡规划，包括城镇体系规划、城市规划、镇规划、乡规划和村庄规划。城市规划、镇规划分为总体规划和详细规划。详细规划分为控制性详细规划和修建性详细规划。

本法所称规划区，是指城市、镇和村庄的建成区以及因城乡建设和发展需要，必须实行规划控制的区域。规划区的具体范围由有关人民政府在组织编制的城市总体规划、镇总体规划、乡规划和村庄规划中，根据城乡经济社会发展水平和统筹城乡发展的需要划定。

第三条 城市和镇应当依照本法制定城市规划和镇规划。城市、镇规划区内的建设活动应当符合规划要求。

县级以上地方人民政府根据本地农村经济社会发展水平，按照因地制宜、切实可行的原则，确定应当制定乡规划、村庄规划的区域。在确定区域内的乡、村庄，应当依照本法制定规划，规划区内的乡、村庄建设应当符合规划要求。

县级以上地方人民政府鼓励、指导前款规定以外的区域的乡、村庄制定和实施乡规划、村庄规划。

第四条 制定和实施城乡规划，应当遵循城乡统筹、合理布局、节约土地、集约发展和先规划后建设的原则，改善生态环境，促进资源、能源节约和综合利用，保护耕地等自然资源和历史文化遗产，保持地方特色、民族特色和传统风貌，防止污染和其他公害，并符合区域人口发展、国防建设、防灾减灾和公共卫生、公共安全的需要。

在规划区内进行建设活动，应当遵守土地管理、自然资源和环境保护等法律、法规的规定。

县级以上地方人民政府应当根据当地经济社会发展的实际，在城市总体规划、镇总体规划中合理确定城市、镇的发展规模、步骤和建设标准。

第五条 城市总体规划、镇总体规划以及乡规划和村庄规划的编制，应当依据国民经济和社会发展规划，并与土地利用总体规划相衔接。

第六条 各级人民政府应当将城乡规划的编制和管理经费纳入本级财政预算。

第七条 经依法批准的城乡规划，是城乡建设和规划管理的依据，未经法定程序不得修改。

第八条 城乡规划组织编制机关应当及时公布经依法批准的城乡规划。但是，法律、行政法规规定不得公开的内容除外。

第九条　任何单位和个人都应当遵守经依法批准并公布的城乡规划，服从规划管理，并有权就涉及其利害关系的建设活动是否符合规划的要求向城乡规划主管部门查询。

任何单位和个人都有权向城乡规划主管部门或者其他有关部门举报或者控告违反城乡规划的行为。城乡规划主管部门或者其他有关部门对举报或者控告，应当及时受理并组织核查、处理。

第十条　国家鼓励采用先进的科学技术，增强城乡规划的科学性，提高城乡规划实施及监督管理的效能。

第十一条　国务院城乡规划主管部门负责全国的城乡规划管理工作。

县级以上地方人民政府城乡规划主管部门负责本行政区域内的城乡规划管理工作。

第二章　城乡规划的制定

第十二条　国务院城乡规划主管部门会同国务院有关部门组织编制全国城镇体系规划，用于指导省域城镇体系规划、城市总体规划的编制。

全国城镇体系规划由国务院城乡规划主管部门报国务院审批。

第十三条　省、自治区人民政府组织编制省域城镇体系规划，报国务院审批。

省域城镇体系规划的内容应当包括：城镇空间布局和规模控制，重大基础设施的布局，为保护生态环境、资源等需要严格控制的区域。

第十四条　城市人民政府组织编制城市总体规划。

直辖市的城市总体规划由直辖市人民政府报国务院审批。省、自治区人民政府所在地的城市以及国务院确定的城市的总体规划，由省、自治区人民政府审查同意后，报国务院审批。其他城市的总体规划，由城市人民政府报省、自治区人民政府审批。

第十五条　县人民政府组织编制县人民政府所在地镇的总体规划，报上一级人民政府审批。其他镇的总体规划由镇人民政府组织编制，报上一级人民政府审批。

第十六条　省、自治区人民政府组织编制的省域城镇体系规划，城市、县人民政府组织编制的总体规划，在报上一级人民政府审批前，应当先经本级人民代表大会常务委员会审议，常务委员会组成人员的审议意见交由本级人民政府研究处理。

镇人民政府组织编制的镇总体规划，在报上一级人民政府审批前，应当先经镇人民代表大会审议，代表的审议意见交由本级人民政府研究处理。

规划的组织编制机关报送审批省域城镇体系规划、城市总体规划或者镇总体规划，应当将本级人民代表大会常务委员会组成人员或者镇人民代表大会代表的审议意见和根据审议意见修改规划的情况一并报送。

第十七条　城市总体规划、镇总体规划的内容应当包括：城市、镇的发展布局，功能分区，用地布局，综合交通体系，禁止、限制和适宜建设的地域范围，各类专项规划等。

规划区范围、规划区内建设用地规模、基础设施和公共服务设施用地、水源地和水系、基本农田和绿化用地、环境保护、自然与历史文化遗产保护以及防灾减灾等内容，应当作为城市总体规划、镇总体规划的强制性内容。

城市总体规划、镇总体规划的规划期限一般为二十年。城市总体规划还应当对城市更长远的发展做出预测性安排。

第十八条　乡规划、村庄规划应当从农村实际出发，尊重村民意愿，体现地方和农村特色。

乡规划、村庄规划的内容应当包括：规划区范围，住宅、道路、供水、排水、供电、垃圾收集、畜禽养殖场所等农村生产、生活服务设施、公益事业等各项建设的用地布局、建设要求，以及对耕地等自然资源和历史文化遗产保护、防灾减灾等的具体安排。乡规划还应当包括本行政区域内的村庄发展布局。

第十九条　城市人民政府城乡规划主管部门根据城市总体规划的要求，组织编制城市的控制性详细规划，经本级人民政府批准后，报本级人民代表大会常务委员会和上一级人民政府备案。

第二十条　镇人民政府根据镇总体规划的要求，组织编制镇的控制性详细规划，报上一级人民政府审批。县人民政府所在地镇的控制性详细规划，由县人民政府城乡规划主管部门根据镇总体规划的要求组织编制，经县人民政府批准后，报本级人民代表大会常务委员会和上一级人民政府备案。

第二十一条　城市、县人民政府城乡规划主管部门和镇人民政府可以组织编制重要地块的修建性详细规划。修建性详细规划应当符合控制性详细规划。

第二十二条　乡、镇人民政府组织编制乡规划、村庄规划，报上一级人民政府审批。村庄规划在报送审批前，应当经村民会议或者村民代表会议讨论同意。

第二十三条　首都的总体规划、详细规划应当统筹考虑中央国家机关用地布局和空间安排的需要。

第二十四条　城乡规划组织编制机关应当委托具有相应资质等级的单位承担城乡规划的具体编制工作。

从事城乡规划编制工作应当具备下列条件，并经国务院城乡规划主管部门或者省、自治区、直辖市人民政府城乡规划主管部门依法审查合格，取得相应等级的资质证书后，方可在资质等级许可的范围内从事城乡规划编制工作：

（一）有法人资格；

（二）有规定数量的经国务院城乡规划主管部门注册的规划师；

（三）有规定数量的相关专业技术人员；

（四）有相应的技术装备；

（五）有健全的技术、质量、财务管理制度。

规划师执业资格管理办法，由国务院城乡规划主管部门会同国务院人事行政部门制定。

编制城乡规划必须遵守国家有关标准。

第二十五条　编制城乡规划，应当具备国家规定的勘察、测绘、气象、地震、水文、环境等基础资料。

县级以上地方人民政府有关主管部门应当根据编制城乡规划的

需要,及时提供有关基础资料。

第二十六条　城乡规划报送审批前,组织编制机关应当依法将城乡规划草案予以公告,并采取论证会、听证会或者其他方式征求专家和公众的意见。公告的时间不得少于三十日。

组织编制机关应当充分考虑专家和公众的意见,并在报送审批的材料中附具意见采纳情况及理由。

第二十七条　省域城镇体系规划、城市总体规划、镇总体规划批准前,审批机关应当组织专家和有关部门进行审查。

第三章　城乡规划的实施

第二十八条　地方各级人民政府应当根据当地经济社会发展水平,量力而行,尊重群众意愿,有计划、分步骤地组织实施城乡规划。

第二十九条　城市的建设和发展,应当优先安排基础设施以及公共服务设施的建设,妥善处理新区开发与旧区改建的关系,统筹兼顾进城务工人员生活和周边农村经济社会发展、村民生产与生活的需要。

镇的建设和发展,应当结合农村经济社会发展和产业结构调整,优先安排供水、排水、供电、供气、道路、通信、广播电视等基础设施和学校、卫生院、文化站、幼儿园、福利院等公共服务设施的建设,为周边农村提供服务。

乡、村庄的建设和发展,应当因地制宜、节约用地,发挥村民自治组织的作用,引导村民合理进行建设,改善农村生产、生活条件。

第三十条　城市新区的开发和建设,应当合理确定建设规模和时序,充分利用现有市政基础设施和公共服务设施,严格保护自然资源和生态环境,体现地方特色。

在城市总体规划、镇总体规划确定的建设用地范围以外,不得设立各类开发区和城市新区。

第三十一条　旧城区的改建,应当保护历史文化遗产和传统风貌,合理确定拆迁和建设规模,有计划地对危房集中、基础设施落后等地段进行改建。

历史文化名城、名镇、名村的保护以及受保护建筑物的维护和使用,应当遵守有关法律、行政法规和国务院的规定。

第三十二条 城乡建设和发展,应当依法保护和合理利用风景名胜资源,统筹安排风景名胜区及周边乡、镇、村庄的建设。

风景名胜区的规划、建设和管理,应当遵守有关法律、行政法规和国务院的规定。

第三十三条 城市地下空间的开发和利用,应当与经济和技术发展水平相适应,遵循统筹安排、综合开发、合理利用的原则,充分考虑防灾减灾、人民防空和通信等需要,并符合城市规划,履行规划审批手续。

第三十四条 城市、县、镇人民政府应当根据城市总体规划、镇总体规划、土地利用总体规划和年度计划以及国民经济和社会发展规划,制定近期建设规划,报总体规划审批机关备案。

近期建设规划应当以重要基础设施、公共服务设施和中低收入居民住房建设以及生态环境保护为重点内容,明确近期建设的时序、发展方向和空间布局。近期建设规划的规划期限为五年。

第三十五条 城乡规划确定的铁路、公路、港口、机场、道路、绿地、输配电设施及输电线路走廊、通信设施、广播电视设施、管道设施、河道、水库、水源地、自然保护区、防汛通道、消防通道、核电站、垃圾填埋场及焚烧厂、污水处理厂和公共服务设施的用地以及其他需要依法保护的用地,禁止擅自改变用途。

第三十六条 按照国家规定需要有关部门批准或者核准的建设项目,以划拨方式提供国有土地使用权的,建设单位在报送有关部门批准或者核准前,应当向城乡规划主管部门申请核发选址意见书。

前款规定以外的建设项目不需要申请选址意见书。

第三十七条 在城市、镇规划区内以划拨方式提供国有土地使用权的建设项目,经有关部门批准、核准、备案后,建设单位应当向城市、县人民政府城乡规划主管部门提出建设用地规划许可申请,由城市、县人民政府城乡规划主管部门依据控制性详细规划核定建设用地的位置、面积、允许建设的范围,核发建设用地规划许可证。

建设单位在取得建设用地规划许可证后，方可向县级以上地方人民政府土地主管部门申请用地，经县级以上人民政府审批后，由土地主管部门划拨土地。

第三十八条　在城市、镇规划区内以出让方式提供国有土地使用权的，在国有土地使用权出让前，城市、县人民政府城乡规划主管部门应当依据控制性详细规划，提出出让地块的位置、使用性质、开发强度等规划条件，作为国有土地使用权出让合同的组成部分。未确定规划条件的地块，不得出让国有土地使用权。

以出让方式取得国有土地使用权的建设项目，在签订国有土地使用权出让合同后，建设单位应当持建设项目的批准、核准、备案文件和国有土地使用权出让合同，向城市、县人民政府城乡规划主管部门领取建设用地规划许可证。

城市、县人民政府城乡规划主管部门不得在建设用地规划许可证中，擅自改变作为国有土地使用权出让合同组成部分的规划条件。

第三十九条　规划条件未纳入国有土地使用权出让合同的，该国有土地使用权出让合同无效；对未取得建设用地规划许可证的建设单位批准用地的，由县级以上人民政府撤销有关批准文件；占用土地的，应当及时退回；给当事人造成损失的，应当依法给予赔偿。

第四十条　在城市、镇规划区内进行建筑物、构筑物、道路、管线和其他工程建设的，建设单位或者个人应当向城市、县人民政府城乡规划主管部门或者省、自治区、直辖市人民政府确定的镇人民政府申请办理建设工程规划许可证。

申请办理建设工程规划许可证，应当提交使用土地的有关证明文件、建设工程设计方案等材料。需要建设单位编制修建性详细规划的建设项目，还应当提交修建性详细规划。对符合控制性详细规划和规划条件的，由城市、县人民政府城乡规划主管部门或者省、自治区、直辖市人民政府确定的镇人民政府核发建设工程规划许可证。

城市、县人民政府城乡规划主管部门或者省、自治区、直辖市人民政府确定的镇人民政府应当依法将经审定的修建性详细规划、建设工程设计方案的总平面图予以公布。

第四十一条 在乡、村庄规划区内进行乡镇企业、乡村公共设施和公益事业建设的，建设单位或者个人应当向乡、镇人民政府提出申请，由乡、镇人民政府报城市、县人民政府城乡规划主管部门核发乡村建设规划许可证。

在乡、村庄规划区内使用原有宅基地进行农村村民住宅建设的规划管理办法，由省、自治区、直辖市制定。

在乡、村庄规划区内进行乡镇企业、乡村公共设施和公益事业建设以及农村村民住宅建设，不得占用农用地；确需占用农用地的，应当依照《中华人民共和国土地管理法》有关规定办理农用地转用审批手续后，由城市、县人民政府城乡规划主管部门核发乡村建设规划许可证。

建设单位或者个人在取得乡村建设规划许可证后，方可办理用地审批手续。

第四十二条 城乡规划主管部门不得在城乡规划确定的建设用地范围以外做出规划许可。

第四十三条 建设单位应当按照规划条件进行建设；确需变更的，必须向城市、县人民政府城乡规划主管部门提出申请。变更内容不符合控制性详细规划的，城乡规划主管部门不得批准。城市、县人民政府城乡规划主管部门应当及时将依法变更后的规划条件通报同级土地主管部门并公示。

建设单位应当及时将依法变更后的规划条件报有关人民政府土地主管部门备案。

第四十四条 在城市、镇规划区内进行临时建设的，应当经城市、县人民政府城乡规划主管部门批准。临时建设影响近期建设规划或者控制性详细规划的实施以及交通、市容、安全等的，不得批准。

临时建设应当在批准的使用期限内自行拆除。

临时建设和临时用地规划管理的具体办法，由省、自治区、直辖市人民政府制定。

第四十五条 县级以上地方人民政府城乡规划主管部门按照国务院规定对建设工程是否符合规划条件予以核实。未经核实或者经核实不符合规划条件的,建设单位不得组织竣工验收。

建设单位应当在竣工验收后六个月内向城乡规划主管部门报送有关竣工验收资料。

第四章 城乡规划的修改

第四十六条 省域城镇体系规划、城市总体规划、镇总体规划的组织编制机关,应当组织有关部门和专家定期对规划实施情况进行评估,并采取论证会、听证会或者其他方式征求公众意见。组织编制机关应当向本级人民代表大会常务委员会、镇人民代表大会和原审批机关提出评估报告并附具征求意见的情况。

第四十七条 有下列情形之一的,组织编制机关方可按照规定的权限和程序修改省域城镇体系规划、城市总体规划、镇总体规划:

(一)上级人民政府制定的城乡规划发生变更,提出修改规划要求的;

(二)行政区划调整确需修改规划的;

(三)因国务院批准重大建设工程确需修改规划的;

(四)经评估确需修改规划的;

(五)城乡规划的审批机关认为应当修改规划的其他情形。

修改省域城镇体系规划、城市总体规划、镇总体规划前,组织编制机关应当对原规划的实施情况进行总结,并向原审批机关报告;修改涉及城市总体规划、镇总体规划强制性内容的,应当先向原审批机关提出专题报告,经同意后,方可编制修改方案。

修改后的省域城镇体系规划、城市总体规划、镇总体规划,应当依照本法第十三条、第十四条、第十五条和第十六条规定的审批程序报批。

第四十八条 修改控制性详细规划的,组织编制机关应当对修改的必要性进行论证,征求规划地段内利害关系人的意见,并向原审批机关提出专题报告,经原审批机关同意后,方可编制修改方案。修改后的控制性详细规划,应当依照本法第十九条、第二十条规定的审批程序报批。控制性详细规划修改涉及城市总体规划、镇总体规划的强制性内容的，应当先修改总体规划。

修改乡规划、村庄规划的，应当依照本法第二十二条规定的审批程序报批。

第四十九条　城市、县、镇人民政府修改近期建设规划的，应当将修改后的近期建设规划报总体规划审批机关备案。

第五十条　在选址意见书、建设用地规划许可证、建设工程规划许可证或者乡村建设规划许可证发放后，因依法修改城乡规划给被许可人合法权益造成损失的，应当依法给予补偿。

经依法审定的修建性详细规划、建设工程设计方案的总平面图不得随意修改；确需修改的，城乡规划主管部门应当采取听证会等形式，听取利害关系人的意见；因修改给利害关系人合法权益造成损失的，应当依法给予补偿。

第五章　监督检查

第五十一条　县级以上人民政府及其城乡规划主管部门应当加强对城乡规划编制、审批、实施、修改的监督检查。

第五十二条　地方各级人民政府应当向本级人民代表大会常务委员会或者乡、镇人民代表大会报告城乡规划的实施情况，并接受监督。

第五十三条　县级以上人民政府城乡规划主管部门对城乡规划的实施情况进行监督检查，有权采取以下措施：

（一）要求有关单位和人员提供与监督事项有关的文件、资料，并进行复制；

（二）要求有关单位和人员就监督事项涉及的问题做出解释和说明，并根据需要进入现场进行勘测；

（三）责令有关单位和人员停止违反有关城乡规划的法律、法规的行为。

城乡规划主管部门的工作人员履行前款规定的监督检查职责，应当出示执法证件。被监督检查的单位和人员应当予以配合，不得妨碍和阻挠依法进行的监督检查活动。

第五十四条 监督检查情况和处理结果应当依法公开，供公众查阅和监督。

第五十五条 城乡规划主管部门在查处违反本法规定的行为时，发现国家机关工作人员依法应当给予行政处分的，应当向其任免机关或者监察机关提出处分建议。

第五十六条 依照本法规定应当给予行政处罚，而有关城乡规划主管部门不给予行政处罚的，上级人民政府城乡规划主管部门有权责令其做出行政处罚决定或者建议有关人民政府责令其给予行政处罚。

第五十七条 城乡规划主管部门违反本法规定做出行政许可的，上级人民政府城乡规划主管部门有权责令其撤销或者直接撤销该行政许可。因撤销行政许可给当事人合法权益造成损失的，应当依法给予赔偿。

第六章 法律责任

第五十八条 对依法应当编制城乡规划而未组织编制，或者未按法定程序编制、审批、修改城乡规划的，由上级人民政府责令改正，通报批评；对有关人民政府负责人和其他直接责任人员依法给予处分。

第五十九条 城乡规划组织编制机关委托不具有相应资质等级的单位编制城乡规划的，由上级人民政府责令改正，通报批评；对有关人民政府负责人和其他直接责任人员依法给予处分。

第六十条 镇人民政府或者县级以上人民政府城乡规划主管部门有下列行为之一的，由本级人民政府、上级人民政府城乡规划主管部门或者监察机关依据职权责令改正，通报批评；对直接负责的主管人员和其他直接责任人员依法给予处分：

（一）未依法组织编制城市的控制性详细规划、县人民政府所在地镇的控制性详细规划的；

（二）超越职权或者对不符合法定条件的申请人核发选址意见书、建设用地规划许可证、建设工程规划许可证、乡村建设规划许可证的；

（三）对符合法定条件的申请人未在法定期限内核发选址意见书、建设用地规划许可证、建设工程规划许可证、乡村建设规划许可证的；

（四）未依法对经审定的修建性详细规划、建设工程设计方案的总平面图予以公布的；

（五）同意修改修建性详细规划、建设工程设计方案的总平面图前未采取听证会等形式听取利害关系人的意见的；

（六）发现未依法取得规划许可或者违反规划许可的规定在规划区内进行建设的行为，而不予查处或者接到举报后不依法处理的。

第六十一条　县级以上人民政府有关部门有下列行为之一的，由本级人民政府或者上级人民政府有关部门责令改正，通报批评；对直接负责的主管人员和其他直接责任人员依法给予处分：

（一）对未依法取得选址意见书的建设项目核发建设项目批准文件的；

（二）未依法在国有土地使用权出让合同中确定规划条件或者改变国有土地使用权出让合同中依法确定的规划条件的；

（三）对未依法取得建设用地规划许可证的建设单位划拨国有土地使用权的。

第六十二条　城乡规划编制单位有下列行为之一的，由所在地城市、县人民政府城乡规划主管部门责令限期改正，处合同约定的规划编制费一倍以上二倍以下的罚款；情节严重的，责令停业整顿，由原发证机关降低资质等级或者吊销资质证书；造成损失的，依法承担赔偿责任：

（一）超越资质等级许可的范围承揽城乡规划编制工作的；

（二）违反国家有关标准编制城乡规划的。

未依法取得资质证书承揽城乡规划编制工作的，由县级以上地方人民政府城乡规划主管部门责令停止违法行为，依照前款规定处以罚款；造成损失的，依法承担赔偿责任。

以欺骗手段取得资质证书承揽城乡规划编制工作的，由原发证机关吊销资质证书，依照本条第一款规定处以罚款；造成损失的，依法承担赔偿责任。

第六十三条　城乡规划编制单位取得资质证书后，不再符合相应的资质条件的，由原发证机关责令限期改正；逾期不改正的，降低资质等级或者吊销资质证书。

第六十四条　未取得建设工程规划许可证或者未按照建设工程规划许可证的规定进行建设的，由县级以上地方人民政府城乡规划主管部门责令停止建设；尚可采取改正措施消除对规划实施的影响的，限期改正，处建设工程造价百分之五以上百分之十以下的罚款；无法采取改正措施消除影响的，限期拆除，不能拆除的，没收实物或者违法收入，可以并处建设工程造价百分之十以下的罚款。

第六十五条　在乡、村庄规划区内未依法取得乡村建设规划许可证或者未按照乡村建设规划许可证的规定进行建设的，由乡、镇人民政府责令停止建设、限期改正；逾期不改正的，可以拆除。

第六十六条　建设单位或者个人有下列行为之一的，由所在地城市、县人民政府城乡规划主管部门责令限期拆除，可以并处临时建设工程造价一倍以下的罚款：

（一）未经批准进行临时建设的；

（二）未按照批准内容进行临时建设的；

（三）临时建筑物、构筑物超过批准期限不拆除的。

第六十七条　建设单位未在建设工程竣工验收后六个月内向城乡规划主管部门报送有关竣工验收资料的，由所在地城市、县人民政府城乡规划主管部门责令限期补报；逾期不补报的，处一万元以上五万元以下的罚款。

第六十八条　城乡规划主管部门做出责令停止建设或者限期拆除的决定后，当事人不停止建设或者逾期不拆除的，建设工程所在地县级以上地方人民政府可以责成有关部门采取查封施工现场、强制拆除等措施。

第六十九条　违反本法规定，构成犯罪的，依法追究刑事责任。

第七章　附　则

第七十条　本法自 2008 年 1 月 1 日起施行。《中华人民共和国城市规划法》同时废止。

附录二　历史文化名城保护规划规范

（GB 50357—2005）

1　总　则

1.0.1　为确保我国历史文化遗产得到切实的保护，使历史文化遗产的保护规划及其实施管理工作科学、合理、有效进行，制定本规范。

1.0.2　本规范适用于历史文化名城、历史文化街区和文物保护单位的保护规划。

1.0.3　保护规划必须遵循下列原则：

1. 保护历史真实载体的原则；

2. 保护历史环境的原则；

3. 合理利用、永续利用的原则。

1.0.4　保护规划应全面和深入调查历史文化遗产的历史及现状，分析研究文化内涵、价值和特色，确定保护的总体目标和原则。

1.0.5　保护规划应在有效保护历史文化遗产的基础上，改善城市环境，适应现代生活的物质和精神需求，促进经济、社会协调发展。

1.0.6　保护规划应研究确定历史文化遗产的保护措施与利用途径，充分体现历史文化遗产的历史、科学和艺术价值，并应对历史文化遗产利用的方式和强度提出要求。

1.0.7　历史文化名城保护规划应纳入城市总体规划。历史文化名城的保护应成为城市经济与社会发展政策的组成部分。城市用地布局的调整、发展用地的选择、道路与工程管网的选线以及其他大型工程设施的选址应有利于历史文化名城的保护。

1.0.8　对确有历史、科学和艺术价值，未列入文物保护单位的文物古迹和未列入历史文化街区的历史地段，保护规划应提出申报建议。

1.0.9　非历史文化名城的历史城区、历史地段、文物古迹的保护规划以及历史文化村、镇的保护规划可依照本规范执行。

1.0.10　历史文化名城保护规划除应遵守本规范规定外，尚应符合国家现行有关标准、规范的规定。

2　术　语

2.0.1　历史文化名城

经国务院批准公布的保存文物特别丰富并且具有重大历史价值或者革命纪念意义的城市。

2.0.2　历史城区

城镇中能体现其历史发展过程或某一发展时期风貌的地区。涵盖一般通称的古城区和旧城区。本规范特指历史城区中历史范围清楚、格局和风貌保存较为完整的需要保护控制的地区。

2.0.3　历史地段

保留遗存较为丰富，能够比较完整、真实地反映一定历史时期传统风貌或民族、地方特色，存有较多文物古迹、近现代史迹和历史建筑，并具有一定规模的地区。

2.0.4　历史文化街区

经省、自治区、直辖市人民政府核定公布应予重点保护的历史地段，称为历史文化街区。

2.0.5　文物古迹

人类在历史上创造的具有价值的不可移动的实物遗存，包括地面与地下的古遗址、古建筑、古墓葬、石窟寺、古碑石刻、近代代表性建筑、革命纪念建筑等。

2.0.6　文物保护单位

经县以上人民政府核定公布应予重点保护的文物古迹。

2.0.7　地下文物埋藏区

地下文物集中分布的地区，由城市人民政府或行政主管部门公布为地下文物埋藏区。地下文物包括埋藏在城市地面之下的古文化遗址、古墓葬、古建筑等。

2.0.8　历史文化名城保护规划

以保护历史文化名城、协调保护与建设发展为目的，以确定保护的原则、内容和重点，划定保护范围，提出保护措施为主要内容的规划，是城市总体规划中的专项规划。

2.0.9　建设控制地带

在保护区范围以外允许建设，但应严格控制其建（构）筑物的性质、体量、高度、色彩及形式的区域。

2.0.10　环境协调区

在建设控制地带之外，划定的以保护自然地形地貌为主要内容的区域。

2.0.11　风貌

本规范指反映历史文化特征的城镇景观和自然、人文环境的整体面貌。

2.0.12　保护建筑

具有较高历史、科学和艺术价值，规划认为应按文物保护单位保护方法进行保护的建（构）筑物。

2.0.13　历史建筑

有一定历史、科学、艺术价值的，反映城市历史风貌和地方特色的建（构）筑物。

2.0.14　历史环境要素

除文物古迹、历史建筑之外，构成历史风貌的围墙、石阶、铺地、驳岸、树木等景物。

2.0.15　保护

对保护项目及其环境所进行的科学的调查、勘测、鉴定、登录、修缮、维修、改善等活动。

2.0.16　修缮

对文物古迹的保护方式，包括日常保养、防护加固、现状修整，重点修复等。

2.0.17　维修

对历史建筑和历史环境要素所进行的不改变外观特征的加固和

保护性复原活动。

2.0.18 改善

对历史建筑所进行的不改变外观特征，调整、完善内部布局及设施的建设活动。

2.0.19 整修

对与历史风貌有冲突的建(构)筑物和环境因素进行的改建活动。

2.0.20 整治

为体现历史文化名城和历史文化街区风貌完整性所进行的各项治理活动。

3 历史文化名城

3.1 一般规定

3.1.1 历史文化名城保护的内容应包括:历史文化名城的格局和风貌;与历史文化密切相关的自然地貌、水系、风景名胜、古树名木;反映历史风貌的建筑群、街区、村镇;各级文物保护单位;民俗精华、传统工艺、传统文化等。

3.1.2 历史文化名城保护规划必须分析城市的历史、社会、经济背景和现状,体现名城的历史价值、科学价值、艺术价值和文化内涵。

3.1.3 历史文化名城保护规划应建立历史文化名城、历史文化街区与文物保护单位三个层次的保护体系。

3.1.4 历史文化名城保护规划应确定名城保护目标和保护原则,确定名城保护内容和保护重点,提出名城保护措施。

3.1.5 历史文化名城保护规划应包括城市格局及传统风貌的保持与延续,历史地段和历史建筑群的维修改善与整治,文物古迹的确认。

3.1.6 历史文化名城保护规划应划定历史地段、历史建筑群、文物古迹和地下文物埋藏区的保护界线,并提出相应的规划控制和建设的要求。

3.1.7 历史文化名城保护规划应合理调整历史城区的职能,控制人口容量,疏解城区交通,改善市政设施,以及提出规划的分期实施及管理的建议。

3.1.8 地下文物埋藏区保护界线范围内的道路交通建设、市政管线建设、房屋建设以及农业活动等,不得危及地下文物的安全。

3.1.9 历史城区内除文物保护单位、历史文化街区和历史建筑群以外的其他地区,应考虑延续历史风貌的要求。

3.2 保护界线划定

3.2.1 历史文化街区应划定保护区和建设控制地带的具体界线,也可根据实际需要划定环境协调区的界线。

3.2.2 文物保护单位应划定保护范围和建设控制地带的具体界线,也可根据实际需要划定环境协调区的界线。

3.2.3 保护建筑应划定保护范围和建设控制地带的具体界线,也可根据实际需要划定环境协调区的界线。

3.2.4 当历史文化街区的保护区与文物保护单位或保护建筑的建设控制地带出现重叠时,应服从保护区的规划控制要求。当文物保护单位或保护建筑的保护范围与历史文化街区出现重叠时,应服从文物保护单位或保护建筑的保护范围的规划控制要求。

3.2.5 历史文化街区内应保护文物古迹、保护建筑、历史建筑与历史环境要素。

3.2.6 历史文化街区建设控制地带内应严格控制建筑的性质、高度、体量、色彩及形式。

3.2.7 位于历史文化街区外的历史建筑群,应按照历史文化街区内保护历史建筑的要求予以保护。

3.3 建筑高度控制

3.3.1 历史文化名城保护规划必须控制历史城区内的建筑高度。在分别确定历史城区建筑高度分区、视线通廊内建筑高度、保护范围和保护区内建筑高度的基础上,应制定历史城区的建筑高度控制规定。

3.3.2 对历史风貌保存完好的历史文化名城应确定更为严格的历史城区的整体建筑高度控制规定。

3.3.3 视线通廊内的建筑应以观景点可视范围的视线分析为依

据，规定高度控制要求。视线通廊应包括观景点与景观对象相互之间的通视空间及景观对象周围的环境。

3.4　道路交通

3.4.1　历史城区道路系统要保持或延续原有道路格局；对富有特色的街巷，应保持原有的空间尺度。

3.4.2　历史城区道路规划的密度指标可在国家标准规定的上限范围内选取，道路宽度可在国家标准规定的下限范围内选取。

3.4.3　有历史城区的城市在进行城市规划时，该城市的最高等级道路和机动车交通流量很大的道路不宜穿越历史城区。

3.4.4　历史城区的交通组织应以疏解交通为主，宜将穿越交通、转换交通布局在历史城区外围。

3.4.5　历史城区应鼓励采用公共交通，道路系统应能满足自行车和行人出行，并根据实际需要相应设置自行车和行人专用道及步行区。

3.4.6　道路桥梁、轨道交通、公交客运枢纽、社会停车场、公交场站、机动车加油站等交通设施的形式应满足历史城区历史风貌要求；历史城区内不宜设置高架道路、大型立交桥、高架轨道、货运枢纽；历史城区内的社会停车场宜设置为地下停车场，也可在条件允许时采取路边停车方式。

3.4.7　道路及路口的拓宽改造，其断面形式及拓宽尺度应充分考虑历史街道的原有空间特征。

3.5　市政工程

3.5.1　历史城区内应完善市政管线和设施。当市政管线和设施按常规设置与文物古迹、历史建筑及历史环境要素的保护发生矛盾时，应在满足保护要求的前提下采取工程技术措施加以解决。

3.5.2　历史城区内不宜设置大型市政基础设施，市政管线宜采取地下敷设方式。市政管线和设施的设置应符合下列要求：

1　历史城区内不应新建水厂、污水处理厂、枢纽变电站，不宜设置取水构筑物。

2　排水体制在与城市排水系统相衔接的基础上，可采用分流制或截流式合流制。

3 历史城区内不得保留污水处理厂、固体废弃物处理厂。

4 历史城区内不宜保留枢纽变电站，变电站、开闭所、配电所应采用户内型。

5 历史城区内不应保留或新设置燃气输气、输油管线和贮气、贮油设施，不宜设置高压燃气管线和配气站。中低压燃气调压设施宜采用箱式等小体量调压装置。

3.5.3 当多种市政管线采取下地敷设时，因地下空间狭小导致管线间、管线与建(构)筑物间净距不能满足常规要求时，应采取工程处理措施以满足管线的安全、检修等条件。

3.5.4 对历史城区内的通信、广播、电视等无线电发射接收装置的高度和外观应提出限制性要求。

3.6 防灾和环境保护

3.6.1 防灾和环境保护设施应满足历史城区保护历史风貌的要求。

3.6.2 历史城区必须健全防灾安全体系，对火灾及其他灾害产生的次生灾害应采取防治和补救措施。

3.6.3 历史城区内不得布置生产、贮存易燃易爆、有毒有害危险物品的工厂和仓库。

3.6.4 历史城区内不得保留或设置二、三类工业，不宜保留或设置一类工业，并应对现有工业企业的调整或搬迁提出要求。当历史城区外的污染源对历史城区造成大气、水体、噪声等污染时，应进行治理、调整或搬迁。

3.6.5 历史城区防洪堤坝工程设施应与自然环境和历史环境协调，保持滨水特色，重视历史上防洪构筑物、码头等的保护与利用。

4 历史文化街区

4.1 一般规定

4.1.1 历史文化街区应具备以下条件：

1 有比较完整的历史风貌；

2　构成历史风貌的历史建筑和历史环境要素基本上是历史存留的原物；

3　历史文化街区用地面积不小于 $1hm^2$；

4　历史文化街区内文物古迹和历史建筑的用地面积宜达到保护区内建筑总用地的60％以上。

4.1.2　历史文化街区保护规划应确定保护的目标和原则，严格保护该街区历史风貌，维持保护区的整体空间尺度，对保护区内的街巷和外围景观提出具体的保护要求。

4.1.3　历史文化街区保护规划应按详细规划深度要求，划定保护界线并分别提出建（构）筑物和历史环境要素维修、改善与整治的规定，调整用地性质，制定建筑高度控制规定，进行重要节点的整治规划设计，拟定实施管理措施。

4.1.4　历史文化街区增建设施的外观、绿化布局与植物配置应符合历史风貌的要求。

4.1.5　历史文化街区保护规划应包括改善居民生活环境、保持街区活力的内容。

4.1.6　位于历史文化街区外的历史建筑群，应依照历史文化街区的保护要求进行管理。

4.2　保护界线划定

4.2.1　历史文化街区保护界线的划定应按下列要求进行定位：

1　文物古迹或历史建筑的现状用地边界；

2　在街道、广场、河流等处视线所及范围内的建筑物用地边界或外观界面；

3　构成历史风貌的自然景观边界。

4.2.2　历史文化街区的外围应划定建设控制地带的具体界线，也可根据实际需要划定环境协调区的界线。建设控制地带内的控制要求应符合本规范3.2.6条的规定。

4.2.3　历史文化街区内的文物保护单位、保护建筑的保护界线划定和具体规划控制要求，应符合本规范3.2.2、3.2.3、3.2.4条的规定。

4.3　保护与整治

4.3.1　对历史文化街区内需要保护的建(构)筑物应根据各自的保护价值按表 4.3.1 的规定进行分类,并逐项进行调查统计。

表 4.3.1　历史文化街区保护建(构)筑物一览表

状况 类别	序号	名称或地址	建造时代	结构材料	建筑层数	使用功能	建筑面积/m^2	用地面积/m^2	备注
文物保护单位	▲	▲	▲	▲	▲	▲	▲	▲	△
保护建筑	▲	▲	▲	▲	▲	▲	▲	▲	△
历史建筑	▲	▲	△	▲	▲	▲	△	△	△

注:1. ▲为必填项目,△为选填项目;
2. 备注中可说明该类型的历史概况和现在状况。

4.3.2　历史文化街区内的历史环境要素应列表逐项进行调查统计。

4.3.3　历史文化街区内所有的建(构)筑物和历史环境要素应按表 4.3.3 的规定选定相应的保护和整治方式。

表 4.3.3　历史文化街区建(构)筑物保护与整治方式

分类	文物保护单位	保护建筑	历史建筑	一般建(构)筑物	
				与历史风貌无冲突的建(构)筑物	与历史风貌有冲突的建(构)筑物
保护与整治方式	修缮	修缮	维修改善	保留	整修改造拆除

注:表中"与历史风貌无冲突的建构筑物"和"与历史风貌有冲突的建构筑物"是指文物保护单位、保护建筑和历史建筑以外的所有新旧建筑。

4.3.4　历史文化街区内的历史建筑不得拆除。

4.3.5　历史文化街区内构成历史风貌的环境要素的保护方式应为修缮、维修。

4.3.6　历史文化街区内与历史风貌相冲突的环境要素的整治方式应为整修、改造。

4.3.7 历史文化街区外的历史建筑群的保护方式应为维修、改善。

4.3.8 历史文化街区内拆除建筑的再建设，应符合历史风貌的要求。

4.4 道路交通

4.1.1 历史文化街区的道路交通规划应符合本规范 3.4 节的规定，并对限制性内容的限制程度适度强化。

4.4.2 历史文化街区应在保持道路的历史格局和空间尺度基础上，采用传统的路面材料及铺砌方式进行整修。

4.4.3 历史文化街区内道路的断面、宽度、线型参数、消防通道的设置等均应考虑历史风貌的要求。

4.4.4 从道路系统及交通组织上应避免大量机动车交通穿越历史文化街区。历史文化街区内的交通结构应满足自行车及步行交通为主。根据保护的需要，可划定机动车禁行区。

4.4.5 历史文化街区内不应新设大型停车场和广场，不应设置高架道路、立交桥、高架轨道、客运货运枢纽、公交场站等交通设施，禁设加油站。

4.4.6 历史文化街区内的街道应采用历史上的原有名称。

4.5 市政工程

4.5.1 历史文化街区的市政工程规划应符合本规范 3.5 节的规定，并对限制性内容的限制程度适度强化。

4.5.2 历史文化街区不应设置大型市政基础设施，小型市政基础设施应采用户内式或适当隐蔽，其外观和色彩应与所在街区的历史风貌相协调。

4.5.3 历史文化街区内的所有市政管线应采取地下敷设方式。

4.5.4 当市政管线布设受到空间限制时，应采取共同沟、增加管线强度、加强管线保护等措施，并对所采取的措施进行技术论证后确定管线净距。

4.6 防灾和环境保护

4.6.1 历史文化街区的防灾和环境保护规划应符合本规范 3.6

节的规定，并对限制性内容的限制程度适度强化。

4.6.2 历史文化街区和历史地段内应设立社区消防组织，并配备小型、适用的消防设施和装备。在不能满足消防通道要求及给水管径 $DN<100$ mm 的街巷内，应设置水池、水缸、沙池、灭火器及消火栓箱等小型、简易消防设施及装备。

4.6.3 在历史文化街区外围宜设置环通的消防通道。

5 文物保护单位

5.0.1 文物保护单位应按照《文物保护法》的规定进行保护。

5.0.2 保护建筑应划定保护范围和建设控制地带的具体界线，也可根据实际需要划定环境协调区的界线，并按被保护的文物保护单位的保护要求提出规划措施。

参考文献

[1] 朱建达．小城镇住宅区规划与居住环境设计[M]．南京:东南大学出版社,2007.

[2] 王士兰,游宏滔．小城镇城市设计[M]．北京:中国建筑工业出版社,2004.

[3] 梁永基．道路广场园林绿地设计[M]．北京:中国林业出版社,2001.

[4] 张勃,骆中钊．小城镇街道与广场设计[M]．北京:化学工业出版社,2012.

[5] 王宁．小城镇规划与设计[M]．北京:科学出版社,2001.

[6] 梁雪．传统村镇环境设计[M]．天津:天津大学出版社,2001.

[7] 冯炜,李开然．现代景观设计教程[M]．杭州:中国美术学院出版社,2002.

[8] 李百浩,万艳华．中国村镇建筑文化[M]．武汉:湖北教育出版社,2008.

[9] 楼庆西．中国传统建筑文化[M]．北京:中国旅游出版社,2008.

[10] 李树琮．中国城市化与小城镇发展[M]．北京:中国财政经济出版社,2002.

[11] 王晓燕．城市夜景观规划与设计[M]．南京:东南大学出版社,2000.

[12] 吕正华,马青．街道环境景观设计[M]．沈阳:辽宁科学技术出版社,2000.